古地中海文明陷落的關鍵：公元前1177年。

1177B.C

THE YEAR CIVILIZATION COLLAPSED

艾瑞克・克萊恩（Eric H. Cline）—— 著
蔡心語 —— 譯

謹以本書獻給詹姆斯・穆利（James D. Muhly）

感謝他近五十年來孜孜不倦思索及討論相關議題
並將它們引介給學生

目錄

作者序

希臘經濟動盪，利比亞、敘利亞和埃及爆發內戰，而外邦人與異族戰士偏挑這個節骨眼火上澆油；土耳其和以色列唯恐捲進這場紛爭；約旦擠滿難民，伊朗四處挑釁、氣焰囂張，伊拉克內亂頻仍。這不正是二〇一三年的情況嗎？沒錯。然而這也是公元前一一七七年的情景，當時距今已有三千多年，青銅時代的地中海各文明一一瓦解，徹底改變西方世界的發展與未來。這一年是歷史的關鍵時刻，也是古代世界的轉捩點。

自大約公元前三千年至一千兩百年稍後，青銅時代已在愛琴海地區、埃及與近東地區延續近兩千年，它們的文化與工藝歷經好幾個世紀的演進，末日突然降臨，地中海地區大多數高度文明與國際化的世界戲劇性地猛然瓦解，從西邊的希臘和義大利，向東延伸至埃及、迦南（Canaan）和美索不達米亞。大至帝國小至王國，儘管已發展了數世紀，依然免不了迅速滅亡。它們一一殞落後，開啟了過渡時期，這曾被學者視為史上第一個黑暗時代。直到許多世紀之後，希臘和一些受其影響的地區終於出現文化復興，為今日吾人所知的西方社會奠定發展基礎。

雖然本書主要著眼於三千多年前青銅時代文明崩壞的成因與過程，但當中或許有一些教訓值得當今全球化、國際化的社會借鏡。有些人可能會認為，青銅時代晚期的世界不能與當今科技掛帥的文化相提並論，然而，兩者之間其實有諸多共通點，包括互遣外交使節與貿易禁運；綁架與勒索；謀殺案與王室成員之刺殺；政治通婚與聯姻破局；國際陰謀與軍事假消息；氣候變遷與旱災；甚至也都發生過一、兩次重大船難。若能細細檢視三千多年前的事件、民族和地區，便知這不僅僅是對於古代史的學術性研究。[1]

綜觀當今全球經濟與動盪局勢，好比遭受地震與海嘯侵襲的日本，以及埃及、突尼西亞、利比亞、敘利亞與葉門等國的「阿拉伯之春」（Arab Spring）民主革命，還有歐美的財富和投資與東亞地區及中東產油國的狀況互相牽扯。回頭審視三千多年前崩壞的文明——它們有與今日類似的密切國際關係，這裡頭有許多問題有待發掘，且可做為現代人的殷鑑。

探討「崩壞」及比較帝國之興衰並非新思惟，學者至少從十八世紀便開始著手研究此議題，當時便有愛德華・吉朋（Edward Gibbon）撰寫《羅馬帝國衰亡史》（The History of the Decline and Fall of the Roman Empire）。近年新作則有賈德・戴蒙（Jared Diamond）的《大崩壞》（*Collapse*）。[2]

然而，這些作者著眼的都是單一帝國或文明的滅亡，如羅馬人、瑪雅人、蒙古人等等，本書則站在全球化世界體系角度，檢視多個文明的互動，或者其部分性的互相依存。在歷史上，這類全球化體系並不多見，最明顯的兩個例子，一是青銅時代晚期，一是現今世界，兩者的相似處——或者對照性是更好的說法——時而激發人們的興趣。

就以一個例子來說明。英國學者卡羅・貝爾（Carol Bell）曾發表評論：「青銅時代晚期，錫的戰略重要性……可能不亞於現今的原油問題。」[3]當時，只有阿富汗巴達赫尚（Badakhshan）地區某些礦場生產大量的錫，而且只能經由陸路運到遙遠的美索不達米亞（今伊拉克）和敘利亞北部，再分別運往更遠的北方、南方或西方，包括渡海運至愛琴海地區。貝爾接著評論道：「哈圖沙（Hattusa）的大王和底比斯（Thebes）的法老為了獲取足夠的錫製造……銅兵器，想必曾經費盡心思，這就像是現在的美國總統為了供應美國休旅車駕駛們價格合理的汽油，勢必也傷透腦筋！」[4]

考古學家蘇珊・席拉特（Susan Sherratt）曾任職於牛津（Oxford）阿什莫林博物館（Ashmolean Museum），目前在謝菲爾德大學（University of Sheffield）任教，她早在十年前就開始探討這些對照性。據她描述，公元前一千兩百年和現今世界有著一些「真正有用的相似處」，包括政治、社會和經濟愈來愈分崩離析的局面，以及跨越「前所未有的社會階級與空前絕後的距離」所進行的直接交流。最密切相關的論證是她對青銅時代晚期的觀察，當時的世界與現今的我們有「愈來愈相似但愈來愈難以控制的全球經濟和文化，在這當中……世界上某處不穩定政局將能夠繼續影響幾千哩外的經濟區域。」[5]

歷史學家費爾南・布勞岱爾（Fernand Braudel）曾說★a：「青銅時代的故事在在充滿戲劇性，它飽含侵略、戰爭、掠奪、政治災難與長期經濟蕭條，是『民族間的首波衝突』。」他亦主張，青銅時代史是「不僅充滿戲劇性和暴力性的傳奇，還有更多商業、外交（當時便已出現）、甚至文化上的良性互動」。[6]我將布勞岱爾的見解銘記在心，以四幕戲劇呈現青銅時代晚期的故事，並以恰當的記敘與倒敘手法打造適合各主角上場的情境，從他們首度登上世界舞臺，直到下臺一鞠躬。這些主角包括西臺的圖特哈里（Tudhaliya）、米坦尼（Mitanni）的圖什拉塔（Tushratta）、埃及的阿蒙霍特普三世（Amenhotep III）與亞述（Assyria）的阿淑爾—烏巴里特（Assur-uballit）（書末提供「人物表」，便於讀者查考人物姓名與時間。）

然而，本書的敘事風格也像偵探故事，高潮迭起、錯綜複雜，充滿障眼法和重要線索。阿嘉莎・克莉絲蒂（Agatha Christie）是知名懸疑作家，她的丈夫恰巧是考古學家，[7]套一句她筆下的比利時傳奇偵探赫丘勒・白羅（Hercule Poirot）名言，我們需要動動那些「小小的灰色腦細胞」，將這部編年史千絲萬縷的證據

★a 審校者註：布勞岱爾是二十世紀法國年鑑學派（Annales School）著名歷史學者，他認為歷史研究要同時重視長期與短期的時間變化，也要同時重視地理與人文因素的影響。

織成答案，解明數世紀來穩定繁榮的國際體系為何突然崩壞。

此外，為了真正了解公元前一一七七年的崩壞情形，以及為何它是古代史的關鍵時刻，必須從更早的時間點切入，正如要真正了解今日的全球化世界起源，就得追溯到十八世紀，從啟蒙運動的全盛時期、工業革命與美國建國等議題著手。雖然我主要著眼於青銅時代各文明崩壞的可能原因，但也拋出一個疑問：在公元前第二千紀，當帝國與王國紛紛崩壞，這個地區的文明出現——在某些地方長達數世紀——倒退現象，並造成無法挽回的變化，在這關鍵時刻，世界究竟承受了哪些重大損失？這是一場空前浩劫，要再過一千五百多年，羅馬帝國滅亡，人類才又蒙受同等規模慘重損失。

致謝

多年來我一直想要撰寫這樣一本書。為此，我首先要向羅伯・坦皮歐（Rob Tempio）獻上最誠摯的謝意，他不僅大力推動整個計畫，也積極協助我的文稿度過重重難關，終至出版。儘管定稿比當初預定的截稿日要晚，他依然展現了最大的耐性。拜瑞・史特勞斯與羅伯・坦皮歐負責普林斯頓大學出版社（Princeton University Press）的新系列叢書「古代史轉捩點」的主編工作，本書很榮幸獲選為此系列第一本出版品。

此外，我也要感謝喬治・華盛頓大學（George Washington University）大學促進基金會（University Facilitating Fund）提供暑期研究津貼，以及眾多友人與同事，包括阿薩夫・亞蘇爾蘭鐸（Assaf Yasur-Landau）、以色列・芬科斯坦（Israel Finkelstein）、大衛・烏西什金（David Ussishkin）、馬利歐・利維拉尼（Mario Liverani）、凱文・麥高（Kevin McGeough）、萊因哈德・榮格（Reinhard Jung）、齊馬爾・普拉克（Cemal Pulak）、雪莉・本

朵・艾維安（Shirly Ben-Dor Evian）、莎拉・帕克（Sarah Parcak）、艾倫・莫里斯（Ellen Morris）及傑佛瑞・布洛斯特（Jeffrey Blomster），與他們討論相關議題，令我獲益良多。我也要特別感謝卡蘿・貝爾、萊因哈德・榮格、凱文・麥高、亞娜・米拉若娃（Jana Myná ová）、加利思・羅伯茲（Gareth Roberts）、金・席爾頓（Kim Shelton）、尼爾・西爾博曼（Neil Silberman）及阿薩夫・亞蘇爾蘭鐸，他們總是應我要求送來資料，或是針對特定問題提供詳細解答。特別感謝的還有蘭迪・赫姆（Randy Helm）、路易絲・希區考克（Louise Hitchcock）、亞曼達・波達尼（Amanda Podany）、拜瑞・史特勞斯、吉姆・韋斯特（Jim West），以及兩位匿名審查人，感謝他們審閱整本文稿並提供意見。在此還要感謝美國國家地理學會（National Geographic Society）、芝加哥大學東方研究所（Oriental Institute of the University of Chicago）、大都會博物館（Metropolitan Museum of Art）與埃及探索學會（Egypt Exploration Society），感謝以上單位授權本書使用某些圖片。

二十多年來，我投入青銅時代晚期國際關係的研究，本書大量材料取自當中最新研究成果和出版譯作。當然，本書也呈現其他學者的研究與論述。因此，我非常感謝曾出版我的相關文章與著作之各期刊叢書的編輯和出版商，謝謝他們允許我於本書再度引用相關資料，儘管我已多數加以修改和更新。這當中特別感謝的是 Tempus Reparatum/Archaeopress 出版社的大衛・戴維森（David Davison）、傑克・梅因哈特（Jack Meinhardt），以及《考古奧德賽》（*Archaeology Odyssey*）；詹姆斯・馬蒂厄（James R.Mathieu）與《遠征》（*Expedition*）；薇吉妮雅・韋伯（Virginia Webb）與《英國學派雅典研究年鑑》（*Annual of the British School at Athens*）；馬克・科恩（Mark Cohen）與 CDL 出版社；湯姆・帕萊瑪（Tom Palaima）與《邁諾斯》（*Minos*）；羅伯・拉菲諾（Robert Laffineur）與「愛琴學」叢書（Aegaeum）；艾德・懷特（Ed White）與 Recorded Books/Modern Scholar 公司；葛瑞特・布朗（Garrett Brown）與美國國家地理學會；以及安傑洛斯・加尼奧蒂斯（Angelos Chaniotis）、馬克・查瓦拉斯（Mark Chavalas）等人。本書提及的諸多舊作出處，我已盡力於註釋和參考書目中載明，如仍有沿用舊作或引用其他學者之論述而未能標明出處，實乃無心之過，未來再版必予糾正。

最後，還有一件非常重要的事，我要感謝吾妻黛安（Diane），我和她曾多次討論本書觀點，她的意見給了我很大的啟發。此外，她也引領我探討社會網路分析與複雜理論，書中一些插圖也是由她繪製。我還要感謝她和孩子們在我撰寫本書時發揮無比的耐性。此外，我的父親馬丁・克萊恩（Martin J.Cline）向來嚴格修訂我的作品，並給予重要意見，使得本書得以更加精進。

序章

文明崩壞——公元前一一七七年

戰士登上世界舞臺，以迅雷不及掩耳之勢席捲天下，他們的甦醒造就的是死亡與毀滅。現代學者將他們統稱為「海上民族」，然而埃及人記錄戰役時從未使用這個稱呼，而是將他們視為並肩作戰的數個族群，包括：佩雷斯特人（Peleset）、切卡爾人（Tjekker）、謝克萊什人（Shekelesh）、施爾登人（Shardana）、達奴那人（Danuna）與威舍斯人（Weshesh），以上全都是為外邦長相的人取的異國發音名字。[1]

除了埃及當年留下的記錄，今人對海上民族所知甚少，無從得知他們的發源地，有一種說法是，他們或許來自西西里島（Sicily）、薩丁尼亞島（Sardinia）與義大利★[a]；另一種說法認為他們是來自愛琴海或安納托利亞（Anatolia）西部，甚至可能來自賽普勒斯（Cyprus）或地中海東部。[2]至今尚未有任何古代遺址被鑑定為他們的發源地或出發點。我們認為他們四處遷徙，從一個地方到下一個地方，從未停止移動，並占領途經的區域與王國。根據埃及文獻，海上民族在敘利亞紮營，接著沿迦南（包含現今部分敘利亞、黎巴嫩與以色列）海岸而下，進入埃及的尼羅河三角洲。

● 在哈布神殿中，海上民族被描繪為戰俘（圖片來源：《哈布神殿》（Medinet Habu）卷一，頁 44；芝加哥大學東方研究所提供）。

這一年是公元前一一七七年，埃及法老拉美西斯三世（Ramses III）在位第八年。[3]根據古埃及人的描述以及近代考古證據顯示，一些海上民族從陸上入侵埃及，其他則取道海路。[4]他們沒有制服，也沒有閃亮的盔甲。古老圖像描繪一群人戴著羽毛頭飾，另一群人則穿戴頭套；還有其他人戴著有角的頭盔或不戴帽。有些人留著短而尖的鬍子，身穿百褶短裙，或者袒胸、或者穿著緊身上衣；其他人則沒有蓄鬍，身穿酷似裙子的長衣。從這些觀察得知，海上民族是由來自不同地域和國家的多個族群組成，他們手上揮舞鋒利的銅劍，或手持尾端嵌著閃亮金屬尖的木製長矛，還有一些人拿著弓箭，他們前來所搭乘的則有小船、馬車、牛車和雙輪戰車等等。儘管我已將公元前一一七七年視為人類史上決定性的一年，但其實我們知道，這群入侵者是在相當長的期間中一波接一波湧入。戰士有時是孤身上路，有時則攜家帶眷。

根據拉美西斯三世的銘文，任何國家都無力抵禦這群龐大的入侵者，反抗是無效的。當時強盛的西臺人、邁錫尼人（Mycenaeans）、迦南人與賽普勒斯人等一一慘敗，無一倖免。一些生還者僥倖逃離大屠殺；其他人只能蜷縮在廢墟中，盛極一時的城市已成過往；還有人索性跟隨入侵者，壯大他們的陣容，為這群成員複雜的暴徒增添生力軍。海上民族的各分支都在全速前進，顯然有各自的目的。或許某些人渴望劫掠戰利品和奴隸；其他人則可能是迫於人口壓力，不得不從西方的故鄉往東方遷移。

拉美西斯三世的葬祭殿位於帝王谷（Valley of the Kings）附近的哈布神殿（Medinet Habu），牆上刻了一段簡明的記事：

> 外邦在他們的島嶼上擬定侵略計畫。廣大地區在混戰中瞬間被消滅、分崩離析，任何國家都無法在其武勢肆虐下倖免於難，從哈特（Khatte）、寇德（Qode）、卡基米什（Carchemish）、阿薩瓦（Arzawa）到阿拉什亞（Alashiya），全都在（同一時間）陷入孤立無援的絕境。有個營（駐紮在）亞摩利（Amurru）的某地，他們將當地人趕盡殺絕，整個國度宛如不曾存在過。他們正朝埃及挺進，但我方已備妥烈焰迎戰。他們的聯盟由佩雷斯特人、切卡爾人、謝克萊什人、達奴那人與威舍斯人團結組成。他們染指天下諸國，直達世界盡頭，他們堅定不移，信心十足。[5]

根據傳說，我們知道這些地方被入侵者占領，因為它們在古代都是遠近馳名的國家。哈特位於西臺帝國境內，中心地帶位於安納托利亞（土耳其古名）的

★a 審校者註：本書中會有大量「可能」、「也許」、「或許」等推測性的字眼，這是因為本書作者的嚴謹所致，因為考古學術所建立的假設本難以有百分之百的確定性。

內陸高原，鄰近現今的安卡拉（Ankara），其帝國範圍從西邊的愛琴海岸直延伸到東邊的敘利亞北部。寇德或許位於現今的土耳其東南部（可能是古代基祖瓦德納〔Kizzuwadna〕的領域）。卡基米什是知名的考古遺址，在將近一百年前，由一支考古隊首先挖掘，成員包括倫納德・伍利爵士（Sir Leonard Woolley），他比較著名的事蹟或許可以說是在伊拉克開挖亞伯拉罕（Abraham）★b的故鄉「迦勒底的吾珥」（Ur of the Chaldees）。此外還有湯瑪斯・愛德華・勞倫斯（T. E. Lawrence），他曾在牛津大學接受正統考古學訓練，其人在第一次世界大戰中締造輝煌功勳，其事蹟最終成為好萊塢電影中「阿拉伯的勞倫斯」。阿薩瓦是西臺人熟知的國度，位於西臺帝國掌控的安納托利亞西部境內。阿拉什亞可能是我們現今所知的賽普勒斯島，這座島富含金屬礦藏，以銅礦聞名於世。亞摩利則位於敘利亞北部海岸。本書將在後文的篇幅與故事中，再次介紹上述所有地區。

組成這波侵略武力的海上民族共有六個，其中五個在上述拉美西斯三世的哈布神殿銘文中曾提及。第六個則是施爾登人，在另一篇相關的銘文中提及。和那些傳說遭到占領的諸國相較，這些入侵族群的身份反而晦暗不明，沒有留下任何銘文記載，幾乎只能從埃及銘文中略知一二。6

近百年來考古學家和語言學家窮盡心力，他們首先鑽研語言文字，近年又從觀察陶器和遺跡下手，儘管如此，在考古記錄中仍難以盡窺這些侵略族群之詳情。例如，很久以前達奴那便經考古學者確認為荷馬（Homer）筆下的達奈安人（Danaan），來自青銅時代的愛琴海文明。謝克萊什人常被假設為來自現今的西西里島，施爾登人則來自薩丁尼亞島，部分原因是基於子音相似度的推測，另尚有拉美西斯三世提到，這些「外邦」在「他們的島嶼上」擬定侵略計畫，拉美西斯三世的銘文亦特別載明施爾登人「來自海上」。7

然而，並非所有學者都接受這些說法，甚至有一個學派主張謝克萊什人和施爾

★b 譯註：《舊約聖經》中記載的猶太人祖先，根據〈創世紀〉第十二章，耶和華應許亞伯拉罕：我要使你多子多孫；他們要形成大國。我要賜福給你，使你大有名望；這樣，人要因你蒙福。祝福你的，我要賜福給他；詛咒你的，我要詛咒他。

登人並非源自地中海西部，而是來自地中海東部地區，他們是遭埃及人打敗後逃到西西里島和薩丁尼亞島，用自身的稱呼為這些地區命名。有個事實提升這個說法的可信度，早在海上民族入侵之前，施爾登人曾與埃及人結盟，也曾與其為敵；但也有另一個事實提供相反佐證，根據拉美西斯三世所述，他後來將倖存的入侵者安置在埃及內。[8]

當時所有活躍於本區的外族中，只有一個經過嚴格認證。一般認為，海上民族中的佩雷斯特人是非利士人（Philistine），根據《聖經》記載，他們來自克里特島（Crete）[9]。這個說法在語言學中也有明確驗證，破譯埃及象形文字的學者尚—法蘭索瓦・商博良（Jean-François Champollion）在一八三六年之前就已提出這個觀點。此外，早在一八九九年，由於艾斯莎菲古城（Tell es-Safi）被認為是《聖經》中非利士人的城邦之一迦特（Gath），考古學家在此研究，當時便已將某些陶器樣式、建築和其他文物鑑定為「非利士風格」。[10]

儘管無法確認入侵者的發源地與動機，但他們的長相卻可以得知，只要前往拉美西斯三世位於哈布神殿的葬祭殿，就能看到牆上刻著他們的名字和面貌。這個古

● 在哈布神殿中，埃及與海上民族的海戰圖（圖片來源：《哈布神殿》卷一，頁37；芝加哥大學東方研究所提供）。

代遺址有豐富的圖畫，也有一行又一行宏偉的象形文字，入侵者的盔甲、武器、服裝、船隻和滿載戰利品的牛車全都清晰可見，而且鉅細靡遺，甚至足夠讓學者針對單一民族發表分析研究報告，甚至連各場景中的船隻都能詳加分析。[11]有一些全景畫栩栩如生，其中一幅描繪外邦人與埃及人混亂的海戰場面，有人頭下腳上在海面載浮載沉，顯然已經戰死，其他人則還在船上激戰。

一九二○年代開始，芝加哥大學東方研究所的埃及學家便已著手研究哈布神殿的銘文和場景，也製作了精密的複製品。這個機構向來是研究埃及與近東古文化的先驅。一九一九年和一九二○年，詹姆斯・亨利・布雷斯特德（James Henry Breasted）在近東展開一場壯遊，回國後獲得小約翰・洛克斐勒（John D. Rockefeller Jr.）資助五萬美元，就此創辦東方研究所[★c][★d]。所內的考古學家已經挖掘行動遍佈整個近東地區，範圍從伊朗直達埃及與更遠的區域。

關於布雷斯特德本人以及在他指導下進行的挖掘計畫，已有很多相關著作，包括一九二五年至一九三九年間探勘並挖掘米吉多（Megiddo）（《聖經》中的哈米吉多頓〔Armageddon〕）[12]。其中最重要的就是在埃及進行的銘文調查，埃及學家將全埃及神殿和皇宮中各法老留下的象形文字和場景複製下來，可以說費盡苦心。複製石牆和紀念碑的象形文字是多麼乏味又冗長的工作，不只是耗費時日，而且抄寫員往往要站在烈日下的梯子或鷹架上，緊盯那些刻在大門、神殿和廊柱上早已風化的符號。然而，這些辛勞的成果可謂無價之寶，特別是許多銘文早已嚴重腐蝕，或遭到遊客破壞，或者受到其他損害。如果這些銘文沒有重新抄錄下來，後人終將無法破譯。從哈布神殿抄下的銘文以系列叢書出版，第一冊於一九三〇年問世，其後各冊與相關資料於一九四〇年代和五〇年代相繼上市。

儘管學界至今仍有爭議，但多數專家認為，哈布神殿壁畫上的陸戰與海戰或許是近乎同時發生於埃及三角洲或附近地區，畫面可能是呈現一場規模極為浩大的海陸大戰。有些學者則認為，這全是描繪海上民族發動的奇襲，埃及人被打得措手不及。[13]無論如何，戰爭結果倒是沒有疑義，因為埃及法老已經在哈布神殿明確宣

★c 譯註：根據《新約聖經・啟示錄》記載，末世降臨時，這裡是善惡對決的最終戰場。

★d 審校者註：小約翰・洛克斐勒是美國石油大亨（老）約翰・洛克斐勒的兒子，此人積極從事慈善活動。

告：

進犯邊界者絕子絕孫，其心靈魂魄永久毀滅。結盟並取道海路進犯者，烈焰已佈滿河口，長矛陣亦於岸邊將其團團包圍。他們被拖進來，遭到圍困，在沙灘上俯伏，原地處決，屍橫遍野，堆積成山。他們的船隻與貨物也全數落海。我讓這些人（再也）不敢提到埃及，倘若膽敢在他們的土地上提及，烈焰勢必將其吞噬。14

拉美西斯接下來在知名的哈里斯大紙莎草（Papyrus Harris）文獻中，再次對敗亡的敵人一一點名：

我擊潰那些入侵的陸上異族，我殘殺（那些）島上的達奴那人，切卡爾人和佩雷斯特人也歸於塵土。海上民族施爾登人與威舍斯人彷彿不曾存在，他們瞬間全數被俘，押送埃及，如岸上的沙被捲進浪中。我將他們安置在我名下的堡壘當中，這群人可謂三教九流，簡直有數十萬之多。我向所有人徵稅，要商店每年交出衣服，要穀倉每年交出糧食。15

這不是埃及人首次抵禦「海上民族」集體入侵。早在三十年前，也就是公元前一二〇七年，麥倫普塔（Merneptah）法老在位第五年，這個神祕集團就曾聯合進犯過埃及。

對於主修近東古代史的學生而言，麥倫普塔可能是他們最熟知的埃及法老，因為他在同一年（公元前一二〇七年）撰寫的銘文中，首先使用了「以色列」（Israel）一詞，這是「以色列」在《聖經》以外最早出現的記錄。在法老的銘文中，以一個特殊符號表示以色列，說明它不單是地名，而是一個民族。它出現在一段前往迦南從事軍事行動的銘文中，此地區的族群被麥倫普塔稱為「以色列」。[16]當初是在一段長銘文中發現這些句子，通篇描述麥倫普塔與埃及西部的利比亞人如火如荼的戰事。利比亞人和海上民族是麥倫普塔的主要目標，並非以色列人。

舉例說明，在赫里奧波里斯（Heliopolis）遺址曾發現一段文字，於「第五年，第三季的第二個月（即一年中的第十個月）」可以看到：「卑鄙的利比亞酋長（與）謝克萊什人和所有異邦都已入侵，各方勢力跟隨此酋長聯手進犯埃及邊界。」[17]相同字句再度出現在「開羅柱」（Cairo Column）的另一段銘文中。[18]

考古學家在卡納克（Karnak）（現今的盧克索〔Luxor〕）發現一段較長的銘文，我們得以窺見海上民族早期入侵的更多細節。文中也提到各民族的稱號：

（陛下在利比亞旗開得勝初期）艾克威什人（Eqwesh）、特雷什（Teresh）人、盧卡人、施爾登人、謝克萊什人，他們是來自所有土地的北方人……在第三季，法老說：卑鄙、墮落的利比亞酋長……進攻特赫努（Tehenu），帶著由施爾登人、謝克萊什人、艾克威什人、盧卡人、特雷什人組成的弓箭手，還有該國頂尖的戰士與士兵……

俘虜名單，由利比亞人與酋長帶來的外族組成的俘虜名單……

來自海上國度且沒有包皮的施爾登人、謝克萊什人與艾克威什人：

謝克萊什兩百二十二人

共有兩百五十隻手

特雷什七百四十二人

共有七百九十隻手

施爾登人——

（共有）——

（艾克）威什人，沒有包皮，被屠戮，手被帶走，（因為）他們沒有（包皮）——

謝克萊什人和特雷什人與利比亞為敵——

科赫克人（Kehek）和利比亞人帶走兩百一十八名活囚。19

這段銘文中有幾件事顯而易見。第一，有五個而非六個族群組成早期的海上民族入侵集團，包括：施爾登人、謝克萊什人、艾克威什人、盧卡人和特雷什人。在這波早期入侵與後來拉美西斯三世時期的入侵事件中，兩次都有參與的是施爾登人和謝克萊什人，另外三個族群則不然。第二，施爾登人、謝克萊什人和艾克威什人特別被稱為「來自海上國度」，但同時提到五個族群時，則通稱為「來自所有土地的北方人」。後者得此稱號並不意外，因為新王國（New Kingdom）時期，與埃及人來往的國家都位於北部（只有努比亞〔Nubia〕和利比亞例外〕）。施爾登人和謝克萊什人被稱為「來自海上國度」，這使得他們各自與薩丁尼亞島和西西里島有關聯的說法更具說服力。

對艾克威什人來自「海上國度」的說法，使得一些學者主張他們可能是荷馬筆下的亞該亞人（Achaean），也就是青銅時代希臘本土的邁錫尼人。拉美西斯三世於二十年後的海上民族銘文中提到的達奴那人，或許正是他們。至於最後兩個稱號，學者普遍認為盧卡人是土耳其西南各族，此區在後來的古典時代被稱為呂基亞（Lycia）。特雷什人的發源地至今無法確認，但可能與義大利的伊特魯里亞人（Etruscan）有關。[20]

除了上述內容，銘文透露的訊息很少，充其量只有單場或多場戰役的基本概況，提到勝利時，麥倫普塔也只說「在利比亞境內獲勝」，並將此地稱為「特赫努人的國度」。然而，麥倫普塔曾明確宣告勝利，他詳列殺死和俘獲的敵軍，包括人和「手」，當時常見的做法是砍下死去敵軍的手掌，當作證據帶回去，以便論功行賞；近來，在尼羅河三角洲阿瓦里斯（Avaris）的希克索（Hyksos）宮殿中發現四個坑，當中有埃及希克索時期（大約比麥倫普塔時期還早四百年）埋下的十六隻右手，證實了這種駭人聽聞的舉動。[21]無論如何，我們不知道海上民族究竟是完全覆滅，或有部分存活，但或許可以假設後者更有可能，因為有數個族群在三十年後發動了第二波入侵。

埃及人是公元前一一七七年的勝利者，這和公元前一二〇七年的結果完全一致，而海上民族沒有機會三度進攻埃及。拉美西斯大發豪語，表示敵人「在他們的地盤上完全覆滅」。他寫道：「他們的心臟被挖走；靈魂就此飄零，武器也散落海上。」[22]然而，這場勝利是以慘痛犧牲換來的。儘管埃及在拉美西斯三世領導下，是唯一成功抵禦海上民族突襲的大國，但後來新王國時期的埃及再也不復往日雄風，很可能是當時整個地中海地區面臨諸多問題，這一點留待後續討論。在公元前第二千紀的其餘歲月裡，繼位法老們個個都滿足於統治影響力和國力大不如前的埃及。這個國家淪為次等帝國，成為昔日光榮化為幻影。直到利比亞人舍順克（Shoshenq）（很可能就是《希伯來聖經》〔Hebrew Bible〕中的埃及王示撒〔Shishak〕）於大約公元前九四五年創立第二十二王朝[23]，埃及才終於重現輝煌。

在公元前第二千紀的愛琴海地區和近東，除了埃及以外，那些曾經歷青銅時代晚期黃金歲月的國家和強權，幾乎全部覆滅並消失，有些是在短期內滅亡，有些則苟延殘喘數十年。大部分文明到最後宛如被整個抹除，從希臘到美索不達米亞，這片浩瀚大地上曾經繁榮數世紀的許多國家紛紛消失，一個新的過渡時期就此開始，將會延續一個世紀，在某些地區可能長達三個世紀。

可以確認的是，這些王國在瀕臨毀滅的那段期間，整個國家一定籠罩在恐怖當中。有塊寫在泥板的信可以作為明確的例證，這是敘利亞北部烏加里特國王寄給賽普勒斯島上地位更高的國王，內容如下：

父王，敵船已至。他們對我的數個城市縱火，損害我的國土。父王難道不知道，我的步兵和（戰車部隊）全駐紮在哈特，戰船全駐紮在盧卡境內？歸來的軍隊還沒抵達，我們只能束手就擒。還望父王明鑑。現在有七艘敵船入侵並傷害我們，若是再有其他敵船出現，請設法通知我，好讓我知道。[24]

這塊泥板到底有沒有送到賽普勒斯收信人手中，至今尚無定論。挖出泥板的人認為，信很可能沒有寄出。根據最初的挖掘報告得知，它本來放在一座窯當中，裡面還有七十多塊泥板，擺在這裡顯然是為了進行窯燒，燒硬後才能安然度過顛簸路途，順利送達賽普勒斯。[25]負責挖掘的人和其他學者最初推測，在緊急求援信送出前，敵船再度返回並劫掠城市。這個故事已多次被寫進一整代學生的教科書中，但學者近來重新提出，泥板並非在窯裡發現的，我們看見的可能是已經送達賽普勒斯的信件複製品。

早期學者傾向於將這個時期的破壞全怪罪海上民族。[26]然而，將愛琴海地區與地中海東部青銅時代的結束完全歸咎於他們，未免過於武斷。既然沒有確鑿證據，只找到一些互相矛盾的埃及記錄和銘文，或許不該貿然將罪過推到他們頭上。海上民族進犯地中海東部時，是不是組成嚴密的軍隊，就像中世紀意欲奪取聖地、紀律嚴明的十字軍？或者他們只是一群漫無紀律或組織鬆散的劫掠者，就像後來的維京海盜（Vikings）？又或者他們只是難民，為了逃離災難而踏上尋找新天新地的征途？沒有人清楚究竟為什麼，真相也許以上皆是，也許以上皆非。

數十年來學界又蒐集到大量新資料，我們需要將新舊資料整合起來，一併納入考量。[27]我們不再篤定所有留下破壞證據的遺址都是海上民族攻擊導致，考古證據只能證明某個地點曾經被毀，但不一定能證明原因或摧毀者的身分。更何況，這些地點也不是在同一時間毀滅，有時候間隔往往超過十年。我們在後文將會明瞭，它們的崩壞是經年累月造成的，時間跨越數十年，有的甚至長達一個世紀。

我們無從確定古希臘、埃及與近東地區的青銅時期崩壞的原因或所有因素，而當代大量的新證據顯示，或許海上民族不是唯一的罪魁禍首。現在看來，在各文明的崩壞當中，海上民族同時是入侵者與受害者。[28]有個假設認為，他們被一連串不幸所迫，不得不離鄉背井，向東遷徙，因而遇上國力正在衰退的王國和帝國；還有另一個可能，他們有本事進攻並一舉消滅本區諸多王國，正是因為那些政權原本就已積弱不振，國力日漸衰敗。由此看來，或許誠如某位學者所說，海上民族不過是投機份子，而且他們在地中海東部定居後，他們很可能相當和平，與學者先前設想的並不一樣。我們將在後文陸續探討上述提到的各種可能狀況。

儘管如此，在數十年的學術研究中，海上民族始終是方便好用的代罪羔羊，被拿來承擔可能原本非常複雜的亡國成因，雖然這局面並非他們一手造就。如今風水輪流轉，近年已有數位學者指出，早在一八六〇和七〇年代，已有學者編造海上民族惡意毀滅與（或）全體遷徙的「故事」，此說到了一九〇一年成為定論，法國知名埃及文物學家賈斯東・馬伯樂（Gaston Maspero）便是一例。然而，這個理論的唯一根據只有銘文記載，那些遭受攻擊的遺址是在許久之後才開始挖掘探勘。事實上，就連這群以馬伯樂為首的學者也意見分歧，有些人認為海上民族是遭到埃及人擊敗後才來到地中海西部，而不是由地中海西部出發。[29]

按目前的觀點來看，青銅時代晚期之所以走到終點，或許某些破壞可歸咎於海上民族，但是真正原因可能是環環相扣的連串事件，當中既有人禍，也有天災，包括氣候變遷、乾旱、被稱為「群震」（earthquake storm）的地震災害、內亂，以及「體制崩壞」（system collapse），它們共同打造一場「完美風暴」式的災難★e，讓這個時代畫下句點。然而，為了解明公元前一一七七年前後發生的重大事件，我們必須回溯至三個世紀之前開始探討。

★e 審校者註：一個結構完整的「完美風暴」，其形成需要許多氣象要素共同配合，故其頗為罕見或出現機率極低。本文中是指各式各樣的災禍同時出現，共同造成一場大災難。

青銅時代晚期埃及與近東帝王，按國別／王國別與年代（公元前）條列

世紀	埃及	西臺	亞述	巴比倫	米坦尼	烏加里特	其他
十八 十七	賽克南瑞（Seknenre） 卡摩斯（Kahmose）	哈圖西里（Hattusili）一世 穆爾西里（Mursili）一世		漢摩拉比（Hammurabi Z）			基姆立－里姆（Zimri-Lim）（馬里）（Mari） 希安（Khyan）（希克索）
十六	雅赫摩斯（Ahmose）一世 圖特摩斯（Thutmose）一世	圖特哈里一世／二世				阿米斯塔馬魯（Ammistamru）一世 尼克瑪杜（Niqmaddu）二世	阿波菲斯（Apophis）（希克索）
十五	圖特摩斯二世 哈特謝普蘇特（Hatshepsut）	蘇庇路里烏瑪（Suppiluliuma）一世	阿達德－尼拉里（Suppiluliuma）一世 阿淑爾－烏巴里特		薩烏什塔塔（Saushtatar）	尼克梅帕（Niqmepa）	庫庫利（Kukkuli）（亞蘇瓦盟）（Assuwa）
十四	圖特摩斯三世 阿蒙霍特普三世 阿肯那頓	穆爾西里二世 穆爾西里二世（續）	圖庫爾蒂－尼努爾塔（Tukulti-Ninurta）一世	庫瑞噶爾祖（Kurigalzu）一世 卡達什曼－恩利爾（Kadashman-Enlil）一世	舒塔爾那（Shuttarna）二世 圖什拉塔 沙提瓦扎（Shattiwaza）	尼克梅帕（續） 阿米斯塔馬魯二世	塔克宏達拉都（Tarkhundaradu）（阿薩瓦）（Arzawa）
十三	圖坦卡門 艾伊（Ay） 拉美西斯二世 麥倫普塔	穆瓦塔里（Mursili）二世 哈圖西里三世 圖特哈里四世		布爾那－布里亞什（Burna-Buriash）二世		尼克瑪杜三世 阿穆拉比（Ammurapi） 阿穆拉比（續）	肖什迦穆瓦（Shaushgamuwa）（亞摩利）
十二	拉美西斯三世	蘇庇路里烏瑪二世 蘇庇路里烏瑪二世（續）		庫瑞噶爾祖二世 卡什提里亞什（Kashtiliashu）			舒特魯克－納克杭特（Shutruk-Nahhunte）（埃蘭）（Elam）

現代與青銅時代晚期地名對照表

地區	古代名稱一	古代名稱二	古代名稱三
賽普勒斯 希臘本土 克里特島 特洛伊（Troy）／特洛亞德（Troad） 迦南 埃及	阿拉什亞 塔納亞（Tanaja） 克弗提烏（Keftiu） 亞蘇瓦盟（？） 帕－卡－納－納（Pa-ka-na-na） 米斯蘭（Misraim）	亞細亞瓦（Ahhiyawa） 迦斐託（卡普塔魯）（Kaptaru） 伊斯（Isy）（？） 里特努（Retenu）	細亞瓦（Hiyawa） 維魯薩（Wilusa）

第一章

第一幕
武器與人類——
公元前十五世紀

大約公元前一四七七年，在地中海旁尼羅河三角洲下埃及的皮魯納弗（Perunefer）城，法老圖特摩斯三世下令打造有精緻壁畫的大皇宮。邁諾安（Minoan）藝術家從克里特島遠道而來，向東跨越整片大綠海（Great Green）（當時埃及人對地中海的稱呼），跋涉千里只為應聘繪製壁畫。埃及人從未見過類似畫作，好比人躍過公牛的奇景。邁諾安藝術家將顏料塗在濕的灰泥上，這是一種濕壁畫技法，使色彩融入牆面，這樣的手法與構圖是從愛琴海的克里特島上學來的；如今，這獨特的畫風盛極一時，不僅在埃及，包括以色列的卡布利（Kabri）、土耳其的阿拉拉赫（Alalakh）、敘利亞的瓜特納（Qatna）以及埃及的達巴（Dab'a）等地，從迦南北部到埃及三角洲地區，遍及整個地中海沿岸。[1]

位於三角洲的皮魯納弗地點已被確認為現代的艾德達巴古城（Tell ed-Dab'a）。本遺址自一九六六年起，便由奧地利考古學家曼弗瑞・比耶塔克（Manfred Bietak）團隊進行挖掘探勘工作。這裡曾經被稱為阿瓦里斯，是希克索人的首都。這群深受埃及人痛恨的入侵者，大約在公元前一七二〇至前一五五〇年間統治過大部分埃及。直到公元前一五五〇年左右，圖特摩斯的祖先卡摩斯占領阿瓦里斯，從此它便成為埃及名城皮魯納弗。

這個曾經富饒的城市現已埋在數公尺砂礫中，比耶塔克足足挖了四十年，終於讓昔日的希克索首都與埃及名城重見天日。一同出土的還有令人嘖嘖稱奇的壁畫，有些出自邁諾安藝術家之手，有些可能是受他們指導的當地人所繪，年代可以追溯至埃及第十八王朝初期（約公元前一四五〇年）。[2]希克索人被趕出埃及後，地中海東部與愛琴海地區開始邁向國際化，這些壁畫便是很好的例證。

重新聆聽希克索

公元前一七二〇年左右，大約在圖特摩斯三世之前兩百五十年，希克索人首次入侵埃及，占領期將近兩百年，直到公元前一五五〇年才被逐出埃及。早在希克索人肆虐前，埃及已是近東地區的古代強權。吉薩（Giza）金字塔已矗立近千年，這個金字塔群於古王國時期（Old Kingdom）的第四王朝修建而成。直到很久之後的公元前三世紀希臘化時期晚期，有位埃及祭司兼作家曼涅托（Manetho）稱希克索人為「牧羊人的國王」，這其實是埃及語「hekau khasut」的誤譯，其原意是「異族酋長」。希克索人確實是異族，因為他們是從現今以色列、黎巴嫩、敘利亞和約旦組成的迦南地區移居到埃及的閃族。關於埃及的閃族移民，早在公元前十九世紀便已有跡可循，比如貝尼哈山（Beni Hasan）有一座埃及陵墓，當中的壁畫就有「亞洲」（Asiatic）★a的貿易商帶著商品進入埃及的場景。[3]

希克索人入侵埃及，終結了中王國時期（Middle Kingdom）（約在公元前二一三四年至前一七二〇年）。他們的武器技術和先下手為強的快攻很可能是致勝關鍵，其複合式弓箭射程比當時的傳統弓箭遠得多。此外，他們還擁有埃及人前所未有的馬拉戰車。

希克索人大舉攻占埃及後，以尼羅河三角洲的阿瓦里斯做為統治中心，自公元前一七二〇至前一五五〇年間，在所謂的「第二中間期」（Second Intermediate period）（第十五至十七王朝）統治埃及近兩百年。[4]在公元前三〇〇〇至前一二〇〇年間，這是埃及唯一遭到異族統治的時期。

許多故事和銘文可追溯到這個階段的晚期，也就是公元前一五五〇年左右，埃及人和希克索人之間爆發的一些戰爭。其中一則特別的故事記錄了兩位統治者的衝突，名為《阿波菲斯與賽克南瑞的爭執》（*The Quarrel of Apophis and Seknenre*），這個故事很有可能是虛構的，內容描述希克索國王阿波菲斯抱怨連連，因為埃及國王賽克南瑞在池塘裡養河馬，晚上發出的噪音害他睡不著；這番怨言實屬荒謬，因為兩座宮廷相隔數百哩，一個位於上埃及，另一個位於下埃及，所以不管河馬吼叫聲再響，希克索國王都不可能聽到。[5]然而，賽克南瑞的木乃伊經考古學家修復後，發現頭骨有數道由戰斧造成的明顯傷痕，可見他是死於激烈的戰鬥中。這是他與希克索人之間的戰爭嗎？我們無法確定，不過，阿波菲斯和賽克南瑞確實可能交戰，但不知道導火線究竟是不是河馬。

埃及第十七王朝末代法老卡摩斯也曾留下一段銘文。當時，卡摩斯正在故鄉——亦即上埃及的底比斯——行使統治權。他詳細描述對希克索人的勝利決戰，並

★a 譯註：原文帶有貶意。

以帶有貶意的「亞洲人」（Asiatics）稱呼對方，大約在公元前一五五〇年時，他寫下這段銘文：

為了驅逐亞洲人，我全力向北航行……立於身前的英勇大軍如熊熊烈焰……弓箭手登上桅杆頂端的觀測臺，就要摧毀對方基地……我在軍艦過夜，心情愉悅；破曉時分，我大軍如雄鷹般朝他撲去。等到早餐時分，我已推翻他，毀其城牆，屠其百姓，令其妻子來到岸邊。我大軍如雄獅般掠奪……財產、牛隻、肥肉與蜂蜜……瓜分財物，滿心歡喜。

卡摩斯順勢交代了阿瓦里斯的結局：

至於兩河交會的阿瓦里斯，我把它變成荒無的廢地；我摧毀城鎮，焚燒家園，讓它們永遠成為染紅的瓦礫堆，只因他們大肆破壞埃及土地。那些呼應亞洲人召喚的傢伙，已經背棄其主埃及！[6]

埃及大獲全勝，將希克索人逐出境外。這群遭到驅逐的異族最後逃回里特努（古埃及人對現今以色列和敘利亞的稱呼，本區也被埃及人稱為帕－卡－納－納或迦南）。此時，埃及人建立了第十八王朝，由卡摩斯的弟弟雅赫摩斯統治，並開啟現在所稱的埃及新王國時期。

阿瓦里斯與埃及各地在這一時期重建，阿瓦里斯也重新命名。大約六十年後，也就是公元前一五〇〇年，哈特謝普蘇特與圖特摩斯三世在位期間，它再度成為繁榮昌盛的名城，並已改名為皮魯納弗，城中有許多宮殿裝飾著邁諾安風格壁畫，描繪人跳躍過公牛背等場景，畫風反而更貼近愛琴海克里特島的風格，不像是埃及的作品。有位考古學家曾經推測，埃及統治者和邁諾安公主甚至可能聯姻。[7]第十八、十九王朝晚期確實有幾位法老與外國公主通婚，主要目的是鞏固外交關係，或與外邦結盟，後文將舉例說明。但是，我們不需要以政治聯姻解釋埃及為何出現邁諾安風格壁畫，還有其他證據足以證明地中海東部、埃及和愛琴海地區之間的密切關係。

往日重現：美索不達米亞與邁諾安

根據大量資料顯示（包括考古遺物、文字與圖像證據），克里特島的邁諾安人早在與新王國時期的法老來往之前，就已和古代近東多個地區進行交流。舉例說明，我們知道，早在公元前十八世紀，亦即將近四千年前，邁諾安人製造的物品就已跨越愛琴海與地中海東部，直達美索不達米亞，也就是底格里斯河（Tigris）和幼發拉底河（Euphrates）組成的兩河流域地區。

古代邁諾安人貿易的文獻出自馬里遺址，此地位於幼發拉底河西岸，也就是現今的敘利亞。一九三〇年代，法國考古學家在馬里挖出一批珍貴文物，共有兩萬多片刻著文字的泥板。起初是當地人意外發現一件遺物，一開始以為是無頭人，後來才知道是一座石像，於是他們找來考古隊探勘，後來又陸續出土許多石像，其中一個石像上的刻字表明，其原型的身份就是這座古城的國王。[8]泥板的文字是以古阿卡德語（Akkadian）寫成，全是王室的信件與國王的瑣事記錄，包括一位名叫基姆立－里姆的國王，他的統治期約在公元前一七五〇年左右。泥板記錄了所有管理皇宮與治理國家的事蹟，還有當時社會各層面的日常生活。

舉例說明，基姆立－里姆的夏季飲品有葡萄酒、啤酒及發酵大麥飲，大麥飲以石榴汁或帶甘草味的洋茴香調味，有塊泥板便記載這些飲品中使用的冰塊。從記錄中得知，他曾下令在幼發拉底河畔建造冰窖，專門儲藏冬季從雪山蒐集的冰塊，以便在炎熱的夏天使用。他聲稱從來沒有國王打造過類似的冰窖，是他首開這方面的先例，此說或許不假，但冰飲在本區並非首見，曾有國王提醒兒子，要僕人先把冰塊洗淨再放入飲料。他說：「命他們拿冰塊過來！要他們把上面的樹枝、獸糞和塵土全洗掉。」[9]

這批檔案也包括與地中海及近東其他地區的貿易和交流記錄，且會特別提到收到哪些罕見物品。從中也可了解，馬里國王與其他城市及王國的統治者常互贈禮物，各國國王也會互相要求對方派遣醫生、工匠、織工、樂師與歌手之類的專業人士，前來本國提供服務。[10]

馬里泥板記錄的外來物品當中，有一把匕首和一些武器都是以黃金打造而成，上面鑲嵌著名貴的天青石。此外，還有「迦斐託風格」的衣物和紡織品。[11]「迦斐託」（又稱卡普塔魯）是美索不達米亞人和迦南人對克里特島的稱呼，後來的埃及人則稱它為「克弗提烏」。這些物品因為製作精巧與材料稀有而彌足珍貴，加上其更是從克里特島遠道運來，符合現今所謂的「距離價值」，因而顯得更加貴重。

還有一塊泥板記錄了罕見情況，馬里國王基姆立—里姆將克里特島的邁諾安式鞋子送給巴比倫（Babylon）國王漢摩拉比。這份記錄只有簡單的幾行字：「一雙迦斐託款式皮鞋，送往巴比倫國王漢摩拉比的皇宮，由巴迪—里姆（Bahdi-Lim）（官員）帶去，但被退回。」[12]文中沒有提到為什麼退回，或許單純是因為不合腳吧。漢摩拉比法典有句話：「以眼還眼，以牙還牙。」後來此語經《希伯來聖經》傳揚而成為世界名言，但法典裡可沒有提到退回鞋子之類的物品該受何種懲罰。

姑且不管是否合腳，漢摩拉比退回皮鞋令人有點意外，因為它在當時的巴比倫可謂珍品，畢竟它從克里特島遠道送來美索不達米亞，也就是從現今的希臘到敘利亞或伊拉克的距離。這段漫長旅途可不輕鬆，可能要經過數個階段的運送，每一段都由不同的貿易商或商販負責。另一方面，在公元前第二千紀期間，近東地區地位相當的國王互贈禮物不算罕見；在這些情況中，禮物是由某位國王的使節帶來的，這就是今天所謂的外交使團。

探索並綜覽邁諾安人

由前文得知，至少從公元前一八〇〇年的青銅時代中期與晚期，克里特島的邁諾安人就與近東數個地區進行交流。馬里的信件中，便有提到邁諾安人。甚至提到有位邁諾安翻譯員（或是為邁諾安人服務的翻譯）出現在公元十八世紀初敘利亞北部的烏加里特，當地邁諾安人正在接收東方的馬里運來的錫[14]。然而，到了公元前十五世紀初期，也就是哈特謝普蘇特及圖特摩斯三世在位期間，邁諾安人似乎開始與埃及建立某種特殊關係，因此我們的故事要從這個時期說起。

有趣的是，直到二十世紀初期，「邁諾安文明」一詞才由英國考古學家亞瑟・艾文斯（Arthur Evans）創立。我們不知道邁諾安人如何自稱，只知道埃及人、迦南人和美索不達米亞人對他們各有不同稱呼。此外，我們也不知道他們來自何處，只能大概推測他們最可能來自安納托利亞／土耳其。

大約公元前三〇〇〇年至前一二〇〇年，他們在克里特島建立文明，這是我們清楚的事實。約在公元前一七〇〇年左右，強震侵襲克里特島，克諾索斯（Knossos）與島上其他地方的宮殿需要重建。然而，邁諾安在震後迅速復原，成為獨立繁榮的文明，直到公元前倒數第二個千年，希臘本土的邁錫尼人入侵克里特島，奪走邁諾安人的統治權，到了約公元前一二〇〇年，邁錫尼人的統治才告終。

亞瑟・艾文斯發現所謂的「乳石」（milk stone）在雅典市場出售，由此開始追溯，最後來到克里特島進行挖掘工作。曾經生育或即將臨盆的希臘婦女都會佩戴「乳石」，這些石頭刻著艾文斯未曾見過的符號，他認為這可能是文字。於是，艾文斯開始追溯源頭，找到在現代大都市伊拉克利翁（Heraklion）附近的克諾索斯（克法拉丘〔Kephala Hill〕）遺址。曾挖掘特洛伊的海因里希・施里曼（Heinrich Schliemann）本欲買下並挖掘這個遺址，但沒有成功。最後艾文斯買下此處，於一九〇〇年三月動工。為了整個挖掘計畫，他在幾十年間幾乎傾家蕩產，最後將考古發現集結成巨著並出版，命名為《克諾索斯的邁諾安宮殿》（*The Palace of Minos at Knossos*）。[15]

在忠實的蘇格蘭助手鄧肯・麥肯齊（Duncan Mackenzie）協助下，[16]艾文斯很快發掘了一個看似皇宮的地方，他立刻根據希臘傳說中的邁諾斯國王（King Minos）之名，將這個新發現命名為「邁諾安文明」。據說邁諾斯國王是克里特島古代的統治者，這個傳說還有另一個角色，就是被關在地下迷宮的彌諾陶洛斯（Minotaur）（半人半牛）。艾文斯發現大量泥板和其他物品上面刻有文字，他將它們命名為線形文字A（至今尚未破譯）和線形文字B（早期希臘文字，可能是邁錫尼人傳到克里特島上）。然而，他始終沒有找到這群人的真實名稱，正如前文所述，謎底至今依然沒有解開，儘管克諾索斯和島上眾多地點已經持續挖掘一個多世紀。[17]

艾文斯在克諾索斯發現許多由埃及和近東地區進口的物品，包括刻著象形文字「善神，蘇維賽倫瑞（Seweserenre），拉（Re）神★b之子，希安[18]」的雪花石膏蓋。希安是最為著名的希克索國王，於公元前十六世紀初期進行統治，古代近東許多地區都曾發現他在位期間的物品，但是雪花石膏蓋究竟如何來到克里特島，至今仍是個謎。

★b 譯註：古埃及太陽神，為埃及神話中最高神祇。

這個蓋子出土多年後，又有個有趣的情況出現了。另一位考古學家在克里特島卡珊巴（katsamba）進行探勘，這座北部沿岸港口城市與克諾索斯有密切交流。他在挖掘一處古墓時，發現一個雪花石膏瓶，上面刻著埃及法老圖特摩斯三世登基時用的名字：「善神，曼—赫珀—拉（Men-kheper-Re），拉神之子，圖特摩斯完美的化身。」愛琴海地區很少發現有這位法老名字的物品，這是其中一件。[19]

公元前五世紀的希臘歷史學家修昔底德（Thucydides）聲稱，邁諾安人是當時擁有海軍的海上霸主。他說：「根據傳統，我們知道邁諾斯是史上第一位成立海軍的國王，他因而榮登霸主之位，雄踞一方，統領今日所謂的『希臘海域』。」（修昔底德《伯羅奔尼薩斯戰爭史》〔*History of the Peloponnesian War*〕1.3–8）早期學者將此稱為「邁諾安海上霸權」（Minoan Thalassocracy），thalassocracy由希臘語的兩個字組成：代表「權力」的「kratia」與代表「海洋」的「thalassos」。儘管邁諾安的海上霸權如今飽受質疑，但埃及的記錄中確實提到過「克弗提烏船」。克弗提烏是當時埃及人對克里特島的稱呼。然而，這些船究竟是來自克里特島，或者開往克里特島，或者是否屬於邁諾安樣式，至今仍不能確知。[20]

約翰・彭德里伯里（John Devitt Stringfellow Pendlebury）接續艾文斯的挖掘工作，他對埃及與克里特島可能存在的聯繫極感興趣。他挖掘的地方除了克諾索斯，還有埃及的阿瑪納（Amarna）（阿肯那頓的城市，將在下文詳述）。彭德里伯里甚至出版相關著作，書名是《埃及史》（*Aegyptiaca*），在克諾索斯及島上其他地點找到的所有埃及進口物品，他都一一蒐集並彙編於書中。遺憾的是，一九四一年，德國傘兵入侵克里特島，將他槍殺。[21]

艾文斯和彭德里伯里在克諾索斯發現更多進口物品，而在接下來的數十年間，情況日益明朗，邁諾安人似乎一直在從事進出口貿易，除了與埃及貿易之外，他們還積極地與外國之間發展的商業網路。例如，美索不達米亞的滾筒印章與迦南的儲物罐等物品，都在克里特島上許多遺址處出土，屬於青銅時代中期及晚期。至於邁諾安陶器等製品，在埃及、以色列、約旦、賽普勒斯、敘利亞和伊拉克等地均廣為發現，不論是出土實物或是文獻記錄。

回到埃及

有一點必須謹記，上述物品只是地中海上往來貨品的一小部分，許多青銅時代晚期的商品屬易腐性質，即便流傳至今者大多難以保存原貌。幾乎可以肯定的是，穀物、葡萄酒、香料、香水、木製品和紡織品早已消失。此外，象牙之類的原物料，天青石、瑪瑙、紅玉髓之類的寶石，以及金、銅和錫之類的金屬，早在久遠以前就被當地人製成武器和首飾等物品。因此，貿易路線與國際交流中大多數物品早已毀壞、碎裂，或者消失在漫長歲月中。然而，這些易腐商品的蹤跡可留存在書面文字或壁畫中，如果加以正確解讀，這類壁畫、銘文和文獻也可以當作明確的指南，用來了解各民族的交流。因此，從哈特謝普蘇特到阿蒙霍特普三世，新王國時期的法老有許多陵墓都有外邦使節的彩繪畫面，這些都是珍貴史料，足以證明公元前十五和前十四世紀熱絡的外交、商業與交通網絡。[22]

公元前十五世紀，哈特謝普蘇特統治埃及期間，首度出現陵墓壁畫上繪有愛琴海地區各民族人物在這些陵墓壁畫上常可見到邁諾安人，他們往往與貨物一起出現，銘文中也指明他們來自克里特島。例如，哈特謝普蘇特的建築師兼顧問，或許還兼情人的賽門姆特（Senenmut）墓中就繪有愛琴海地區某個大使館，還有六個人帶著愛琴海樣式的金屬瓶。[23]

瑞克米瑞（Rekhmire）是圖特摩斯三世（約公元前一四五〇年）的「維齊爾」（vizier）★c，他的陵墓中有一幅畫，畫中男子穿著典型愛琴海樣式的短裙，並攜帶愛琴海風格的物品。旁邊有一段文字（只剩下部分）：「克弗提烏及『海上各島』的酋長為和平而來，向統治上下埃及、至高無上的國王陛下俯首敬拜。」[24]這顯然是愛琴海地區派往埃及的使節團，這個時期的埃及陵墓所描繪的類似情景還有數個。

瑞克米瑞墓中不單有愛琴海人民的圖像，這幅圖的上下方還繪有來自旁特（Punt）、努比亞和敘利亞的使者，每位旁邊都刻有銘文簡介。儘管未獲證實，這

★c 審校者註：「維齊爾」本是土耳其文中的「高官」，在十六世紀為英文轉用，後來西方人用來稱呼「東方」（如伊斯蘭世界）的大官時，就經常使用這個詞彙。

● 瑞克米瑞的陵墓，當中描繪愛琴海諸民族（圖片來源：Davies 1943，pl.xx；大都會博物館提供）。

些畫面可能是圖特摩斯三世在位期間發生的大事，愛琴海的使者或商人只是群聚於此或受召前來的多國人士其中一部分；如果此事為真，那麼他們極有可能在慶祝塞德節（Sed）（或稱狂歡節），過去曾有位法老登基在三十年後，首度舉辦塞德節，從此不定時舉行慶祝活動。以圖特摩斯三世為例，我們知道他至少舉行過三次，這沒什麼好訝異，畢竟他統治埃及長達五十四年。[25]

哈特謝普蘇特以及／或者圖

特摩斯三世在位期間，大約有十四座高官與顧問的陵墓中出現描繪外國使節造訪埃及的壁畫，其中包括愛琴海地區各族、努比亞人和迦南人，全都帶著外國產品前往埃及。[26]當中九座陵墓於圖特摩斯三世在位期間興建，許多壁畫繪有外國使節展示外交禮品或敬獻年度貢品的情景，此外，圖特摩斯三世也會籌組皇家使節團，派他們前往黎巴嫩取得雪松。[27]

「克弗提烏」、「克弗提烏人」和「克弗提烏船」等辭彙常出現在埃及這時期的各種記錄當中，包括神殿銘文和莎草紙記錄。其中最耐人尋味的是圖特摩斯三世在位第三十年（約公元前一四五〇年）的某張莎草紙，內容是為埃及海軍所進口的物資，當中有幾處提到「克弗提烏船」：「交給工匠（人名），這批木材是用來打造克弗提烏船的船底包板。」「今天交給工匠提蒂（Tity），用來打造他所委託的另一艘克弗提烏船。」以及「交給工匠伊納（Ina）……用來打造另一艘克弗提烏船」。[28]同樣的，於圖特摩斯三世在位第三十四年，刻在卡納克阿蒙神殿（Temple of Amun）牆上的銘文也提到了克弗提烏船。[29]

雖然不知道這些船隻究竟是來自克弗提烏的船（即邁諾安船），還是有能力前往克弗提烏的船（即埃及船），但有一點很明確，克里特島的邁諾安人與圖特摩斯三世統治的新王國時期埃及互相交流，而且可能直接接觸。不管是現今或是三千四百年前，拜盛行風所賜，船隻都能從克里特島南岸輕鬆航行至埃及北岸的馬特魯港（Marsa Matruh），最後抵達尼羅河三角洲。由於風向和洋流影響，揚帆回航並不容易，但在一年中某些時候依然可行；此外，也可以逆時針航行，從埃及到迦南和賽普勒斯，再到安納托利亞和羅德斯島（Rhodes），接著到克里特島、基克拉迪群島（Cycladic islands）和希臘本土，再回到克里特島，往南抵達埃及。

蒙克佩瑞森（Menkheperreseneb）是阿蒙神的首位先知，觀其陵墓壁畫和銘文可知，[30]埃及人對邁諾安王室的了解程度不亞於對其他外國王室之認識。在陵墓牆壁上可以看到「克弗提烏王子」（克里特島）與西臺王子（安納托利亞）、圖尼普（Tunip）（可能位於敘利亞）王子和奎帝胥（Qadesh）（敘利亞）王子在一起的壁畫，畫中以「wr」稱呼他們，意思是「王子」或者「酋長」。[31]這些畫面似乎在表明，王室成員某些時候會造訪埃及，或許還包括非常特殊的場合。他們是否同時前來（或許和瑞克米瑞墓中描繪的是同一事件，只不過視角不同）？或各自在不同時刻來訪？我們無法確定，但當今達官貴人會為了英國皇室婚禮或八大工業國組織高峰會齊聚一堂，這些青銅時代晚期名流若也為了埃及的大事前來，這是個相當有趣的推測。

圖特摩斯三世也將「wr」（王子或酋長）一詞用在別處，在其編年史的第四十二年初，他提到「塔納亞王子」，「塔納亞」是埃及人對希臘本土的稱呼；法老還列出愛琴海地區的物品，包括克弗提烏樣式的銀器和四只附銀把手的碗，有趣的是，他把它們稱為「inw」，這個詞通常譯為「貢品」，但在這裡更有可能代表「禮物」。[32]從事「常規」貿易或許會被認為有失國王尊嚴，而互換同等（或相近）的「禮物」則完全可以接受。關於公元前十四世紀假互換禮物為由的實質國際貿易，此課題將在下一章有更深入探討。

哈特謝普蘇特與圖特摩斯三世

哈特謝普蘇特是圖特摩斯三世的前任統治者，在她任內的埃及廣泛與各國交流，對象除了愛琴海地區外，尚包括古代近東地區。她憑藉著外交而非戰爭，一手打造第十八王朝邁向國際交流的康莊大道，使得埃及聲名遠播。她擁有純正的皇家血統，是圖特摩斯一世與雅赫摩斯王后的女兒；不過，有一點值得注意，她的父親是因為娶了皇室成員才得以榮登王位。

哈特謝普蘇特嫁給同父異母的哥哥圖特摩斯二世，這刻意的安排是為了幫助這位只有一半皇室血統的年輕人，因為他的母親並非王后，只是地位較低的妃子。沒有其他方式比得上與哈特謝普蘇特結婚更能鞏固他登基的合法性。婚後他們只生了一個女兒，沒有嫡子，對埃及來說簡直是一場災難；然而，他與後宮其他女子生了一個兒子，這個孩子以圖特摩斯三世的身分在宮中成長，註定要繼承大統。不幸的是，圖特摩斯二世突然撒手人寰，幼子尚不足以擔當治國大任，因此，由哈特謝普蘇特暫時代表兒子攝政。但當傳位時機到來，哈特謝普蘇特拒絕讓位，她統治埃及長達二十多年，圖特摩斯三世只得暗地裡默默等待，或許早就等得不耐煩了。[33]

在二十多年間，哈特謝普蘇特戴上法老專用的傳統假鬍鬚，身著傳統官服，還穿上附盔甲的男裝，以便遮掩乳房和其他女性特徵，在哈特謝普蘇特女王神殿（Deir el-Bahari）中的雕像可看見她當時的打扮。她還改掉名字，用陽性而非陰性的詞尾，讓自己成為「哈特謝普蘇（His Majesty, Hatshepsu）陛下」。[34] 換句話說，她是以男性自居，如同男性法老般統治埃及，而非區區攝政。正因如此，她成了古埃及名女人，與娜芙蒂蒂（Nefertiti）和克麗奧佩脫拉（Cleopatra）齊名。圖特摩斯二世死後，哈特謝普蘇特顯然沒有再婚，但或許建築師兼總管賽門姆特是她的地下情人，在賽門姆特負責打造的哈特謝普蘇特女王神殿中有一幅他的石刻像，或許是偷偷刻上去的。[35]

這位魅力獨具的統治者曾派遣和平的貿易使節團出訪，他們曾前往腓尼基（Phoenicia）（今黎巴嫩）尋找木材，也去過西奈半島（Sinai）尋找黃銅和綠松石。[36] 她於在位第九年派去旁特的使節團最富盛名，其記錄刻在哈特謝普蘇特女王神殿的牆壁。旁特的確切位置已不可考，學界對此始終有爭議，多數學者認為它位於蘇丹（Sudan）、厄利垂亞（Eritrea）或衣索比亞某處，但其他人認為它在別的地方如紅海沿岸包括現今的葉門地區測。[37]

哈特謝普蘇特派去旁特的使節團並非首開埃及先例，也不是最後一次。此等埃及使節團早在中王國時期已有數次，而在她之後，阿蒙霍特普三世也於公元前十四世紀中葉派遣過一個使節團。然而，只有哈特謝普蘇特記錄了旁特王后，銘文中稱為「艾提」（Eti）。這位異國王后的畫像招來不少評論，因為她身材矮小、脊椎彎曲、脂肪豐厚、臀部肥大，在現今醫學中，這些都屬於「臀脂過多症」（也就是腹部脹大，大腿和臀部往往肥大又凸出）。畫中的棕櫚樹和異國動物等事物反映出遠方風情，此外還刻畫了來往埃及和旁特之間的船隻，船上桅杆和帆具也描繪出來。

圖特摩斯三世在位第三十三年——大約在公元前一四五〇年後，他也派遣了自己的貿易使節團前往旁特，此事記載於他的編年史中。此外，他在位第三十八年時，二度派遣另一個使節團前往當地。[38]上述圖特摩斯三世派去黎巴嫩取得雪松的使節團等不多的證據，可以讓我們確實推測圖特摩斯三世在位期間與外國有持續的貿易往來，我們猜測當時貴族墓中出現大量關於「貢品」（inw）的描繪，其實就是貿易貨物。

在圖特摩斯三世任內，與埃及有明顯貿易往來的廣大地區中，有個被埃及人稱為「伊斯」的地方，圖特摩斯三世曾經記錄，在三次不同場合中都收到此地的

「貢品」，它最有可能是安納托利亞（今土耳其）西北方的城邦聯盟亞蘇瓦盟，也可能是阿拉什亞——即青銅時代的賽普勒斯。圖特摩斯的書記官在不同銘文中至少提過四次「伊斯」，這個地名與「克弗提烏」一同出現在〈詩之碑／勝利之歌〉（*Poetic Stele/Hymn of Victory*）中：「我為助您毀滅西方而來，克弗提烏與伊斯心懷敬畏，陛下在我的襄助下，將化為他們眼中的少壯公牛，剛強的心、尖銳的角，人人避之唯恐不及。」[39]圖特摩斯三世在位第三十四年，發動任內第九次戰役（公元前一四四五年），編年史記載「伊斯酋長」帶來的「貢品」中包括許多原物料，有純銅、鉛塊、天青石、象牙和木材；他在位的第三十八年發生第十三次戰役（公元前一四四一年），這次的記錄也記載「伊斯王子」帶來的「貢品」中有黃銅和馬匹；他在位第四十年發生第十五次戰役（公元前一四三九年），可以知道「伊斯酋長」帶來的「貢品」包括四十塊銅磚、一塊鉛磚和兩根象牙。在青銅時代的近東地區，這些幾乎都是高層級禮物交換中的典型物件。[40]

公元前一四七九年埃及與迦南的米吉多之戰

哈特謝普蘇特的木乃伊終於在近年獲得可能性不低的辨識，其地點並非她自己的陵墓（KV 20），而是在帝王谷其他地方，陵墓編號為KV 60（也就是「帝王谷，第六十號陵墓」）。這座山谷是埃及男法老專用的墓地，她是少數埋葬於此的女性。如果經鑑定的木乃伊確實是哈特謝普蘇特，她年老時想必受肥胖、牙齒問題和癌症所苦。[41]公元前一四八〇年，她終於辭世，不時有人懷疑她的死與圖特摩斯三世脫不了關係；圖特摩斯三世迫不及待地接掌大位，在他得到大權獨自統治的第一年就邁向戰場。他甚至試圖將哈特謝普蘇特從歷史中除名，下令褻瀆她的紀念碑，並儘可把她的名字從銘刻紀錄中鑿除。

在登基後大約二十年間，圖特摩斯三世總共發動十七場軍事行動。他在第一場戰役就設法將自己的名字寫進史冊，更確切地說，他在公元前一四七九年首度出征後，將日誌當中關於旅程和打仗的路線與細節轉錄下來，刻在卡納克的阿蒙神殿牆上，供後人瞻仰。他在米吉多與叛變的迦南酋長作戰（後來成為《聖經》中知名的末日之戰哈米吉多頓），這是史上首度被鉅細靡遺記錄並且可供後世借鑑的戰役。

銘文指出圖特摩斯三世從埃及率軍出發，十日後抵達北部的葉赫姆（Yehem）。他在此地駐紮，舉行軍事會議，商議如何有效進軍防衛嚴密的米吉多及周圍的臨時軍營；在圖特摩斯三世登基後，迦南統治者便起兵反抗，在米吉多搭建軍營。有三條路可從葉赫姆通往米吉多：北路在約克尼穆（Yokneam）附近的耶斯列谷（Jezreel Valley）；南路從他納（Ta'anach）附近進入耶斯列谷；中路的盡頭則是米吉多。[42]

根據記載，眾將領建議取道北路或南路，因為其路面寬闊，不易遭到伏兵攻擊。圖特摩斯則回應，迦南人料定他們絕不會蠢到走中路，因為中路又窄又容易遭到埋伏，因此迦南人預料埃及軍隊勢必往南或往北。正因如此，他打算從中路進軍，大出迦南人意料之外，殺對方一個措手不及。事情果然如他所料，埃及軍隊耗費近十二小時穿越中路隘口（此地在各個時代有不同稱呼，比如阿拉谷〔Wadi Ara〕、依朗乾河〔Nahal Iron〕、穆斯穆斯關〔Musmus Pass〕等等），最後安全抵達時，埃及人發現不管是米吉多還是臨時軍營都無人看守。圖特摩斯三世料得沒錯，迦南人全都埋伏在北路的約克尼穆與南路的他納。圖特摩斯三世在此役中唯一犯下的錯誤是容許軍隊先行劫掠之後再開始攻城，米吉多的少數守軍（幾乎都是老弱婦孺）因而有充裕時間關上城門。經過七個多月的圍城，埃及人終於攻下這座城市。

三千四百年之後，一九一八年九月的第一次世界大戰中，愛德蒙・艾倫比（Edmund Allenby）將軍成功仿效圖特摩斯三世的策略，同樣獲得最後勝利。他在米吉多一役打了勝仗，不但俘獲數百名德國和土耳其士兵，自己完全沒有損兵折將，只犧牲了幾匹馬。他後來坦承，自己讀過詹姆斯・布雷斯特德翻譯的圖特摩斯三世文獻，決定要重現當年那段歷史。相傳喬治・桑塔亞納（George Santayana）★d曾經表示，從不研究歷史的人註定重蹈覆轍，但艾倫比恰恰證明了相反的道理，那就是鑽研歷史的人如果願意，也能重蹈成功人士的覆轍。[43]

埃及與米坦尼

圖特摩斯三世也曾出征敘利亞北部，攻打公元前一五〇〇年就存在的米坦尼王國，從前圖特摩斯一世早就對此地發動過戰爭。[44]米坦尼王國逐漸壯大，慢慢向周邊地區擴張，併吞許多國家，如哈尼蓋貝特（Hanigalbat）的胡利王國（Hurrian kingdom）。因此，出自不同時期、不同人的筆下或口中，對這個王國的稱呼就不一樣，一般來說，埃及人稱之為「納哈林」（Naharin）或者「納哈利納」（Naharina）；西臺人稱之為「胡利人（Hurri）的土地」；亞述人稱之為「哈尼蓋貝特」；而米坦尼國王則自稱為「米坦尼」王國。儘管在考古記錄和古代文獻中有些有趣的線索，但米坦尼首都瓦舒戛尼（Washukanni）卻從未被發現，是古代近東地區極少數難倒考古學家的首都之一。有人認為它可能位於敘利亞境內的法卡里亞古城（Tell al-Fakhariyeh），就在幼發拉底河以東，固然有很多人嘗試在此挖掘，但這個推測始終無法證實。[45]

根據各種文獻記載，米坦尼王國大約百分之九十是當地人，也就是所謂的胡里人，其餘百分之十則是統治者米坦尼領主，他們可能是印歐後裔。這一小群人顯然是從異地入侵，接管當地的胡里人，一手打造了米坦尼王國，當中有些人是軍事菁

★d 譯註：一八六三～一九五二，西班牙裔，是美國著名哲學家、作家及詩人。

英，稱為「馬瑞安努」（Maryannu）（「戰車勇士」），以駕馭戰車和訓練戰馬聞名於世。在安納托利亞的西臺首都哈圖沙發現的文獻中，有一篇米坦尼馴馬大師基庫里（Kikkuli）於公元前一三五〇年撰寫的文章，說明如何在兩百一十四天內將野馬馴服為良駿。這篇詳盡的論述共耗費四塊泥板，但卻有個非常簡潔的開頭：「來自米坦尼的馴馬師基庫里如是（說）。」[46]

圖特摩斯三世在位第三十三年（約公元前一四四六年）發動第八次戰役，與其祖父一樣，他同時從水、陸雙管齊下攻打米坦尼王國。據說他堅持向幼發拉底河上游挺進，儘管逆流又逆風，他依然要求部隊排除萬難；圖特摩斯三世之所以堅持出擊，可能是懷疑米坦尼在他登基的第一年參與了迦南人的叛亂，於是起了報復之心。[47]大獲全勝後，他下令在幼發拉底河東岸的卡基米什北部豎立銘文石碑，以紀念勝利事蹟。

然而，米坦尼只是一時屈服。在十五或二十年後，米坦尼國王薩烏什塔塔開始大肆擴張領土，他襲擊了亞述人的首都亞述城（Assur），奪走金銀打造的珍貴大門，用來裝飾他位於瓦舒戛尼的皇宮，後來哈圖沙的西臺檔案館保存了此事之紀錄。他或許也曾和西臺人打過仗。[48]然而，不出一個世紀，到了公元前十四世紀中葉，阿蒙霍特普三世統治期間，埃及與米坦尼建立極友好關係，這位法老甚至娶了兩位米坦尼公主。

從米坦尼、亞述與埃及之間的互動，我們可以知道整個世界的連結愈來愈緊密，甚至有時候連結的因緣是戰爭。

安納托利亞的亞蘇瓦盟發動叛亂

引人入勝的是，圖特摩斯三世與遙遠異國——包括埃及以北、以西區域——有所接觸，可能還有活絡的商業交流。可能是亞蘇瓦盟（假設它就是埃及人所說的伊斯）找上埃及，而非埃及先採取主動與對方接觸。大約在公元前一四三〇年，亞蘇瓦盟發動叛亂，對抗安納托利亞中部的西臺人；在此，有一種必須納入考量的可能性，也就是在叛亂釀成之前十年間，亞蘇瓦盟正在積極與其他強國進行外交接觸。[49]

以往只有少數學者對亞蘇瓦盟的叛亂感興趣，但這個課題到了一九九一年卻成了學界關注焦點。當時有一位工人在西臺首都哈圖沙古代遺址旁的路肩施工，此地在現今安卡拉以東大約兩小時車程（兩百零八公里）處。推土機挖到一個金屬物體，工人從駕駛座跳下來，手伸進鬆動的泥土，拿出一個又細又長而且出奇沉重的綠色物件。它的外觀和觸感都像古劍，經當地博物館的常駐考古學家清洗後，證實這是把古劍。

然而，這並不是典型的西臺劍，而是從未出現在當地的劍。此外，劍身刻著銘文，事實證明要辨識銘文要比查出劍的來源容易，因此學者先將銘文翻譯出來。它是以阿卡德語的楔形文字寫成，這是青銅時代近東地區的外交語言，內容如下：*i-nu-ma* ^{m}*Du-ut-ha-li-ya* LUGAL.GAL KUR ^{URU}*A-as-su-wa u-hal-liq* GIR$^{HI.A}$ *an-nu-tim a-na* ^{D}*Iskur be-li-su u-se-li*。這段文字翻譯如下，獻給不識阿卡德語的讀者：「大王杜薩利亞（Duthaliya）粉碎亞蘇瓦盟，特此將這批寶劍獻與其主暴風雨之神。」[50]

銘文內容便是所謂的亞蘇瓦盟叛亂。西臺國王圖特哈里一世／二世約在公元前一四三〇年平定這場動亂。（之所以用「一世／二世」來表達，因為我們無法確定他到底是第一位還是第二位用這個名字的國王。）研究西臺帝國的學者對這次叛亂並不陌生，因為德國考古學家在二十世紀早期開挖哈圖沙時，便發現了大量文獻，全都是以楔形文字寫在泥板上。然而，這把劍的發現是第一件與叛亂有關的武器文物，由銘文內容可知，還有更多古劍有待探勘及挖掘。但是，在繼續探討之前，我們還需要多花點心力在西臺人身上，以及要找出亞蘇瓦盟的位置，並檢視這場叛亂。還有幾點需要考量：為何這是早期「國際主義」的證據？為何這這項證據可能顯示，特洛伊戰爭比荷馬主張的時間還早兩百年、戰爭起因也與荷馬的看法不同？

題外話：探索並綜覽西臺人

首先要注意的是，在公元前第二千紀的大多時候，西臺人在安納托利亞中部統治過大帝國，但它最終卻遺落在歷史洪流中——至少地理位置不明，直到大約兩百年前，它才重見天日。[51]

西臺人對聖經學者來說並不陌生，因為他們被記載於《希伯來聖經》中，和許多民族一樣，其名稱以「-ite」做為結尾（比如西臺人〔Hittites〕、希未人〔Hivites〕、亞摩利人〔Amorites〕、耶布斯人〔Jebusites〕等等），西臺人於公元前第二千紀晚期在迦南生活，早期曾與希伯來人／以色列人來往，最後則向他們屈服。舉例說明，據說亞伯拉罕向西臺人以弗崙（Ephron）買了一塊地，用來埋葬妻子撒拉（Sarah）（《聖經・創世記》23:3–20）；大衛王之妻拔示巴（Bathsheba）的第一任丈夫是西臺人烏利亞（Uriah）（《聖經・撒母耳記下》11: 2–27）。所羅門王的妻妾中有一位是「西臺婦女」（《聖經・列王紀上》11:1）。然而，學者早期在《聖經》記載的土地上尋找西臺人未果，儘管耶和華在燃燒的荊棘中呼召摩西時已表明具體位置：「我下來是要救他們（以色列人）脫離埃及人的手，領他們出了那地，到美好、寬闊、流奶與蜜之地，就是到迦南人、西臺人、亞摩利人、比利洗人（Perizzites）、希未人、耶布斯人之地。」（《聖經・出埃及記》3:7）。★*e*

同一時期，十九世紀初年的探險家在探勘從前不為人知的青銅時代文明遺跡，特別是在土耳其中部高原地區。像是約翰・路德維希・布克哈特（Johann Ludwig Burckhardt），這位瑞士紳士為了便於探險，喜歡穿著中東裝束（並自稱為易卜拉欣酋長〔Sheik Ibrahim〕）。至此，學界終於能將零星資料連結起來。一八七九年，在倫敦的會議中，德高望重的亞述史學者塞伊斯（A. H. Sayce）宣布，西臺人的位置不在迦南，而是在安納托利亞——也就是說西臺人是在土耳其而非以色列／黎巴嫩／敘利亞／約旦。他的宣告廣為人接受，並且持續至今，只不過，吾人不禁要懷疑，《聖經》怎麼會錯得這麼離譜。52

這個問題的答案其實合情合理。正如大英帝國以英格蘭為基地向外延伸，西臺帝國也向土耳其西部擴張，並向南進入敘利亞。大英帝國都已消失多年，某些前殖民地至今依然保持打板球、喝下午茶的習慣；同理可證，曾經是西臺帝國領土的敘利亞北部，依然保留部分西臺文化、語言和宗教，以致被今人稱為「新西臺人」（Neo-Hittites），他們在公元前第一千紀的初期逐漸壯大興盛。專家指出，《聖經》是在公元前九世紀至前七世紀之間寫成，這時原先的西臺人消失已久，但是其後裔新西臺人已在迦南北部奠定深厚基礎。毋庸置疑，他們勢必與以色列人以及黎凡特（Levant）其他民族互相交流，因而被記載於《聖經》之中，無意間也讓日後尋找

★e 譯註：即西臺人，《聖經》譯為赫人。

西臺人的探險家如墜五里霧中。[53]

此外，考古學家開挖西臺遺址，大量泥板出土後經過破譯，學者終於明白，當時這些人並非自稱西臺人，而是比較接近「尼撒人」（Neshites）或「尼西安人」（Neshians），這是根據尼莎城（Nesha）（現今土耳其卡帕多奇亞地區〔Cappadocian region〕，經專家開挖的灰山卡內什〔Kultepe Kanesh〕）而命名的。這座城市是當地印歐民族的王朝根據地，興盛了大約兩百年，直到公元前一六五〇年左右，哈圖西里一世（意思是「來自哈圖沙的男子」）在遙遠的東部建都，並將新地點取名為哈圖沙。如今我們依然稱他們為西臺人，只是因為早在破譯泥板上的真名之前，「西臺」這個名字已經在學術作品中根深蒂固。[54]

新都哈圖沙的地點是經過仔細挑選的。這座山城占盡地利之便，固若金湯，僅靠狹窄的谷地與外界相通，五百年間只被攻陷過兩次，來犯者可能都是臨近的卡什卡人（Kashka）所為。自一九〇六年起，德國考古學家雨果・溫克勒（Hugo Winckler）、庫特・比特（Kurt Bittel）、彼得・內韋（Peter Neve）及尤爾根・塞赫（Jürgen Seeher）等人在此挖出數千件泥板。當中有許多信件和文獻想必出自官方檔案庫，此外也有詩詞、故事、史實、宗教儀式與各類文字紀錄。由此，我們得以拼湊西臺統治者的歷史，以及他們與其他民族和王國的交流史，此外，還可以一窺當時百姓的日常生活、社會概況、信仰體系與法律制度。當中有個很有趣的規定：「如果有人咬掉一個自由人的鼻子，必須償付四十錫克爾（shekel）銀幣。」[55]（大家難免會懷疑，這種事多久才會發生一次？）

泥板上的紀錄也透露，公元前一五九五年，上文提及的哈圖西里一世之孫穆爾西里一世率軍遠征美索不達米亞，共跋涉一千多哩攻打巴比倫，將它付之一炬，摧毀這個兩百年來因「立法者」漢摩拉比而聞名於世的王朝。大獲全勝後，他並未占據巴比倫，反而立刻率領大軍班師回朝，成功造就史上最遠的「打了就跑」戰役。這次行動帶來意想不到的結果，原本沒沒無聞的加喜特人（Kassites）占領巴比倫城，接著統治此地數百年之久。

西臺歷史的前半部被稱為古王國時期，此時期因穆爾西里這類戰功彪炳的國王而赫赫有名，但本處所探討的是後半部。這時的西臺已經成為西臺帝國，它在青銅時代晚期——也就是公元前十五世紀——起逐漸興盛，甚至締造更輝煌的局面，維持到公元前十一世紀初期。當中最富盛名的國王便是蘇庇路里烏瑪一世，我們將在下一章細述他的生平事蹟，他不僅多方征討，還能與新王國的諸法老平起平坐，帶領西臺人成為古代近東地區的翹楚。有位剛守寡的埃及王后甚至求他送一個兒子給她作丈夫，並聲稱這位第二任丈夫將與她一同統治埃及。儘管她的身分至今不明，也無法確認她去世的丈夫是誰，但有些博學的學者認為她就是安卡蘇納蒙（Ankhsenamen），而去世的法老則是圖坦卡門，後文將詳細討論。

亞蘇瓦盟叛亂與亞細亞瓦人釋疑

現在回到大約公元前一四三〇年，西臺人與圖特哈里一世／二世正忙著對付集體叛變的城邦，後者被統稱為「亞蘇瓦盟」，位於土耳其西北方達達尼爾海峽（Dardanelles）內陸，也是第一次世界大戰加利波利（Gallipoli）戰役的戰場。西臺出土的泥板記載了起兵反抗西臺人的二十二個盟國之名，但大多數國名對我們來說不具意義，也已找不到確切位置，唯有名單上最後兩國「維魯薩」（Wilusiya）和「特魯伊薩」（Taruisa）與眾不同，很可能便是特洛伊及其周邊地區。[56]

圖特哈里一世／二世當時剛打完安納托利亞西部的戰役，準備班師回朝，這次叛亂明顯是利用這個空檔。西臺軍隊得知消息後，立即朝西北方的亞蘇瓦盟進軍，打算平息叛亂。根據西臺文獻，我們知道圖特哈里親率大軍擊敗亞蘇瓦盟聯軍，紀錄載明，有一萬名亞蘇瓦盟士兵，加上六百組戰馬及戰車駕馭手，還有「被征服的人、牛、羊（與）土地上的財產」等等，全被當作戰俘和戰利品帶回哈圖沙。[57]當中甚至包含亞蘇瓦盟國王與兒子庫庫利，以及幾位皇室成員與家眷。後來，圖特哈里任命庫庫利為亞蘇瓦盟國王，成為西臺王國的臣屬後，亞蘇瓦盟再次重建。然而，庫庫利迅速起兵反叛，卻又再次被西臺人擊垮。庫庫利遭到處決，亞蘇瓦盟徹底瓦解，永遠在世界上消失。它的遺緒主要體現於現代的「亞細亞」（Asia）之名，此外它很可能也出現在特洛伊戰爭中。學者聲稱，「維魯薩」和「特魯伊薩」這兩個名字，與青銅時代特洛伊城（又名「伊利奧斯」〔Ilios〕）及其周邊地區「特洛亞德」極為相似。

這裡要再次提及那把出土於哈圖沙、刻著圖特哈里一世／二世銘文的古劍。前文曾經提到，這把劍並非出自當地，它是公元前十五世紀在希臘本土使用的一種主要劍型，這是一把邁錫尼劍（或是非常高明的仿製品）。為什麼這樣的劍會被用在亞蘇瓦盟的叛亂中呢？這是個好問題，但我們無從得知答案。持這把劍的人究竟是亞蘇瓦盟士兵，還是邁錫尼傭兵，或者根本就是其他人？

除了篇幅最長的主要泥板之外，還有五塊泥板提到亞蘇瓦盟與／或那場叛亂。其中一塊證實此事件為真，它的開場白簡單明瞭：「如是說……大王圖特哈里：我擊敗亞蘇瓦盟並返回哈圖沙時……」[58]最有趣的是一塊碎板塊，其中缺漏的部分令人扼腕，但仍能勉強看出當中有兩次提到亞蘇瓦盟國王，一次提到圖特哈里，它也指出一場戰役之發生，還提到亞細亞瓦人的領土、亞細亞瓦國王以及國王統領的群島。這封信既已殘缺不全，故不宜過度解讀當中為何同時提到亞蘇瓦盟和亞細亞瓦，不過這似乎也表明，當時亞蘇瓦盟和亞細亞瓦之間或許有某種關係。[59]

這封信最早在德國出版時編號為KUB XXVI 91。一直以來，學者認為它是由西臺國王寄給亞細亞瓦國王的，直到近年才有人主張，它其實是亞細亞瓦國王寄給西臺國王的。若真是如此，它可能是迄今發現唯一由亞細亞瓦寄出而且出自其國王之手的信件。[60]但是，那到底是什麼地方，國王又是誰？亞細亞瓦究竟在何處？

十九世紀的學術界始終被這些問題困擾著，但如今多數學者認為，亞細亞瓦就在希臘本土，他們就是邁錫尼人，首都可能是邁錫尼城。這種論調源自哈圖沙西臺檔案中大約二十五塊泥板，它們橫跨的時間將近三百年（從公元前十五世紀到前十三世紀末），當中或多或少提到亞細亞瓦。後來經過徹底分析，證實亞細亞瓦理當就是希臘本土和邁錫尼人。[61]接下來，我們必須再度做個簡單的補述，這次要談的是邁錫尼人。

探索並綜覽邁錫尼人

大約一百五十年前，也就是在十八世紀中期至晚期，邁錫尼文明首度博得世人注目，這都是拜號稱「邁錫尼考古之父」的海因里希・施里曼所賜；現代考古學家對他又愛又恨，一部分原因是他的挖掘方式原始粗暴，另一部分則是無法確認他及其考古報告是否值得信賴。一八七〇年代初期，施里曼在安納托利亞西北方希沙利克（Hisarlik）開挖，他認定這裡就是特洛伊，而既然他已經找到特洛伊戰爭中的特洛伊（將在後面討論），現在找到參戰另一方的邁錫尼也是理所當然。

在希臘本土尋找邁錫尼，顯然比之前在安納托利亞尋找特洛伊容易得多，因為邁錫尼古遺址有一部分始終矗立在地表，包括著名的獅門（Lion Gate），它早在數十年前就已被發現，有些部分也已重建。一八七〇年代中期，施里曼抵達當地，正準備開挖，附近邁錫尼村（Mykenai）的村民立刻把他帶去遺址。他從來沒有獲得開挖許可，但這未曾使他因此停止，這次當然也不例外。他很快掘出大量墓穴，當中充滿他做夢也沒料到的遺骸、武器和黃金。他馬上拍了一封電報給希臘國王，據說他聲稱自己「得以凝望阿伽門農（Agamemnon）的臉龐」，一時蔚為奇聞。[62]

當然，施里曼這人即使弄對了，有時也是錯得離譜，他根本就搞錯那些墓穴與遺骸的年代。如今我們知道，墓穴（邁錫尼有兩大墓葬圈）可以追溯到邁錫尼城市與文明巔峰時期的開端，也就是公元前一六五〇年至前一五〇〇年之間，而不是阿伽門農和阿基里斯（Achilles）的特洛伊戰爭時代（約公元前一二五〇年）。儘管他可能錯推了四個世紀，至少地點沒錯。其實施里曼不是唯一一個探勘青銅時代遺址的考古學家，克利斯多・曹塔斯（Christos Tsountas）和詹姆斯・馬納特（James Manatt）等學者也忙著挖掘文物，而且成績更為亮眼。但施里曼因先前宣稱發現特洛伊和特洛伊戰爭的遺址，成為眾人矚目的焦點，這件事留待後面探討。[63]

施里曼在邁錫尼和附近的梯林斯（Tiryns）遺址及其他地區挖掘幾季後，又在一八七八年和一八八〇年代數度重返特洛伊繼續開挖。他也嘗試探勘克里特島的克諾索斯，但並未成功。值得考古學界慶幸的是，這件事後來由他人接手，繼續探勘邁錫尼，其中有兩位最傑出的考古學家，一位是美國辛辛那提大學（University of Cincinnati）的卡爾・布利根（Carl Blegen），另一位是英國劍橋大學的艾倫・韋斯（Alan Wace）。兩人最後聯手打下厚實的根基，定義了邁錫尼文明及其由始到終的發展歷程。

從一九二〇年代開始，韋斯帶領英國考古隊在邁錫尼挖掘數十年，布利根在一九三二到一九三八年間參加特洛伊的挖掘計畫，此外也到希臘南方的皮洛斯（Pylos）進行挖掘工作。一九三九年，第一天在皮洛斯開挖時，布利根與團隊就發現了一些泥板，後來發現這是一大批檔案，上頭書寫的全都是以線形文字B。[64]由於第二次世界大戰爆發，遺址開挖暫時中止，戰爭結束後，於一九五二年重啟挖掘計畫，同年，英國建築師麥可・文特里斯（Michael Ventris）找到決定性證據，證明線形文字B其實是希臘文的早期版本。

在皮洛斯、邁錫尼、梯林斯、底比斯與克諾索斯遺址陸續發現線形文字B，解譯工作從那時開始進行直至今日，為考古學界開啟了另一扇窗，得以一窺邁錫尼世界。線形文字B提供的文字證據，為已經開挖的各項探勘計畫增添更詳盡的細節，考古學家得以重建青銅時代的希臘世界，就像他們的同行數世紀來探勘埃及和近東地區，並致力於破譯埃及、西臺和阿卡德文字一樣。總之，考古遺跡加上銘文，這個組合讓現代學者得以重建古代歷史。

我們現在知道，邁錫尼文明起源於公元前十七世紀，約在同一時期，克里特島的邁諾安人剛從大地震中重新振作起來。這場地震標示了（根據考古術語）第一輝煌時期（Palatial Period）邁向第二輝煌時期的過渡階段。韋斯和布利根將邁錫尼文明所屬時代命名為「希臘青銅時代晚期」（Late Helladic period），將希臘青銅時代晚期第一階段和第二階段追溯至公元前十七世紀至前十五世紀，並將第三階段再細分為三個小階段：第三階段A至公元前十四世紀，第三階段B至公元前十三世紀，第三階段C至公元前十二世紀。[65]

考古學者對於邁錫尼文明興起的原因至今依然爭論不休。早年有人認為，邁錫尼人曾幫助埃及人驅逐希克索人，但現在這個說法已經不被接受。如果邁錫尼墓穴出土的文物有任何意義的話，那便是證明對邁錫尼最早造成的影響來自克里特島。事實上，艾文斯認為邁諾安人曾經入侵希臘本土，但後來韋斯和布利根反轉了這個論點，如今學者也都接受後者的觀點。現在我們已經明白，邁錫尼人攻占克里特島時，一併接管了島上與埃及、近東地區的國際貿易路線，他們（就某種程度來說）突然成為全球性世界一員，而且在接下來的幾個世紀中，他們會繼續善用這個角色，直到青銅時代晚期的終結。

顯然埃及人稱邁錫尼人為「塔納亞人」，西臺人稱其為「亞細亞瓦人」，迦南人（如果在敘利亞北部烏加里特發現的文字有任何意義）則稱呼他們為「細亞瓦人」——與西臺人相近。或許可以這樣推論，只有邁錫尼人可以套用於這些與地名的稱呼，如果上述稱呼都不是指邁錫尼人，那出現在埃及等青銅時代晚期近東強權文字記錄中的民族，就只是一群名不見經傳的人了，但自公元前十四到前十二世紀之間，這些地方都出土了大量邁錫尼的瓶罐，由這點看來，那些稱呼不太可能屬於其他民族。66

早期的特洛伊戰爭？

如果「亞細亞瓦」同時代表希臘本土和邁錫尼，如果哈圖沙出土的KUB XXVI 91古信表明亞細亞瓦曾參與亞蘇瓦盟對西臺人的叛亂，那麼我們會得出什麼結論呢？包括這封信在內，所有涉及亞蘇瓦盟叛亂的物件，都可以追溯至公元前一四三〇年，比一般公認的特洛伊戰爭（通常認為此戰爭發生於公元前一二五〇年至前一一七五年之間）早大約兩百年。前文所提的各種資料——包括哈圖沙出土、刻有阿卡德銘文的邁錫尼劍在內——或許只是一連串沒有關聯的事蹟；然而，它們或許也具有某種含意，代表青銅時代愛琴海地區的戰士參與了亞蘇瓦盟對西臺人的叛亂。若果真是這樣，或許可以推論，他們這次參戰不但記錄在同一時期的西臺文獻中，並以更隱微的方式記載於後來希臘古代和古典時期的文學作品當中，但並非被當作特洛伊戰爭，而是更早以前的戰役及安納托利亞地區的突襲行動，這都被歸諸為阿基里斯與其他亞該亞英雄的事蹟而流傳後世。67

特洛伊戰爭傳統上認定於公元前一二五〇年爆發。當今學者也同意，即便是荷馬的《伊利亞德》（*Iliad*），其內容也記錄了比特洛伊戰爭早幾個世紀的戰士和事件，包括勇士埃阿斯（Ajax）的塔盾，這種盾牌在公元前十三世紀之前就已被汰換。還有一種很多英雄都用過的「鑲銀」劍（*phasganon arguwelon* 或 *xiphos arguroelon*），這種昂貴武器在特洛伊戰爭爆發前許久就已無人使用。此外，還有貝勒羅豐（Bellerophon）的故事在《伊利亞德》第六卷（第一七八至二四〇行）有詳細描述，他是一位希臘英雄，其人的時代幾乎可以確定是早於特洛伊戰爭。梯林斯國王普洛特斯（Proteus）派貝勒羅豐從希臘本土的梯林斯前往安納托利亞的呂基亞，他完成三大任務與其餘阻礙，最後獲得安納托利亞的一個王國做為賞賜。[68]

另外，《伊利亞德》記載，早在阿基里斯、阿伽門農、海倫（Helen）和赫克托（Hector）之前，實際上就是在普里阿摩斯（Priam）之父拉俄墨冬（Laomedon）的時代，希臘英雄赫拉克勒斯（Heracles）曾劫掠特洛伊。此行他只動用六艘船（《伊利亞德》第五卷第六三八至六四二行）：

> 大家都說我的父親，強大的赫拉克勒斯，是另外一種人，他奮勇戰鬥，心如雄

獅，曾經來到此地（特洛伊），為了奪取拉俄墨冬的母馬，僅僅帶來六艘船和小規模軍隊，卻能洗劫伊利奧斯城，使其街道淪為一片荒蕪。[69]

我曾提到，前荷馬時代的傳統說法中，有亞該亞戰士在安納托利亞作戰的事蹟，若想找到可與之相關連的歷史事件，當屬約公元前一四三〇年的亞蘇瓦盟叛亂，因為它是特洛伊戰爭前發生在安納托利亞西北方最大規模的軍事行動之一，而且這可能是邁錫尼人（亞細亞瓦人）參與過的少數事件之一，前文提及的KUB XXVI 91號西臺信件之類的文獻便可證明這一點。因此，我們或許會好奇，同時期邁錫尼（亞細亞瓦）戰士或傭兵在安納托利亞戰鬥的西臺故事，是不是以此事件為歷史依據？由此是否開展了特洛伊戰爭前的故事，亦即亞該亞戰士在安納托利亞本土的軍事行動？[70]還有一點也令我們好奇，或許亞蘇瓦盟於這次叛亂早有預謀，此事件它會不會是亞蘇瓦盟在公元前一四四〇年代晚期與前一四三〇年代早期突襲圖特摩斯三世的序曲？

結論

德高望重的藝術史學家海倫・坎托爾（Helene Kantor）曾說：「隨著時間流逝而留存的證據，只是真實歷史的滄海一粟。每個進口器皿……都代表著大量已經消失的器皿。」[71]事實上，大部分經過遞送的物品或者相當脆弱（因而早已消失），或者用來加工的原物料，其送達後立刻被加工成前文提及的武器和珠寶。因此，我們也許應該明瞭，青銅時代愛琴海地區、埃及及近東地區之間的貿易規模，比我們透過考古挖掘看到的大得多。

在如此脈絡之下或許我們應該這樣解讀曼弗瑞・比耶塔克在埃及三角洲艾德達巴古城圖特摩斯三世宮殿發現的邁諾安繪畫。它們不一定是某位邁諾安公主一時興起命人繪製而成，這些繪畫能夠證明公元前十五世紀的地中海地區確實存在國際交流、貿易和彼此影響，最遠及於邁諾安人的克里特島，而克里特島又反過來影響埃及。

我們可以為這個世紀做以下總結：在整個古地中海地區——從愛琴海至美索不達米亞，國際關係在一種持久的根基上穩定發展。到了這個時期，青銅時代愛琴海地區的邁諾安人與邁錫尼人已經相當穩定，安納托利亞的西臺人也亦然。希克索人已被逐出埃及，埃及人則開始了現今所謂的第十八王朝和新王國時期。

然而，我們將在下一章探討，這僅是一個開端，接下來的公元前十四世紀，將迎來一個國際化與全球化的「黃金時代」。舉例說明，哈特謝普蘇特的和平貿易團與軍事功績，[72]結合繼位者圖特摩斯三世的多年征戰與外交拓展，將埃及推向前所未有的強大繁榮與巔峰。埃及就此一躍成為青銅時代晚期的強權之一，其他強權尚有西臺人、亞述人和加喜特人／巴比倫人，此外也有其他要角，好比米坦尼人、邁諾安人、邁錫尼人和賽普勒斯人等，我們將在以下章節看見更多的角色。

第二章

第二幕
追憶愛琴年華——
公元前十四世紀

在寇姆・艾爾赫坦（Kom el-Hetan）的阿蒙霍特普三世葬祭殿入口，矗立著兩座六十多呎高的巨大石像，命運注定它們要在接下來的三千四百多年肩負起保衛責任，哪怕身後的葬祭殿早因壯麗石塊太過招搖而被洗劫，建築本身也慢慢傾圮化為塵埃。從古到今，它們都被誤稱為「門農巨像」（Colossi of Memnon），因為人們以為這是用來紀念神話中在特洛伊被阿基里斯殺死的衣索比亞王子門農，但事實上，它們都是阿蒙霍特普三世的坐像，他是公元前一三九一至前一三五三年在位的埃及法老。早在兩千年前，兩座巨像就已聞名於世，上述的誤認便是部分原因，使得熟悉荷馬代表作《伊利亞德》和《奧德賽》的古希臘、古羅馬遊客絡繹不絕，還在巨像腿上亂刻。其中一座巨像在公元前一世紀毀於地震，從此它在黎明時分便發出詭異的呼嘯聲，因為石頭夜間遇冷收縮、白天遇熱膨脹；到了公元二世紀的羅馬時期，石像修復，本來每天上演的「鬼哭神號」就此消失，令古代的旅遊業者連聲慘叫。[1]

然而，兩座巨像再怎麼引人著迷，都不是公元前十四世紀重大事件的關鍵，真正的重點在於葬祭殿原址上呈南北排列的五座石像基座中的第五個，這座葬祭殿位於尼羅河西岸，鄰近現今的帝王谷，與現代城市盧克索遙遙相對；五個基座原本設置著比真人還大的國王石像，儘管它們並沒有入口處的巨像那麼高，其所在的庭院裡共有將近四十座類似的雕像和基座。

阿蒙霍特普三世的愛琴名單

這五個與其他許多雕像基座上，銘刻有一系列地理專有名詞，雕在埃及人所謂的「卵形堡壘」（fortified oval）內。「卵形堡壘」是直立而細長的橢圓形，周邊有細小凸起，這是用來描繪一座防禦完善的城市，設著抵禦外敵的塔樓（也就是那些凸起）；每塊「卵形堡壘」都置於一個被縛囚徒的下半身處——或者該說是直接取代此人的下半身，囚徒的兩肘被反綁在背後，有時脖子上還繫著繩子，將他與前後囚徒綁在一起。這是埃及在新王國時期用來呈現外國城市和國家的傳統方法，即使埃及人從未控制、遑論征服這些異邦，卻依然將它們的名字刻在「卵形堡壘」上，這已經成為一種藝術和政治的傳統，或許是用來象徵統治權。

這些基座上的名稱組成一系列地名，標明公元前十四世紀早期阿蒙霍特普三世在位期間，埃及人所知的世界。當時近東地區最重要的民族和地方都囊括其中，有北方的西臺人，南方的努比亞人，以及東方的亞述人和巴比倫人。整體來看，這些名單在埃及史上可謂十分獨特。

然而，真正令人印象深刻的是石匠刻在第五個基座的名單，當中的地名在埃及銘文中從來沒有提過。這些城市和地方都坐落於埃及西方，而且全是奇怪的名字，如邁錫尼、納夫普利翁（Nauplion）、克諾索斯、干尼亞（Kydonia）和基西拉（Kythera）等等，都寫在基座的左前方和左側，只有克弗提烏和塔納亞另外寫在右前方，宛如是整張名單的標題一般。

這份名單到底有何含意？那些地名又代表什麼？近四十年來，基座上的十五個名稱已被統稱為「愛琴名單」，現代考古學家與埃及學家對於這份名單的意義始終爭論不休。

● 阿蒙霍特普三世的巨像和「愛琴名單」（圖片來源：E. H. Cline 與 J. Strange）。

一九六〇年代，德國考古學家首先挖出這尊基座和其餘基座，但在一九七〇年代，它意外遭到破壞。有個未經證實的說法，據說當地的貝都因（Beduin）人在基座下生火，後來又潑上冷水，想要讓刻著銘文的石板斷裂並脫落，以便拿去古玩市場出售；官方則聲稱是當地的野火造成毀壞。不管是誰或什麼原因釀禍，整個基座最後成了近千塊碎片。到現在，只留下幾張原始基座的彩色照片供考古學家研究，真是令人遺憾，畢竟名單上的地名極為獨特，十五個名稱之中共有十三個不曾在埃及出現……以後也不會再出現了。

時至今日，遊客來到這片遺址，可以看見這些基座（通常他們坐在空調遊覽車上，準備前往附近的帝王谷，對此地只是驚鴻一瞥），還能看到基座上重新組拼的雕像，歷經三千多年後，這批雕像終於再次矗立晴天朗日下。一九九八年，一支多國考古隊由埃及學家烏里格・蘇魯尚（Hourig Sourouzian）與其擔任過開羅德國考古研究所（German Archaeological Institute）所長的夫婿萊納爾・斯塔德曼（Rainer Stadelmann）率領，重啟寇姆・艾爾赫坦的挖掘計畫。他們每年都在當地挖掘，修復了毀壞多年的愛琴名單基座碎片、以及附近的雕像基座，他們至今仍在進行重建和修復工程，光是八百塊的愛琴名單碎片就花了五年多才拼湊起來。[2]

對於這份愛琴名單，埃及作者和當代埃及學者只熟悉當中兩個地名，也就是寫在列表頂端、宛如標題的那兩個。一是克弗提烏，在埃及文中用來表示「克里特島」；另一是塔納亞，在埃及文中似乎用來代表「希臘本土」。這兩個稱號從哈特謝普蘇特和圖特摩斯三世在位期間，開始出現在埃及文獻中，大約在愛琴名單製作年代還早將近一個世紀，但是它們從未與愛琴海地區特定地名或某個城市一起出現。

這個基座上的其他名字極不尋常，但卻極易辨認，甚至一眼就能認出，專家反倒裹足不前。第一位就這些地名以英文發表文章的埃及學家肯尼斯・基欽（Kenneth Kitchen），他可是利物浦大學（University of Liverpool）的知名教授，一開始他也怕自己對這些地名的翻譯會淪為學術界笑柄；他首次針對基座上的銘文發表短篇論述，刊在一九六五年的學術期刊《東方學報》（*Orientalia*）中，只有短短幾頁篇幅，語氣也十分謹慎：「本人實在不願記錄下列看法；讀者可自行忽略。『安涅薩』（Amnisa）和『庫努薩』（Kunusa）可勉強視為阿姆尼索（斯）（Amniso(s)）和……克諾索斯（Knossos），它們是克里特島北部海岸古代著名的居住地。」[3]

從此以後，多年來大批學者致力判讀名單上的地名，以及此事背後的含意。一九六六年，德國學者艾瑪・埃德爾（Elmar Edel）首次針對五尊基座的名單發表完整論述；相隔整整四十年後的二〇〇五年，經過修訂和校正的二版才終於問世。在這段漫長的歲月裡，許多學者也對這些名單投注大量心血和筆墨。[4]

接在標題克弗提烏（克里特島）和塔納亞（希臘本土）之後的是克里特島上幾個重要的邁諾安地名，包括克諾索斯及其港口城市阿姆尼索斯，接下來是法伊斯托斯（Phaistos）和干尼亞，按照東到西的順序排列。這些地方若非邁諾安宮殿，便是如同阿姆尼索斯一般為宮殿附近的港口城市。下一個名字是位於克里特島和希臘本土之間的基西拉島，再來是希臘本土邁錫尼的重要城市和地區，包括邁錫尼城及其港口城市納夫普利翁、麥西尼亞（Messenia）地區，還有一個可能是位於維奧蒂亞（Boeotia）的城市底比斯。最後一組地名仍然來自邁諾安人的克里特島，這次由西向東排列，阿姆尼索斯亦再次出現。

這份名單讓人不禁懷疑，它簡直就是從埃及前往愛琴海地區再返回的來回旅程。根據這些地名的排列順序，航海家從埃及出發後，首先抵達克里特島，也許順道拜訪邁諾安王室及當地商人，至此時雙方之間已經來往近一個世紀之久。航程繼續，途中會經過基西拉島，再抵達希臘本土拜訪此地的新強權邁錫尼人，大約在這個時期，邁錫尼人剛從邁諾安人手中奪下埃及和近東地區的貿易路線。接下來，埃及航海家採取最直接而迅速的航程，再次經過克里特島回到埃及，途中於阿姆尼索斯，補充飲水和食物，這是返航的最後一個停靠點，當初剛啟程時也曾將此地當作第一個休息站。

基座上的名單可以說是阿蒙霍特普三世時期，埃及人所知世界的整本名冊，當中大多數都曾出現在其他文獻和條約中，這些熟悉的名字包括西臺人、加喜特人／巴比倫人（後文將詳細討論），還有迦南的一些城市；然而，愛琴海地區的地名在當時（至今仍是）特別不一樣，而且是以特定順序刻上去，有些甚至特別重刻過，在名單廣示之前或之後，前三個名字都重新刻過（成為現在看到的樣子）。[5]

有些學者認為，這份名單只是一種宣傳，是某個法老閒來無事胡吹牛皮，他曾聽人說起某些遙遠國度，因而渴望率軍一一征服，或者希望說服人民相信這些地方已經歸順於他。其他學者則認為，這並不是法老在自我膨脹，而是當時的人在長期交流下，基於對這些地方的實際認識和接觸記錄下來的；這個說法似乎更有可能，因為我們知道，從公元前十五世紀哈特謝普蘇特與圖特摩斯三世時期貴族陵墓中的大量壁畫來看，埃及早在先前就已和愛琴海地區進行多方面接觸，包括愛琴海地區的外交使節與／或商人曾帶著禮物拜訪埃及，類似交流也許一直延續到下個世紀，也就是阿蒙霍特普三世統治期間。若是如此，那麼這份名單可能就是埃及與愛琴海地區往返航程的最早文字記錄，它大約發生在三千四百多年前，距離少年圖坦卡門統治這片不朽疆域僅早幾十年。

我們認為這份名單是公元前十四世紀早期，埃及前往愛琴海地區的航程記錄，而非邁錫尼人和邁諾安人前來埃及，有了以下這個吸引人的理由做為依據，這個看法似乎顯得合情合理。考古學家在愛琴海地區的克里特島、希臘本土和羅德斯島等地共六個遺址挖掘，發現許多出土文物上都刻著阿蒙霍特普三世或其妻泰伊王后（Queen Tiyi）的象形繭（cartouche）★a。這些物品的出土地點與愛琴名單上的地點有關，因為當中有四個地名都刻在愛琴名單上。

有些刻著銘文的物品只是聖甲蟲雕像和小圖章，但其中有一個是花瓶；所有物品都刻著法老或其妻的象形繭。其中最重要的是大批雙面彩陶飾板的殘片，這是一種介於陶器和玻璃的材質，所有殘片都出土於邁錫尼城，這裡在公元前十四世紀是希臘首屈一指的大城市。至少有十二塊殘片分別來自九塊以上不同的飾板，每塊飾板約長六到八吋長及寬四吋、厚度不到一吋，而且兩面都以黑色顏料燙印上阿蒙霍特普三世頭銜：「賦予生命的善神，內布—馬阿特—拉（Neb-Ma'at-Re），拉神之子，阿蒙霍特普，底比斯王子，賦予生命。」[6]

埃及學家將它們稱為「基座飾板」。發現位置通常是神殿底部特定處，有時也放在國王雕像底部，至少在埃及是如此。[7]它們的功能很像現代文化中的「時間膠囊」★b，最早可以追溯至青銅時代早期的美索不達米亞。後人推測，放置飾板的目的是確保神祇及後人明瞭捐贈者／建造者的身分和慷慨之舉，連帶了解建築、雕像

★a 譯註：在橢圓形或長方形中刻上一組埃及象形文字，用來表示法老的名字和頭銜。

★b 審校者註：「時空膠囊」一詞是二十世紀的發明，是指將特定的資料加以保存（如埋起來），目的是要讓未來的人了解過去的情況；人們也發現，其實古人也會有類似的想法或作為。此外，現在人們還會把這個詞用來指稱，某些特殊形況下完整保存的古代文物，例如龐貝城。

等構造的落成時間。

這些在邁錫尼城發現的飾板之所以如此獨特，原因其實很簡單，因為它們在整個愛琴海地區都是獨一無二。事實上，在整片古代地中海區域，唯獨邁錫尼城有這種飾板，刻著阿蒙霍特普三世名號的彩陶飾板從未在埃及以外被發現。十九世紀晚期至二十世紀早期，希臘考古學家在邁錫尼城發現第一批殘片，將它們公諸於世，當時人們以為這些都是「瓷」製品，阿蒙霍特普的名字尚未辨識或解譯。接下來多年之間陸續出土更多殘片，有些是由英國著名考古學家威廉・泰勒（William Taylor）在邁錫尼城的祭拜中心發現的。最新一批殘片則在幾年前由加州大學伯克萊分校（UC Berkeley）的考古學家金・席爾頓（Kim Shelton）發現，當時它們被棄置在邁錫尼城的井裡。

所有殘片被發現的所在，都已經脫離它們昔日在邁錫尼的時空脈絡了，換句話說，我們無從得知當初這些飾板的用途。然而，它們畢竟是在邁錫尼城出土，世界上其他地方從沒出現過這種物品，這就表明當地與阿蒙霍特普三世統治之下的埃及很可能有特殊關係，尤其是阿蒙霍特普三世的花瓶與其妻泰伊王后的兩個聖甲蟲也在此被發現，其意義不言可喻。該時期與埃及交流的已知文明中，本區位於最邊緣地帶，由此看來，這些物品既然與愛琴名單上的地名之間有所關連，這可能表示，在阿蒙霍特普三世統治期間，國際交流或許發生過不尋常的情形。

● 阿蒙霍特普三世彩陶飾板，於邁錫尼城出土（圖片來源：E. H. Cline）。

在愛琴海地區發現的埃及和近東進口物組成了一個令人好奇的模式，或許這會與愛琴名單有關。埃及與近東地區在愛琴海地區的貿易路線上，邁諾安人的克里特島顯然始終為其主要目的地，至少在公元前十四世紀早期是如此；然而，既然在克里特島出土的埃及、迦南和賽普勒斯文物數量差不多，或許對往來於克里特島與地中海東部地區的商人來說，埃及貨物已不再是主力商品，這和幾個世紀以來的情況不同。如果說，早期階級是由埃及和邁諾安的使節、商人主宰著通往愛琴海地區的貿易路線，那麼到此時他們很可能已經加入迦南人和賽普勒斯人的行列，甚至已被他們取代。

在接下來整整兩個世紀之間，這種更為複雜的國際局勢依然持續，但是到了公元前十四世紀末，愛琴海地區的外國貨物進口情況卻出現了轉變，克里特島的進口商品忽然銳減，而就在同一時間，希臘本土的進口商品卻大增。如果進口商品真的是從克里特島轉向希臘本土，那麼進口東方物品在克里特島上的銳減乃至終止，可能（儘管純屬推測）與大約公元前一三五〇年克諾索斯的毀滅有關，也與邁錫尼人取得前往埃及、近東地區的貿易路線有關。[8]

阿蒙霍特普三世的愛琴名單或許紀錄了這個情形，因為列在基座上的地點既包括邁諾安人在克里特島的據點，也包括希臘本土邁錫尼人的據點。如果阿蒙霍特普三世曾派遣使節前往愛琴海地區，那麼這批人可能肩負著雙重使命：一是確保與珍貴的貿易老夥伴（邁諾安人）之間的關係，二是與新興力量（邁錫尼人）建立連結。[9]

阿瑪納檔案

我們或許不該對神殿內愛琴名單或其他名單的存在感到訝異，它們畢竟記錄了公元前十四世紀埃及人已知的世界，從其他證據也可以看出，阿蒙霍特普三世深知與外界強權建立關係的重要性，尤其是和那些對埃及外交與商業有重大影響的國王交好。他與這些國王締結條約，還娶了對方的女兒，以便鞏固盟約。他與國王們的互動都刻在泥板上，成為一座檔案庫，在一八八七年首度被人發現，使我們得以了解上述的事實。

普遍流傳說法是，有位農婦在現代的阿瑪納（Tell el-Amarna）遺址撿拾柴火或動物糞便時，發現了這份檔案。遺址當中還有曾被稱為阿克塔頓（Akhetaten）（意為「地平線的日輪」）的城市廢墟，[10]這是阿蒙霍特普三世的「異端」兒子阿蒙霍特普四世，於公元前十四世紀中葉打造的新首都，時人都稱呼這位異端法老為阿肯那頓。

阿肯那頓是阿蒙霍特普三世的繼位者，在其父於公元前一三五三年去世之前，他可能與父親聯合統治過埃及幾年。等到阿肯那頓正式登基，全權執政後，他展開如今稱為「阿瑪納革命」（Amarna Revolution）的行動，關閉了拉、阿蒙等主神的神殿，將神殿寶庫中大批收藏據為己有，將自己的權力達到至尊，成為政治、軍事和宗教首領。除了敬拜代表日輪的阿頓神（Aten），他禁止人民崇拜埃及其他神祇，而且只有他可以「直接」禮拜阿頓。

表面上看來，他只拜單一神祇，因此有時候他的行為會被視為一神信仰（monotheism）的首次嘗試，然而此事還有待商榷（這是學術界頻繁探討的主題）。對埃及平民來說，其實神祇有兩個，一是阿頓，一是阿肯那頓，而百姓只能對阿肯那頓祈禱，再由阿肯那頓代表全民向阿頓祈禱。阿肯那頓或許是個宗教異端，甚至達到某種程度的狂熱，但他不僅僅是狂熱份子，而是一個深謀遠慮、玩弄權力的人；他的宗教革命實際上可能是精明的政治、外交行動，以便重新回復法老的權勢，因為在前面幾任法老在位期間，大權已經漸漸旁落至祭司手中。

但是，阿肯那頓沒有全面推翻祖宗傳統。他對於維繫國際關係的重要性尤其支持，特別著重與埃及鄰國國王的關係。阿肯那頓承襲其父親與外國強權進行外交協商的習慣，與外國——無論其國力強弱——皆締結友好的商業關係，包括與蘇庇路里烏瑪和西臺人的交流。[11]他和這些國王、統治者來往的書信都刻在泥板上，歸檔後存在首都阿克塔頓，也就是農婦在一八八七年意外發現的阿瑪納信函（Amarna Letters）。

這份檔案起初保存在阿克塔頓的「檔案室」，這是一座通訊史料的寶庫，檔案記載了阿蒙霍特普和阿肯那頓這對父子與各國國王、統治者（包括賽普勒斯和西臺的統治者，以及巴比倫、亞述國王）的外交關係，此外是有他們與當地的迦南地區眾政權來往的書信，包括耶路撒冷的阿狄—赫帕（Abdi-Hepa）和米吉多的畢日迪亞（Biridiya）。這些地方統治者通常是埃及的諸侯，其來信中往往充滿各種對埃及的請求。至於各強權（埃及、亞述、巴比倫、米坦尼和西臺）統治者之間的信件內容通常涉及更高外交層級的要求與禮物。阿瑪納檔案以及在馬里發現的公元前十八世紀文獻，是世界歷史上第一批史料，對記錄了青銅時代埃及與地中海東部地區重要且持續的國際關係。[12]

這些信是以阿卡德語寫成，這是當時的國際通用語言，寫在一共將近四百塊泥板上。這些泥板出土後就被拿去古玩市場出售，目前散見於英國、埃及、美國與歐洲各大博物館，其中包括倫敦的大英博物館（British Museum）、埃及的開羅博物館（Cairo Museum）、巴黎的羅浮宮（Louvre）、芝加哥大學的東方博物館、俄羅斯的普希金博物館（Pushkin Museum），以及柏林的古代近東博物館（Vorderasiatisches Museum）（近三分之二泥板都收藏於柏林）。[13]

問候禮與親戚關係

包括寄給外國統治者及其回覆的信件副本在內，這此信件使我們得以一窺公元前十四世紀中葉阿蒙霍特普三世及阿肯那頓時期的貿易概況與國際關係。顯然，當時國王之間最高層級的「禮物交換」蔚為主流活動。舉例來說，有一封阿瑪納信函是由圖什拉塔寄給阿蒙霍特普三世的。圖什拉塔是敘利亞北部的米坦尼國王，其登基時間大約在公元前一三八五年。這封信開頭是整段傳統的問候語，接下來隨即提到他派遣使者送去的禮物：

致尼布穆阿瑞亞（Nibmuareya）（阿蒙霍特普三世），埃及國王，我的兄弟：是我圖什拉塔，米坦尼國王，你的兄弟（對你說）。提到我，近來一切安好。提到你，也祝你一切安好，也祝基魯—赫帕（Kelu-Hepa）（你的妻子）一切安好。祝你的家庭，祝你的妻妾，祝你的兒子，祝你的大人（要人），祝你的戰士，祝你的戰馬，祝你的戰車，以及你的國度一切安好……

隨信送上一輛戰車，兩匹戰馬，一位男侍從，一位女侍從，全是從西臺土地得來的戰利品。至於送給我兄弟的問候禮，在此我獻上五輛戰車，五隊戰馬。至於送給我姊妹基魯—赫帕的問候禮，在此我獻上一組金別針，一組金耳環，一枚馬蘇戒（mašu-ring），還有一個裝滿香噴噴「甜油」的罐子。

我在此差遣首席大臣科利亞（Keliya）及圖尼普—伊比利（Tunip-ibri）一同

前往。盼望兄弟讓他們及時返回，以便他們迅速向我報告，若能聽到兄弟的問候，我必定心生歡喜。願兄弟與我友誼長存，也願兄弟差遣信使前來致意，我必聆聽。[14]

阿肯那頓也寄信給巴比倫加喜特國王布爾那—布里亞什二世，信中詳列他送的禮物，寫在泥板上的禮品清單足足有三百多行。內容包括金、銀、黃銅和青銅、香水瓶與甜油罐、戒指、腳鍊、項鍊、寶座、鏡子、亞麻布、石碗和黑檀木盒。[15]他國王——如米坦尼國王圖什拉塔——寄來的信件中，也是同樣鉅細靡遺地條列物品清單比，那些物品有時是女兒的嫁妝，有時只是禮物。[16]值得注意的是，內容提到的「信使」往往都是奉命出使的大臣，但也常是身兼公私雙重任務的商人。

在這些信函中所提及眾王們，通常會為彼此冠上親戚稱呼，雙方之間互稱「兄弟」或「父子」，雖然他們彼此不是親戚，但可藉由這種方式成為「貿易夥伴」。[17]人類學家注意到，許多國王致力於締結「想像的」親戚關係，這種情形經常發生在尚未工業化的社會，尤其是在沒有親屬關係或城邦監督市場的局面下要解決貿易爭端的時候。[18]因此，我們可以看到亞摩利國王寫信給鄰國烏加里特國王（兩地都位於敘利亞北部沿海）：「我的兄弟，聽著，你和我，我們是兄弟，是同一個人的兒

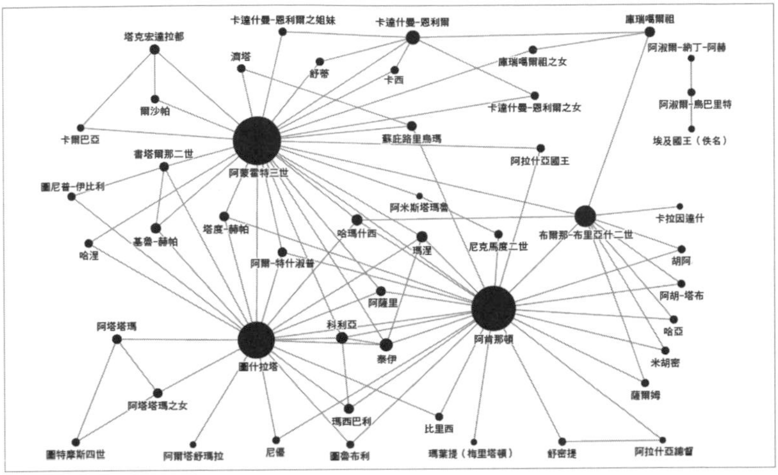

● 阿瑪納信函中的社交關係網絡（資料來源：D. H. Cline）。

子，我們既是兄弟，為什麼不善待彼此？不管你有什麼要求，都可以寫信給我，我會滿足你；而你也會滿足我的要求，我們都是一家人。」[19]

要特別注意的是，這兩位國王（亞摩利和烏加里特）不一定是親人，甚至連姻親都不是。不是所有人都來這一套，也不是每個人在外交關係上都喜歡抄這種捷徑。安納托利亞的西臺人似乎特別反對此舉，有位西臺國王便在信中對另一位國王表示：「為什麼我應該站在兄弟立場寫信給你？

難道我們是同母所生嗎？」[20]

什麼時候該「稱兄道弟」，什麼時候又該以「父子」相稱，狀況不一定每次都很明確，但通常與年齡和地位是否平等有關，以「父子」相稱則有尊重之意，比如西臺國王較常在信中以「父子」相稱，而近東地區其他主要國家統治者則較少如此；至於阿瑪納信函幾乎都以「兄弟」相稱，不管是對強大的亞述國王還是弱小的賽普勒斯國王都一樣，埃及法老似乎將貿易夥伴——也就是其他近東國王們——都看作是國際上的兄弟，不管對方年齡大小或在位時間多寡。[21]

然而，在某些情況下，兩位國王之間確實有姻親關係。比如米坦尼國王圖什拉塔寫信給阿蒙霍特普三世時，便在信中稱呼對方妻子基魯—赫帕為姊妹，他們確實就這層關係（圖什拉塔的父親將女兒嫁給阿蒙霍特普三世）。同樣，圖什拉塔也在另一樁政治婚姻中，安排自己的女兒塔度—赫帕嫁給阿蒙霍特普三世，因此圖什拉塔既是阿蒙霍特普的舅子（「兄弟」），也是岳父（「父親」）。這足以表明，他有正當理由在某封信開頭同時提出兩個稱呼：「致……埃及國王，我的兄弟，我的女婿……米坦尼土地上的國王，你的岳父圖什拉塔如是說。」[22]阿蒙霍特普三世去世之後，阿肯那頓似乎占有（或繼承）塔度—赫帕，她成為他的眾多妻妾之一，因此在其他阿瑪納信函中，圖什拉塔對阿蒙霍特普三世和阿肯那頓父子都自稱岳父。[23]

在上案例子中，皇室聯姻之目的都是為了鞏固兩國的關係和盟約，兩個國王之間的聯姻更是如此。如此一來，圖什拉塔便有資格稱呼阿蒙霍特普三世「兄弟」（儘管嚴格說來，阿蒙霍特普三世是他姊妹的丈夫），這是他與埃及保持良好關係的最佳作法。隨著婚姻而來的還有精緻嫁妝，有好幾封阿瑪納信函都有相關記錄。好比圖什拉塔寫過一封信給阿蒙霍特普三世，此信雖僅部分完好而無法盡窺全貌，但其中依然條列了長達兩百四十一行的禮物，他在信中說：「這是全部的結婚禮物，各式各樣，全是米坦尼國王圖什拉塔贈與埃及國王，也就是他的兄弟兼女婿尼穆瑞亞（Mimmureya）（阿蒙霍特普三世）。他將這些禮物與女兒塔度—赫帕一併送往埃及，讓她嫁與尼穆瑞亞為妻。」[24]

與阿蒙霍特普三世同時期的帝王中，似乎沒有人能像他一樣，將皇室聯姻這種外交手段發揮到極致。我們知道他大婚後，還將各國王公主納入後宮，包括巴比倫加喜特國王庫瑞噶爾祖一世和卡達什曼—恩利爾一世、米坦尼國王舒塔爾那二世和圖什拉塔，以及阿薩瓦（位於安納托利亞西南部）國王塔克宏達拉都等人之女。[25]每樁婚姻都是為了鞏固外交盟約，這些國王之間的外交關係也變得更像一家人。

有些國王為了利用皇室聯姻和送禮之間的連結，而寧願捨棄其他好處。舉例說明，有一封阿瑪納信函（或許是巴比倫加喜特國王卡達什曼—恩利爾寫給阿蒙霍特普三世的），卡達什曼—恩利爾直接結合上述兩者，他在信裡寫道：

此外，你，我的兄弟……至於我信中提到的黃金，盡可能將你現有的都給我，在你的信使（前來）見我之前，就趁現在，務必全速……假若你能在這個夏天，在塔慕次（Tammuz）或阿布（Ab）月之間，把我在信中提到的黃金送來，我就把女兒嫁給你。[26]

他完全不把親生女兒放在眼裡，使得阿蒙霍特普三世回信告誡：「為了從鄰居手中得到一塊金子，不惜將女兒嫁出去，真好啊！」[27]然而，在他統治期間，類似交易依然發生了，從另外三封阿瑪納信函可以知道，阿蒙霍特普三世確實娶了卡達什曼—恩利爾的一個女兒，儘管我們不知道她的名字。[28]

黃金、愚人金與高層級貿易

在各國國王心目中，他們最渴望與埃及成為貿易夥伴，這不僅因為埃及是當時的強權國家，也因為埃及人掌握了努比亞金礦。幾位國王曾寫信給阿蒙霍特普三世和阿肯那頓，請求他們把黃金運來，卻裝作稀鬆平常的口吻，輕描淡寫地形容：「黃金如同您地上的塵土」，類似的措辭不斷出現在阿瑪納信函當中。米坦尼的圖什拉塔在某封信裡發動親情攻勢，懇求阿蒙霍特普三世道，「（你）給過我父親黃金，請給我更多黃金吧。」而他的理由是：「在我兄弟的國家，黃金如塵土般多不勝數。」[29]

然而，索求黃金的國王們似乎不一定能如願以償，巴比倫國王為此特別氣惱。卡達什曼—恩利爾曾在信中告訴阿蒙霍特普三世：「六年來，你送給我的唯一問候禮，只有那看起來像銀子的三十邁納（minas）★b黃金。」[30]繼承前者巴比倫政權的加喜特國王布爾那—布里亞什，也曾寫過一封類似的信給阿蒙霍特普三世的繼位者阿肯那頓：「相當然爾，我的兄弟（埃及國王）沒有查驗過先前（運來）的黃金。我把送來的四十邁納黃金放進窯裡燒製，成品（就連）十邁納也沒有，我發誓，燒完後得到的就是這樣。」他在另一封信說：「送來給我的二十邁納黃金並不齊全。放進窯裡燒製，燒出來的還不足五邁納。剩下的（部分）冷卻後宛如灰燼。這些黃金到底有沒有經過檢驗（證明是黃金）？」[31]

一方面，或許有人會問，巴比倫國王為什麼將埃及法老送來的黃金放進窯裡熔化，所以它們一定是僅餘材料價值的廢碎金屬，而不是可以當作禮物的成品，並且上述內容已經顯示這些東西立刻會被熔化，很像是現在電視的深夜廣告催促觀眾變賣掉自己的破舊首飾以換取現金。這些國王勢必需要用來支付給工匠、建築師和其他專業人士的薪水，而這確實是某些信件呈現的內容。

另一方面，還有一個問題非問不可，埃及法老是否知道他運出去的東西不是黃金？這究竟是故意之舉，還是真金在途中被不肖商人、使者調包？在布爾那－布里亞什的信中，他懷疑四十邁納黃金被掉包，或者他想提供阿肯那頓在這緊張的處境中有道外交台階可下，他寫道：「我的兄弟送我的黃金，我的兄弟不該把它們交由手下負責。我的兄弟應該（親自）檢驗（黃金），然後我的兄弟應該將它封存，再送給我。我的兄弟想必沒有親自檢驗先前（運來）給我的黃金，那一定是我兄弟的手下封存並送來的。」[32]

似乎還有一種情況，兩位國王互相饋贈禮物的商隊常被攔路打劫。布爾那—布里亞什也曾在信中提及，有兩支商隊由信使（或許同時是外交代表）薩爾姆率領，他知道他們遭到搶劫，甚至知道誰是罪魁禍首：第一個劫匪是比瑞亞瓦薩（Biriyawaza），第二個據說是帕瑪胡（Pamahu）（或許是地名被誤認為人名）。布爾那—布里亞什問阿肯那頓，何時要將第二位搶匪繩之以法，因為他對當地有司法管轄權，但阿肯那頓沒有答覆，至少據我們所知是沒有。[33]

此外，有一點應當謹記，這些高層級的相互禮物饋贈，或許只是整個商業交流的冰山一角。有個比較現代的例子可以說明。一九二〇年代，人類學家布羅尼斯拉夫・馬凌諾斯基（Bronis aw Malinowski）曾研究特羅布里恩群島（Trobriand Islands）島民，這群人是南太平洋地區所謂的庫拉環（Kula Ring）一員；在這個系

★b 譯註：古希臘和小亞細亞通行的貨幣單位，一邁納相當於當時的一百銀幣。

統中，各島酋長交換貝殼做的臂章和項鍊，臂章永遠朝環狀的某個方向進行交換，項鍊則朝同一個環狀的反方向進行交換。每個物品的價值高低取決於擁有者的血統和身家（現代考古學家稱此為物品的「傳記」）。馬凌諾斯基發現，當酋長們在祭祀中心，根據傳統舉辦隆重的交換儀式時，那些負責以獨木舟載運他們的船員卻在海灘忙著和當地人交易食物、淡水和其他生活必需品。[34]在特羅布里恩群島上，表面上是酋長進行儀式性的禮物交換，而那些暗中進行的世俗商業交易才是真正的經濟動機，只是他們絕不會承認這項事實。

同理可證，那些負責運送皇室禮品與其他物品的信使、商人和水手們，穿過古代近東地區的沙漠，或許也遠及愛琴海地區，他們的重要性不應該被低估。青銅時代晚期的埃及、近東地區和愛琴海地區顯然是交流頻繁，而各種思想與新事物也不時隨著真實物品順勢交流，這種思想交流除了出現在上流社會之間，想必也會出現在希臘、埃及和地中海東部貿易路線上的港口與城市，在各地的在客棧與酒館間傳播。水手或船員們在等待風向轉變至合適方位時，或者等待某個外交使節團進行機密談判時，除了客棧酒館外，他們還能上哪去交流那些神話、傳說與荒誕不經的故事？這類事情或許也增進埃及與其他近東地區乃至愛琴海地區的文化傳播，而文化間的交流或許可以解釋許多作品的相近之處，比如說《吉爾伽美什史詩》（*Epic of Gilgamesh*）與後來的荷馬史詩《伊利亞德》和《奧德賽》之間的相似處，以及西臺人的《庫馬爾比神話》（*Myth of Kumarbi*）與後來赫西俄德（Hesiod）的《神譜》（*Theogony*）之間的相似之處。[35]

還有一點必須注意，青銅時代晚期近東統治者交換的「禮物」中，經常包含醫生、雕刻師傅、石匠和技術純熟的工人，這些人穿梭在各個皇家宮廷之間。埃及、安納托利亞、迦南甚至愛琴海地區的建築結構頗為相似，若它們是出自同一批建築師、雕刻師傅和石匠之手，那就不必對此現象過於驚訝了，與有以色列卡布利城、土耳其阿拉拉赫和敘利亞瓜特納發現的愛琴海風格壁畫和彩繪地板，可從中看出愛琴海地區的工匠可能最早在公元前十七世紀、最晚至少是公元前十三世紀就到過埃及和近東地區，最晚或許是公元前十三世紀。[36]

阿拉什亞與亞述崛起

從阿肯那頓時期的阿瑪納信函中，得以窺見埃及的國際交流範圍已經擴大到正在崛起的亞述，當時統治亞述的國王是阿淑爾—烏巴里特一世，他在阿蒙霍特普三世死前十年間登基。對埃及人和其他古代世界來說，當時的賽普勒斯島名叫「阿拉什亞」，此地國王和埃及修有八封往來書信，證實雙方之間也有交流。[37]

這些往來賽普勒斯島的信件，很可能來自阿肯那頓而非阿蒙霍特普三世時期。學者對這批信興趣濃厚，部分原因是其中一封信提到大量粗銅。在青銅時代晚期，對愛琴海和地中海東部多數強盛國家而言，銅的主要產地便是賽普勒斯島，這點可在這批信件中找到清楚的描述。例如其中一封信是阿拉什亞國王的致歉函，他說因為疾病在島上蔓延，只能送去五百塔蘭特（talents）★c銅。[38]近年有人認為，這些粗銅可能是以「牛皮錠」（oxhide ingot）的形狀運送，就和下個單元要探討的烏魯布倫（Uluburun）沉船中所發現者一樣。船上每個牛皮錠重約六十磅，那就代表阿瑪納信函中提到的銅可能重達三萬磅，而這位賽普勒斯國王居然要為太少而道歉！（還是說他故意挖苦人？）

阿瑪納檔案中，有兩封信來自亞述的阿淑爾—烏巴里特一世，他在位期間大約是公元前一三六五年到前一三三〇年。至今還沒有人知道，這兩封信是寫給哪位埃及法老的，其中一封信只有非常簡單的開頭：「致埃及國王」，另一封信的名字則不太清楚，難以辨認。早期的解譯認為，這兩封信都是寄給阿肯那頓的，但至少有一位學者主張，第二封信可能是寄給艾伊，他是圖坦卡門死後的繼位者，[39]但這似乎不太可能，畢竟艾伊登基時間（約公元前一三二五年）較晚。事實上，這兩封信極有可能是寄給阿蒙霍特普三世或阿肯那頓，因為其他多數信件都是別的統治者寄給這兩位法老的。

第一封信只是一則簡單的問候，包括簡短的禮物清單，好比「一輛精美的戰車、兩匹戰馬，（和）一顆棗核形狀的純天青石」。[40]第二封信較長，而其內容是自古至今人類對黃金的渴望，其詞依舊輕描淡寫：「黃金在貴國宛如塵土，俯拾即

★c 譯註：古代的計量單位，一塔蘭特大約相當於現今三十四公斤。

是。」然而，此信中還有一個有趣的比較，亞述新國王提到米坦尼國王哈尼蓋貝特時，自稱「與哈尼蓋貝特國王平起平坐」，顯然意指他在當時列強之中的地位，也代表亞述及其國王強烈盼望能躋身列強之林。[41]

阿淑爾—烏巴里特似乎不是閒來無事胡吹牛皮，因為在他統治期間，亞述國力其實更盛於舒塔爾那二世統治下的米坦尼。大約在公元前一三六〇年時，阿淑爾—烏巴里特曾經擊敗舒塔爾那，結束了米坦尼對亞述一百多年來的統治。昔日米坦尼國王薩烏什塔塔攻進亞述時，還搶走其首都的金銀大門，把它帶回米坦尼首都瓦舒戛尼。

亞述從此躋身列強之林，憑藉的就是戰勝米坦尼，阿淑爾—烏巴里特一躍而為世界政治舞臺上的要角。他安排女兒與巴比倫加喜特國王布爾那—布里亞什二世聯姻，多年後，他的外孫於公元前一三三三年遇刺，他於是侵巴比倫城，樹立庫瑞噶爾祖二世為傀儡國王。[42]

於是，古代近東地區青銅時代晚期的兩個最後要角——亞述和賽普勒斯——終於登上歷史舞臺。至此，我們已經有了一份主要角色的完整名單：西臺人、埃及人、米坦尼人、加喜特人／巴比倫人、亞述人、賽普勒斯人、迦南人、邁諾安人和邁錫尼人。在接下來幾個世紀裡，他們的互動交流有正面也有負面，雖然有些國家——如米坦尼——早早就在歷史舞臺上退了場。

娜芙蒂蒂與圖坦卡門

阿肯那頓死後不久，他當初進行的改革隨即被推翻，後人甚至企圖抹去他在埃及紀念碑和記錄中的名字和事蹟。這番掃除之舉幾乎已經成功，但是透過考古學家和金石學家的努力，我們現在已能充分了解阿肯那頓在位期間的事蹟，及其首都阿克塔頓甚至皇家陵墓的情形；此外還能了解他的家庭情況，包括美麗的妻子娜芙蒂蒂及他們的女兒，在大量銘文和紀念碑上都能找到關於她們的描述。

著名的娜芙蒂蒂半身像是由路德維希・波爾哈特（Ludwig Borchardt）於一九一二年發現的，他是在阿瑪納（阿克塔頓）進行挖掘工作的德國人，半身像出土幾個月後便被運回德國，但是直到一九二四年，柏林的埃及博物館（Egyptian Museum）才將它正式公開。半身像至今依然留在柏林，儘管埃及政府曾多次要求德國歸還，據說當年它是在不太光明的情況下離開埃及，未經證實的故事是這麼說的，當年那批文物出土後，德國挖掘人員與埃及政府談妥雙方平分文物，埃及人可以優先選擇，德國人明知自己處於劣勢但又想將娜芙蒂蒂半身像據為己有，據說德人故意不清洗半身像，並將它放在一長排文物的最後面，於是埃及專家略過骯髒的頭像，沒有挑中它，德國人隨即將它運回柏林。一九二四年，半身像終於公開露面，埃及人怒不可遏，要求德國政府歸還，但它至今依然留在柏林。[43]

我們也知道阿肯那頓兒子「圖坦卡頓」（Tutankhaten）改了自己的名字，成為現今人盡皆知的「圖坦卡門」，他在位期間一直使用此名。他既不是如史提夫・馬丁（Steve Martin）★d在「週六夜現場」（*Saturday Night Live*）中所說的出生在亞利桑那州，也從來沒有搬去巴比倫定居。[44]然而，他確實是在小小年紀就登上埃及王位，年僅八歲；近一百五十年前，圖特摩斯三世也是在這個年齡登基。但圖坦卡門沒有圖特摩斯三世的好運，身邊缺乏哈特謝普蘇特這樣的人代理朝政，因此，圖坦卡門僅僅在位大約十年便英年早逝。

就我們研究的古代國際關係來看，圖坦卡門短暫人生中的多數時候或許與這個主題沒有直接關連，反倒是他的死亡與之有些關聯。此事部分原因是一九九二年圖坦卡門陵墓的發現，引發近代全球對埃及的狂熱（這波風潮也稱為埃及熱〔Egyptomania〕），而他也就此登上青銅時代晚期最知名國王的寶座；另一部分原因是，在信中向西臺國王蘇庇路里烏瑪一世請求賜與丈夫的人，很可能就是圖坦卡門的遺孀。

圖坦卡門的死因歷來備受爭議，可能的猜測包括謀殺，死因是後腦遭到重擊；但根據最新科學研究，包括以電腦斷層掃描他的骸骨，顯示最有可能的死因是斷腿後引發的細菌感染。[45]有人猜測他從戰車上跌落導致斷腿，但這個說法或許永遠沒有機會證實，不過，現在已經可以確認的是，他除了得過瘧疾外，還有先天畸形，

★d 審校者註：史提夫・馬丁為美國好萊塢知名歌手、喜劇演員，電影代表作為「粉紅豹」（2006 & 2009）；「圖坦卡門」是他於1978年發表的流行歌曲，最初是在美國連續喜劇「週六夜現場」上演唱，歌詞中寫道「（圖坦卡門）生在亞利桑那，搬去巴比倫，在尼羅河畔跳舞，女士們都愛他的風流，他吃了一隻鱷魚，一輩子都在旅遊。」

包括一隻畸形足。這種遺傳性問題不禁令人猜想，這是因為他的父母為兄妹近親通婚下導致的結果。[46]

圖坦卡門葬在帝王谷的陵墓，或許這座墳墓原本不是為他打造的，因為墓中如此大量令人眼花撩亂的陪葬品，而他的死亡是如此突然且出人意料。現代埃及學家歷經千辛萬苦都找不到陵墓的地點，終於在一九二二年被霍華德・卡特（Howard Carter）找到了。

卡那封伯爵（The Earl of Carnarvon）聘請卡特專門尋找圖坦卡門的陵墓，他如同某些英國貴族一樣，伯爵在埃及過冬時還想找點事做。不同之處在於，卡那封根據醫生要求，每年得在埃及住一段時間。因為他於一九〇一年在德國發生車禍，卡那封以當時聞所未聞的時速二十哩「飆車」，結果翻車，肺部刺傷，醫生擔心他熬不過英格蘭的冬天，於是他每年都來埃及過冬，不久便開始從事業餘的考古學，為此特地雇用一位埃及學家以自我消遣。[47]

卡特曾是上埃及古蹟文物的總監，後來在薩卡拉（Saqqara）擔任更具聲望的職務，然而，一九〇五年時，他拒絕向一群在考古遺跡闖禍的法國遊客道歉而被迫離職。由於時運不濟，他很快就接受卡那封的聘雇，畢竟當時他已經失業，只能替遊客畫水彩畫。兩人談妥後，自一九〇七年起開始合作。[48]

十年之間，他們成功挖掘許多遺跡，並於一九一七年開始挖掘帝王谷，目標正是圖坦卡門的陵墓，因為他們知道，它一定就在這座山谷之中。卡特每年挖上幾個月，持續六年後，卡那封準備斷絕經援，或許是他不再對這件事感興趣。卡特只能懇求卡那封再讓他挖最後一次，甚至願意自掏腰包，因為帝王谷中還有一個地點沒有開挖。卡那封最後被他說服，於一九二二年十一月一日再度開工。卡特這時意識到，他每次都在同一個地點紮營，所以他換個地方設立總部。[49]卡特這時意識到，他每次都在同一個地點紮營，所以他換個地方設立總部，然後開挖原先的總部位址……三天之後，一位工作人員發現了通往墓穴的首段階梯。結果證實，為什麼這個墓穴深藏數千年都不曾被人發掘，部分原因正是圖坦卡門死後將近一世紀，後人為了在附近建造拉美西斯六世的陵墓，挖出的泥土將圖坦卡門墓穴的入口深埋地下所致。

卡特發現墓穴入口時，卡那封人還在英國，他立刻拍電報告知並等待卡那封搭船前往埃及。此外，他也一併通知了媒體，在卡那封抵達埃及後，一九二二年十一月二十六日，他們已經準備要打開墓穴之際，從當年拍攝的照片可以看到，大批記者已經把他們團團圍住。

他們在墓門上鑿了一個開口，卡特得以窺見墓穴中的入口甬道，以及更遠處的前廳。卡那封扯了一下卡特的外套，問他看到什麼，據說卡特回答「我看到很棒的東西」，或是類似的話。後來他確實具體回答自己看到黃金，到處都是閃閃發亮的黃金。[50]

毫無疑問，他的口氣顯得如釋重負。在等待卡那封的漫長時光中，卡特一直為墓穴可能至少被盜過一、兩次而日夜懸心，畢竟入口曾經重新敷過灰泥，上面還蓋了大墓的封印。[51]在古埃及，盜墓是死罪，處罰是用一根插在地上的棍子刺穿身體，但即使刑罰如此殘酷，似乎依然嚇阻不了那些盜墓者。

卡特和卡那封終於進入陵墓，發現當中有明顯的被盜痕跡，前廳的物品凌亂不堪，就像現代公寓或住家被竊賊洗劫過的樣子，東西被扔得到處都是；入口甬道上還有一塊裹著金戒指的手帕，極可能是盜墓者離開時太過匆忙，或者被墓地守衛抓住時掉落的。然而，墓中殘存的物品數量依然非常驚人，卡特與同事在接下來的十年間，大多時候都在全面挖掘這座陵墓，並將所有東西彙整編目。不幸的是，墓門開啟後短短八天，卡那封忽然得了敗血症而死，從此「木乃伊的詛咒」成了世人傳講的奇聞。

某些埃及學者見到圖坦卡門陵墓中大批陪葬品，不禁心中好奇，想像統治埃及更久的那幾位法老——例如拉美西斯三世甚至阿蒙霍特普三世——之陵墓會是何等光景。可惜的是，這些墓穴早在多年前就被劫掠一空。不過，圖坦卡門的陵墓更有可能是個特例，只有這位法老擁有這麼多令人驚嘆的陪葬品，或許是因為當初他廢除父親的改革並將權力歸還阿蒙與眾神的祭司，祭司們感激之餘，饋贈了許多高貴禮品。圖坦卡門墓中的陪葬品至今依然領先群倫，除非日後還有其他未遭洗劫的皇陵出土。

圖坦卡門過世後，年輕的王后成了遺孀，也就是他的姊姊安卡蘇納蒙。我們要從這裡開展西臺國王蘇庇路里烏瑪一世的傳奇故事，還要提及公元前十四世紀最不尋常的外交事件——扎南扎（Zannanza）事件。

蘇庇路里烏瑪與扎南扎事件

安納托利亞／土耳其的西臺人在圖特哈里一世／二世之後，繼任者相較之下能力薄弱，導致國家積弱不振。到了大約公元前一三五〇年，在蘇庇路里烏瑪一世這位新國王統治之下，國運才開始走上坡。我們在前文討論阿肯那頓的信件和檔案時，曾大略提及這位國王。

蘇庇路里烏瑪一世當年仍是年輕王子時，曾奉父命協助西臺人奪回安納托利亞的控制權。[52]西臺人於此時重返世界舞臺，對阿蒙霍特普三世及其帝國造成威脅，舉凡阿蒙霍特普三世締結的盟約與安排的王室聯姻對象，幾乎都是西臺人周邊各國的統治者，北到敘利亞北部沿海的烏加里特、東到美索不達米亞的巴比倫、西至安納托利亞的阿薩瓦，此事不足為奇，因為西臺人於此時重返世界舞臺，對阿蒙霍特普三世及其帝國造成威脅。在蘇庇路里烏瑪一世即位初期，西臺人尚未擺脫積弱不振的國勢，周邊各國所以與埃及締約並聯姻，極可能是為了趁機占西臺的便宜；後來西臺在蘇庇路里烏瑪一世的領導下恢復強盛國力，各國又藉此限制西臺人的活動範圍。[53]

根據西臺的文獻記錄，我們對蘇庇路里烏瑪知之甚詳，其中最特別的是他的兒子兼繼位者穆爾西里二世撰寫的一組泥板，內容包含所謂的「瘟疫祈文」（*Plague Prayers*）。蘇庇路里烏瑪在位將近三十年，後來似乎死於瘟疫，此疾的帶原者原是埃及戰俘，在敘利亞北部一場戰爭中被擄至西臺。這場瘟疫重創西臺人，百姓死傷無數，包括蘇庇路里烏瑪在內的許多王室成員也逃不了一死。

穆爾西里認為，這次瘟疫造就的全國死難，尤其是父親的死，與天罰脫不了關係，因為蘇庇路里烏瑪登基之初曾犯下謀殺罪，從未尋求神祇寬恕。這樁謀殺案的受害者是蘇庇路里烏瑪的親兄弟，此人也是西臺王子，名叫小圖特哈里（Tudhaliya the Younger），我們不清楚蘇庇路里烏瑪是否直接參與謀殺，但他無疑因此事而受益，因為圖特哈里原本屬意由小圖特哈里接掌王位，儘管蘇庇路里烏瑪曾經代父出征，締造輝煌戰功。穆爾西里寫道：

> 噢，神祇啊，您終於對我父親施以報應，懲罰他對小圖特哈里的所作所為。我父親（過世）全因手染圖特哈里的血，而那些投靠我父親的王子、貴族、統率千軍的將領，還有眾官員，也都因此事不幸離世。而這件事也同樣降臨在西臺領土，致

使西臺人民的滅亡。[54]

我們不清楚蘇庇路里烏瑪奪權的細節，只知道他最後成功了。然而，多虧他的兒子兼繼位者穆爾西里二世寫下長篇大論《蘇庇路里烏瑪事蹟》（*Deeds of Suppiluliuma*），我們從中得知更多蘇庇路里烏瑪統治時期的重要事件。他在位期間的種種事情可以寫成一整本書，未來無疑會有人來做這件事。這裡只要說明一個重點，多虧了能幹的蘇庇路里烏瑪，透過幾乎持續的戰爭和精明的外交手腕，西臺人方能收復大部分安納托利亞領土；此外，他還拓展西臺人的勢力範圍，將帝國的邊界擴及敘利亞北部，或許他還摧毀了穆基什（Mukish）王國的首都阿拉拉赫；[55]他向南、向東發動多場戰役，最後與埃及人發生衝突，但直到阿肯那頓繼位後，西臺與埃及的衝突才開始浮上臺面；他四處征戰，就連東邊更遠的米坦尼也不例外，米坦尼當時的國王是圖什拉塔，蘇庇路里烏瑪經過一連串努力，包括發動所謂的「敘利亞大戰」（Great Syrian War），終於攻陷並洗劫了米坦尼首都瓦舒戛尼，終於大獲全勝，米坦尼從此臣服西臺。[56]

米坦尼境內遭受蘇庇路里烏瑪攻陷並摧毀的城鎮眾多，當中有一處是古城瓜特納，也就是現今義大利、德國及敘利亞考古學家正在挖掘的米施利夫古城（Tell Mishrife）。十年之間這裡出土了大量文物，包括一座沒有被盜過的王陵、許多畫著烏龜與海豚的愛琴海風格壁畫、一塊刻著阿肯那頓登基名字的泥板（可能是用來封罐或原本附在一封信上），以及數十塊皇家檔案的泥板，這些全都是在皇宮地下發現的。泥板中有一封信可追溯至大約公元前一三四〇年蘇庇路里烏瑪在位期間，發信人是軍隊總指揮官哈努提（Hanutti），他對瓜特納國王伊達達（Idadda）表明，他正準備開戰；這封信是在焚毀的王宮遺跡中發現的，證明西臺人後來果然發動攻擊並大獲全勝。[57]

蘇庇路里烏瑪也是外交圈常客，他在位期間往往一面打仗，另一面處理外交事務。他甚至可能將某種罪名強加在元配（兒子們的生母）頭上，再把她流放到亞細亞瓦，接著娶了巴比倫公主為妻。[58]他曾派軍隊攻打米坦尼，協助沙提瓦扎推翻其父，接著扶植沙提瓦扎登基王位，成為西臺的臣屬，後來他還將某個女兒嫁給沙提瓦扎。然而，蘇庇路里烏瑪統治期間，最耐人尋味的政治聯姻竟是一樁沒有談成的婚事，今人把這件事稱為「扎南扎事件」。

穆爾西里二世是蘇庇路里烏瑪的兒子，他曾撰寫《蘇庇路里烏瑪事蹟》與《瘟疫祈文》，我們可以從前者的內容一窺扎南扎事件的端倪。看來就在某天，西臺宮廷收到一封信，據說寄件人是埃及女王，這封信的真實性啟人疑竇，因為當中出現埃及統治者不曾提過的要求，而且這要求太令人驚詫，以致蘇庇路里烏瑪即刻便起了疑心。信的內容只有寥寥數語：

我夫已逝，膝下無子，但世人都說你有眾多子嗣。若你願許我一子，他將成為我的夫婿。我便可以他為夫，我絕不願意嫁給自己的下人！[59]

據《蘇庇路里烏瑪事蹟》記載，寄件人是一位名叫「達哈蒙珠」（Dahamunzu）的女子，然而，此詞在西臺語中是指「國王之妻」，換句話說，這封信應當是來自埃及王后；但這沒有道理，因為埃及王室從不與外邦通婚，比方說，在阿蒙霍特普三世締結的所有盟約中，他不曾為王室成員與外國統治者通婚，儘管他收過不止一次的聯姻請求。而現在，埃及王后不但主動要求嫁給蘇庇路里烏瑪之子，而且願意立刻將第二任丈夫立為埃及法老，這般提議太令人無法置信，蘇庇路里烏瑪的反應也就不難理解。為了慎重起見，他派遣親信哈圖沙—濟提（Hattusa-ziti）出使埃及，查明王后是否真的發送此信，以及她是否真心想要結親。

哈圖沙—濟提奉旨前往埃及，回國後不僅帶來王后的另一封信，前來的還有王后特使哈尼（Hani）。這封信以阿卡德語寫成，而非埃及語或西臺語，它的殘片在哈圖沙出土，至今依然留存，隸屬西臺檔案。這封信表明女王遭到質疑，因而憤慨不已，正如《蘇庇路里烏瑪事蹟》當中的引述：

我若有子嗣，難道會親筆修書一封，在外邦人面前丟盡自己和國家的臉面？你不相信我，甚至公然質疑我！我夫已辭世，我膝下無子！我絕不從下人中挑選下一位夫君！除你之外，我並未向他國提及此事。世人都說你的子嗣眾多，因此不妨許我一個。他將成為我的夫婿，也將成為埃及君王！[60]

因為蘇庇路里烏瑪依然遲疑，埃及特使哈尼便說：

哦，吾王！此乃吾國之恥！若國王留有子嗣，我們還會遠赴異國，一再為吾國求取君主？尼弗魯瑞亞（Niphururiya）（埃及國王）已故，身後未留子嗣！吾王之妻孤身一人，因此我們尋求吾王（蘇庇路里烏瑪）將一位兒子送往埃及，使其登基為埃及王。對於這位女子，亦即我們的王后，我們請求他成為她的夫君！再者，我們未曾詢問他國，唯靜候貴國佳音！哦，吾王，敬請即刻許我國一子！[61]

根據《蘇庇路里烏瑪事蹟》，蘇庇路里烏瑪終於被這番說詞打動，決定將兒子扎南扎送去埃及。這麼做並沒有多大風險，因為扎南扎是五個兒子中的老四，前三個兒子早憑著各自的長才多方輔佐自己，少掉一個扎南扎並無大礙。事情如果進展順利，他這位兒子就會成為埃及法老；萬一情況不如預期，他依然擁有四個兒子。

情況果然不如預期那般順利。幾個星期後，一位使者前來通知蘇庇路里烏瑪，前往埃及的一行人半路遇上埋伏，扎南扎遭到殺害，兇手逃逸無蹤，而且身分不明。蘇庇路里烏瑪怒不可遏，他確信這件事一定是埃及人在背後搞鬼……或許根本就是他們誘他上當，害他白白葬送一個兒子的性命。正如《蘇庇路里烏瑪事蹟》所述：

父王（蘇庇路里烏瑪）聽聞扎南扎遇害，為扎南扎悲痛不已，並向眾神呼喊：「噢，眾神啊！我並無罪孽，埃及人卻如此對我！甚至進犯我邊陲！」[62]

究竟是誰在途中埋伏並殺死扎南扎，這個謎題至今依然未解。還有一個問題也有爭議，那就是當初寫信給蘇庇路里烏瑪的到底是誰，可能人選共有兩位守寡的埃及王后，一位是阿肯那頓之妻娜芙蒂蒂，另一位是圖坦卡門之妻安卡蘇納蒙。[63]然而，以信件中王后說自己膝下無子看來，還有扎南扎遇害後發生的一連串事件，再加上埃及王位最後傳給安卡蘇納蒙的新任夫婿艾伊——艾伊老得足以當她的祖父，這神祕的王家信函寄件人最有可能就是安卡蘇納蒙。我們不知道西臺王子遇刺和艾伊有沒有關連，但他是既得利益者，嫌疑自然最大。

蘇庇路里烏瑪發誓要為兒子的死復仇，他計畫攻打埃及。艾伊便警告他不可輕舉妄動，雙方的聯繫至今還有斷簡殘編為證。但蘇庇路里烏瑪不顧一切向埃及宣戰，派遣西臺大軍進入敘利亞南部，攻打眾多城市，抓回數千戰俘，包括許多埃及士兵。[64]或許有人想問：為什麼會為了一個人就發動戰爭？如果你懷疑此事，不妨看看特洛伊戰爭的故事，邁錫尼人與特洛伊人交戰長達十年，據說正是因為美麗的海倫被擄走，這件事我們很快就會談到。還有一個類似的例子是，一九一四年六月二十八日，斐迪南大公（Archduke Ferdinand）在塞拉耶佛（Sarajevo）遇刺，許多人認為這便是挑起第一次世界大戰的導火線。

諷刺的是，正如前文以及穆爾西里撰寫的《瘟疫祈文》所述，西臺軍隊帶回埃及戰俘之際，也一併帶回可怕的疾病，瘟疫在西臺境內迅速蔓延開來。不久，約在公元前一三二二年，蘇庇路里烏瑪死於瘟疫，或許他也和兒子扎南扎一樣，成了兩國衝突犧牲品。

西臺人與邁錫尼人

關於這個時期的西臺人，尚有一事值得一提。蘇庇路里烏瑪統治期間，西臺開始躋身古代世界列強，與埃及人平起平坐，其國力超越米坦尼人、亞述人、加喜特人／巴比倫人和賽普勒斯人，他們透過外交、威逼、戰爭和貿易維繫強權地位。事實上，考古學家挖掘西臺遺址時，發現了大量貿易商品，其來源地包含當時大多數國家（按現代術語可稱為「民族國家」），此外，西臺的物品同樣也出現在這些國家之中。

只有愛琴海地區是例外。在青銅時代的希臘本土、克里特島、基克拉迪群島，甚至在土耳其附近的羅德斯島，西臺物品幾乎不曾存在，至今出土的物品只有十幾件，遠遠比不上同時期數百件埃及、迦南與賽普勒斯的數百件進口物品。反過來看也一樣，邁錫尼或邁諾安的物品幾乎不曾進入安納托利亞中部的西臺領土，卻有許多物品跨過高山隘口，來到安納托利亞中部高原的亞述和巴比倫，或甚至遠達埃及。古代地中海世界這種引人注目的反常貿易形態，不僅出現在蘇庇路里烏瑪時代與公元前十四世紀，而是自公元前十五世紀延續至前十三世紀，幾乎長達三個世紀皆如此。[65]

這種情況的成因不難推測，也許是雙方製造的物品都不符合對方需求，或者雙方交易的全是一些容易毀壞的物品（如橄欖油、葡萄酒、木材、紡織品和金屬等），後來若非風化或分解，就是被製成其他物品，不過兩邊互不通商也有可能是故意為之。下一章節將呈現西臺的外交條約，其內容明載針對邁錫尼人實施禁運——「亞細亞瓦船隻禁止進入他的領域」，我們所看到的很可能是史上最早的禁運範例。

我曾在別處提及，[66]邁錫尼人在安納托利亞西部積極鼓吹反西臺行動，可輔證禁運實施的現象及動機。[67]我在這個小節之初便指出，如果阿蒙霍特普三世真如寇姆・艾爾—赫坦葬祭殿裡愛琴名單中的記載，為了阻止西臺人崛起而派出使節團前往愛琴海地區，那麼埃及開始這種反西臺的作為——尤其是對邁錫尼有利的那些行動，或許能在愛琴海地區找到一個熱絡的盟友。

還有另一個可能是，邁錫尼人與西臺人為敵且不通商，或許是因為阿蒙霍特普三世與愛琴海地區簽署反西臺條約的「結果」。總之，三千五百年前——尤其是公元前十四世紀的政治、貿易及外交情勢——與今日全球化經濟體系的主要部分並無二致，二者都有貿易禁運及外交使節團，且二者的最高層級外交活動都牽涉著「禮物與權力」。

第三章

第三幕
為眾神與國家而戰——
公元前十三世紀

大約公元前一三〇〇年，土耳其西南海岸的「烏魯布倫」（詞意約可譯為「巨岬」）發生沉船事件，我們不知道船隻在緊要關頭究竟發生了什麼事。它是否遇到狂風暴雨而翻覆？或是撞上海裡的礁石而沉沒？還是船員為了不讓海盜得逞，而刻意把船鑿沉？考古學家不知道沉船原因，連船的來歷、目的地及沿其途停靠過哪些港口都一概不知，但他們還原當初船上裝載的貨物後，判斷這艘青銅時代的船極可能是從地中海東部出發，目的地則是愛琴海地區。[1]

一九八二年，年輕的土耳其潛水夫在採集海綿時發現這艘沉船。據他說，在他從事最初的幾次潛水之間，偶然間看見海底有「有耳的金屬盤」。潛水隊隊長認為他的描述符合青銅時代的銅「牛皮錠」——因其外形酷似展開的牛皮而得名，德州農工大學（Texas A&M University）海洋考古研究所（Institute of Nautical Archaeology）（INA）的考古學家曾給這位隊長看過銅錠的圖片，並請他幫忙留意。

這支考古隊是由喬治・巴斯（George Bass）率領，他們一直在找這類文物。一九六〇年代，巴斯就讀於賓州大學（University of Pennsylvania）研究所時，已經是水下考古界先鋒，當時現代潛水夫使用的全套水下呼吸器（「水肺」），才問世不久。巴斯在土耳其近海的葛里多亞角（Cape Gelidonya）發掘沉船，這是專業考古學家在當地首度正式打撈青銅時代的沉船。

巴斯在葛里多亞角有些發現，他總結後判斷：這是一艘從迦南前往愛琴海地區的船隻，約在公元前一二〇〇年沉沒。一九六七年，他將此次探勘挖掘歷程寫成專書出版，其主張引起廣泛的質疑和爭論。[2]巴斯以為，早在三千多年前的上古時期，愛琴海地區和近東之間居然就有貿易往來，單憑這一點已讓多數考古學家難以接受，更遑論他認為迦南人擁有航行地中海的能力。於是，巴斯立誓要在職業生涯中找到並打撈另一艘青銅時代沉船，證明他對葛里多亞角沉船的看法，一九八〇年代，他的機會終於降臨，烏魯布倫沉船的歷史可以追溯到大約公元前一三〇〇年，比葛里多亞角沉船還要早大約一百年。

烏魯布倫沉船

今人認為，這艘烏魯布倫船可能從埃及或迦南（也許是位於現今以色列的阿布・哈瓦姆〔Abu Hawam〕）啟程，曾在敘利亞北部的烏加里特停靠，或許也在賽普勒斯的某個港口停靠過，接下來它沿著安納托利亞（今日的土耳其）南部海岸，一路向西進入愛琴海。船員沿途將玻璃原料帶上船，並存放儲滿大麥、樹脂、香料（或許還有葡萄酒）的罐子，最珍貴的則是將近一噸的生錫和十噸的粗銅——兩者只要熔合就能形成當時最令人驚奇的金屬，也就是青銅。

根據船上的貨物種類，我們可以合理推測，這艘船是從黎凡特向西航行，顯然打算前往愛琴海地區某個港口城市，或許是希臘本土服從主城邁錫尼的那兩三個城市之一，也或許是其他主要城市，例如位於希臘本土的皮洛斯或者科莫斯（Kommos），甚至是克里特島上的克諾索斯。青銅時代晚期，另一艘由東向西航行的船隻足以證明巴斯的理論，也徹底改變了現代學者對三千多年前貿易規模的看法。時至今日，共發現三艘青銅時代沉船，烏魯布倫沉船是當中最大、文物最豐富，

● 烏魯布倫船的重建圖（羅莎莉 · 席德勒〔Rosalie Seidler〕／國家地理雜誌圖庫，圖片來源：國家地理學會）。

也是最完整的一艘。

這艘船的主人和出資者究竟是誰，至今無從得知，至於它的來源和最後停靠點，吾人不妨從各個層面推敲。它可能是一艘商船，由近東或埃及商人派遣，或許還獲得某位埃及法老或迦南國王的祝福；它也可能是直接由法老或國王派遣而做為元首之間的問候禮，在幾十年前的阿瑪納時代，這是很常見的禮俗；又或許這船是邁錫尼人派遣的，前往地中海東部進行「遠途採購」，卻在回程中沉沒。船上商人可能已經買到希臘缺乏的原料和其他產品，好比錫、銅和成噸的松脂（採自阿月渾子樹），這些松脂可以送去希臘本土的皮洛斯做成香水，再以船運回埃及和地中海東部。看來上述情況都有可能。如果等著收貨的是邁錫尼人，想必他們迫不及待要拿到貨，畢竟船上的原料足夠製作三百人份的銅劍、盾牌和盔甲，此外還有珍貴的象牙等奇珍異寶。大約公元前一三〇〇年的某一天，這艘船沉沒了，顯然某人或某個王國因而損失慘重。

烏魯布倫船沉沒在深海中，船尾在水下一百四十呎處，傾斜的船身則位於更深的一百七十呎處。對潛水夫來說，潛到一百四十至一百七十呎深處非常危險、因為這已經超出水肺潛水的安全值，所以海洋考古研究所的潛水夫每天只能下潛兩次，每次二十分鐘。此外，在這麼深的海裡，吸入氣體所增加的壓力會使人產生麻醉作用★a，巴斯說，在這種深度工作就像事前喝了兩杯馬丁尼一樣，因此每次下潛以及在海中的每個行動都需要經過完善規劃。

自一九八四到一九九四年間，歷經將近十二個工作期，這支潛水小隊總共下潛兩萬兩千多次，從未發生重大傷害，證明其預防措施十分完善。另外，他們也聘請一位前海豹部隊（Navy SEAL）隊員，由他負責監督潛水作業。[3]種種嚴密措施打造出完整嚴謹的古代沉船與貨物挖掘計畫，儘管施做地點位於深海，計畫數據卻能精準到公釐的程度，堪比陸地上的挖掘作業。在這十幾年的潛水作業中，也帶回了數千件文物，至今仍在持續研究中。

這艘船原本大約五十呎長，結構嚴密，支架和龍骨以黎巴嫩雪松製成，船身採取榫頭榫孔接合設計。[4]在地中海所發現的沉船中，最早使用這種技術的是賽普勒斯沿岸的凱里尼亞（Kyrenia）沉船，其年代在烏魯布倫沉船將近一千年之後，也就是大約公元前三〇〇年。

★a 審校者註：此現象稱為「氮醉」或「氮麻醉」，進行深潛活動時，水壓會隨潛水深度而增加，潛水者處於高水壓的情況下，肺內的氮氣會因高壓而對潛水者造成麻醉作用。

在烏魯布倫沉船的打撈作業中，最困難的當屬將三百五十多片銅錠挖出並運出水面。它們已經泡在海裡三千多年，以人字形交叉的方式排成四排，許多都處於嚴重分解而且極端脆弱的狀態。巴斯團隊的文物修復員只得將新型黏膠注入銅錠的殘片，讓它們繼續沉在海中，待一年後黏膠會凝結並硬化，最後就能將支離破碎的銅錠粘合起來，接著便可打撈上岸。

除了這批銅錠，船上還有大量其他物品。經過一番清查，結果顯示烏魯布倫沉船上的貨物種類繁多，令人稱奇，簡直像是一場國際大展。這艘船至少載運了七個不同國家、城邦或帝國的貨物，主要的有十噸賽普勒斯銅、一噸錫和一噸松脂，另外還有兩打努比亞的烏木；近兩百塊美索不達米亞玻璃原料塊，大多為深藍色、少數為淺藍色或紫色，甚至微微透著蜜糖／琥珀色；大約一百四十個迦南儲藏罐，有兩、三種基本尺寸，裡面裝著松脂、葡萄殘餘物、石榴和無花果，以及香菜和漆葉等香料；賽普勒斯和迦南的全新陶器，包括油燈、碗、壺和罐；埃及的聖甲蟲與近東其他地區的滾筒印章；義大利和希臘的劍與匕首（有些可能是船員或乘客的隨身武器），其中一把劍的劍柄鑲著烏木和象牙；甚至還有一把巴爾幹半島的石製權杖；此外也有金銀珠寶，包括項鍊的墜飾，以及一只黃金酒杯；鴨子形狀的象牙化妝品容器；銅、青銅和錫製的碗，以及其他容器；二十四副石錨；十四根河馬牙和一根象牙；一尊六吋高的迦南青銅神像，有些地方貼著金箔。如果這尊雕像是船的保護神，看來它並沒有盡本分。5

這批錫可能來自阿富汗的巴達赫尚地區，在公元前第二千紀間，此處是少數的錫產地之一。天青石也來自相同地區，在搬上船之前經陸路運送了數千哩；像天青石滾筒印章這類微型物件，考古隊發掘時容易忽略，尤其是運用大型抽水管清理遺物上的沙子時，常把微小物件一起吸進去。事實顯示，這些微型物件全數都被蒐集了，證明了這支水下考古隊具備精湛的技術。這支隊伍起初由巴斯率領，後來改由他親自指派的繼任者齊馬爾・普拉克（**Cemal Pulak**）接棒。

船上發現最小且最重要的文物，是以純金打造的埃及聖甲蟲。這類東西本來就是罕見的珍品，更罕見的是上面刻的象形文字當中有娜芙蒂蒂的名字，她便是那位異端法老阿肯那頓的妻子；她在聖甲蟲上的名字是「**Nefer-neferu-aten**」，娜芙蒂蒂僅在即位最初五年時用過這個名號，當時她的丈夫可能正沉迷於異端信仰，這位法老排除所有埃及神祇，僅信奉代表日輪的阿頓神，而且只有他自己可以直接禮拜。[6]考古學家以這件聖甲蟲推算船的年代，它的建造與沉沒應該是在公元前一三五〇年娜芙蒂蒂掌權之後，絕不可能比這個時間點更早。

考古學家也用另外三種方式推算這艘船的沉沒時間。第一種是以碳十四偵測甲板上的粗細樹枝年代；第二種方式採取年輪測量法（計算樹木的年輪），測量目標是用來製造船身的木樑；第三種採樣物品是船上經常被人使用的邁錫尼和邁諾安陶器，專家認為它們可以追溯到公元前十四世紀末。四種推算方式共同的結論是，這艘船沉沒的年代大約在公元前一三〇〇年左右，也就是公元前十三世紀的最初幾年，大約有前後數年的誤差值。[7]

船上某個儲物罐裡還發現一塊小木板的幾個碎片，木板原本還有象牙鉸鏈。木板儲存在罐子中，船沉沒時，罐子可能在水裡漂了一陣子。它令人想起荷馬史詩中「刻有致命標記的木板」（《伊利亞德》卷六，行一七八），伊拉克的尼姆魯德（Nimrud）曾發現類似的書寫板，但比這塊船上的木板晚了五百多年；板子或許曾經載明船的航程或者貨物清單，木板兩面原本塗了蠟後刻了字，但這層蠟很久以前就消失不見了★b，沒有留下線索。[8]因此，至今無從辨別船上的貨物究竟隸屬皇家禮品——比如是埃及法老送禮邁錫尼國王，還是隸屬私人商販——或許商人打算在地中海沿岸主要港口出售這些貨物。誠如前文的假設，船上這些原料可能是在漫長的採購航程中陸續購得，因為正符合皮洛斯這類邁錫尼宮殿裡的工匠和店鋪的需求，可用來打造炙手可熱的產品，包括香水、油以及玻璃項鍊等首飾。

我們或許永遠無從得知是誰派遣烏魯布倫船出航，也不會知道出航的原因，但顯而易見的是，這艘船可說是公元前十三世紀初，地中海東部與愛琴海地區國際貿易與交流的縮影。除了船上的貨物來自至少七個地區之外，考古學家還在沉船上發現外國個人物品，證實這艘船至少搭載了兩位邁錫尼人。儘管這艘船表面上看來是迦南的船隻，但顯然它所處的文明世界不是幾個民族、王國或封地組成的孤立區

★b 審校者註：這種技術被稱為「蠟版」（wax tablet），也就是先在木板上塗蠟，用尖物作筆在上頭刻字，可以重複使用。

域，而屬於藉由貿易、移民、外交甚至戰爭互相連結的世界。那個年代堪稱第一個真正的全球性時代。

烏加里特的西納拉努（Sinaranu）

烏魯布倫船沉沒大約四十年後，一位名叫西納拉努的商人從敘利亞北部的烏加里特派遣類似的商船前往克里特島，這筆貨物記錄流傳下來，它其實是以阿卡德文寫在泥板上的官方聲明，使用的是楔形文字書寫系統，說明西納拉努的船從克里特島回來後，不須向國王繳稅。這份聲明被稱為「西納拉努文檔」，內容如下：「奉當今烏加里特國王，尼克梅帕之子阿米斯塔馬魯之命，免除西吉努（Siginu）之子西納拉努的稅賦……他的（穀物）、他的啤酒、他的（橄欖）油。他的船從克里特島返航，抵達時免除賦稅。」[9]

由其他資料來源可知，西納拉努是烏加里特富商（這類商人在阿卡德語中有專屬稱謂tamkāru），他是烏加里特國王阿米斯塔馬魯二世在位時期的子民，似乎也是在此階段崛起並致富。根據最新對阿米斯塔馬魯二世在位時間（約公元前一二六〇～前一二三五年）的推算，大約在公元前一二六〇年左右，西納拉努顯然曾派船往返烏加里特與克里特島。我們不知道這艘船從克里特島帶回哪些東西，只能從上面那份聲明中看到穀物、啤酒和橄欖油。這份聲明至少證實了一個事實，在公元前十三世紀中葉，敘利亞北部和克里特島有直接貿易往來；此外，我們也掌握了一個確實的姓名，此人在三千兩百多年前直接參與國際經濟與商業交易。從船身結構或是搭載的貨物來看，烏魯布倫船與西納拉努名下的船很可能沒有多大差異。

除此之外，我們還知道，這個時期裡派船往來運送貨物的不僅西納拉努一人，也不只有他一個商人不需向皇宮納稅。阿米斯塔馬魯二世也曾頒佈相同聲明，免除其他商旅的稅賦，這些商船的目的地遍及埃及、安納托利亞等地區：「從今天起，烏加里特國王，尼克梅帕之子阿米斯塔馬魯……（內容缺損）……賓—亞蘇巴（Bin-yasuba）與賓—？……及其子，前往埃及、西臺與Z地（？），再回到皇宮並參見王家監督時，永遠不須呈報。」[10]

奎帝胥戰役及其結果

在西納拉努等商人活躍的時期，烏加里特只是一個附庸國，受到安納托利亞的西臺王國控制。公元前十四世紀中葉，蘇庇路里烏瑪一世在位期間，雙方簽署條約，明定烏加里特身為西臺屬國應盡的責任，從此確立了它的臣屬地位。[11]當時西臺的控制權已深入敘利亞南部的奎帝胥地區，但沒有機會更進一步，因為埃及阻擋其所有擴張行動。公元前一二七四年，在西納拉努派船前往克里特島的十五至二十年前，西臺與埃及在奎帝胥爆發大戰，這場戰爭可謂古代的偉大戰事之一，更創下史上首開先例的記錄，即首次採用假情報誤導敵軍。

奎帝胥戰役的交戰雙方分別是西臺的穆瓦塔里二世與埃及的拉美西斯二世。穆瓦塔里二世試圖將西臺勢力向更南邊的迦南地區擴張，拉美西斯二世堅決不讓，誓將邊界定在奎帝胥，此地成為埃及的邊境已達數十載。西臺這方沒有留下這場戰役的隻字片語供後人研究，埃及則詳細記載當時的細節與結果。埃及的記錄有兩種版本，分別刻在五座神殿中，包括拉美西姆神殿（也就是帝王谷附近的拉美西斯二世葬祭殿），以及卡納克、路克索、阿拜多斯（Abydos）和阿布辛貝（Abu Simbel）

等神殿。簡單版被發現時還有一塊描繪戰役的浮雕，一般稱簡短版為「報告」或「公告」，長篇版則稱為「詩歌」或「文學記錄」。[12]

我們知道，這場戰役慘烈無比，勢均力敵，雙方輪流取得致勝良機。我們也知道，後來戰事因陷入僵局而終結，兩個強權最後簽下和平協議，解決這場紛爭。[13]

這次交戰有段插曲非常地戲劇化。西臺派出兩名貝都因（在埃及記錄中稱為守蘇〔Shoshu〕）男子刺探埃及軍情，但他們剛到就故意讓埃及人擒住，接著或許是在嚴刑逼供下，兩人供出事先擬定的假情報（可能是有史以來用假情報欺敵的最早記錄）；他們告訴埃及人，西臺軍隊還沒有接近奎帝胥，依然遠在敘利亞北部的亞摩利地區，拉美西斯二世接獲消息後，未經查證便率領四支軍隊的第一支阿蒙軍火速前進，打算搶在西臺之前先行抵達奎帝胥。[14]

事實上，西臺人早在奎帝胥嚴陣以待，其軍隊匯集並隱身在城北和城東的城牆陰影下，以防自南方前來的埃及軍隊發現。埃及先遣部隊在城北紮營，拉美西斯的手下又抓住兩個西臺密探，雖然發現真相，但為時已晚。西臺軍隊按順時針方向前進，幾乎繞了整圈城牆，直接殺進埃及第二支軍隊的拉神軍中，埃及人始料未及，潰不成軍，殘餘部隊往北方逃竄，被西臺大軍追擊。拉神軍好不容易趕到阿蒙軍的營地，與拉美西斯及阿蒙軍會合，準備全力反攻。[15]

接下來雙方陷入拉鋸戰。根據記錄，在某個時間點，埃及軍隊幾乎就要大敗，拉美西斯也險些喪命，但他孤身一人力挽狂瀾，成功解救自己與手下的性命。他的敘述刻在埃及神殿的牆壁上，內容如下：

陛下勇往直前，殺進墮落的西臺軍隊中，孤身一人，無人助陣……就在這時，他赫然發現兩千五百輛戰車從外圍包抄，陣中滿是墮落的西臺人，以及與其狼狽為奸的異國將士。

接下來轉為第一人稱的敘事方式，由法老親自敘述：

我向您呼求，吾父阿蒙神啊，我身陷不明大軍之中……當我求告阿蒙神，發現祂果真降臨，對我伸出援手。我欣喜若狂……所向披靡……我射殺右方敵人，再以左手抓住一人……我原本身陷兩千五百輛戰車當中，此刻他們卻在我的戰馬前倒地爬行。他們的雙手不聽使喚，無法戰鬥……即使鱷魚在水中虎視眈眈，我仍逼得他們跳水逃亡，一張又一張敵人的臉孔沒入水中。我在他們當中大肆殺戮，無往不利，無堅不摧。[16]

這番一夫當關的英勇殺敵自然是過度渲染，法老身邊想必有許多幫手，然而，他提到的敵方數量或許離事實不遠。這份銘文在其他段落提及，西臺軍隊有三千五百輛戰車，三萬七千名步兵，總數高達四萬七千五百人。[17]儘管某些描述可能過於誇大，但是從相應的場景描繪與戰爭結果來看，拉美西斯二世和前兩支埃及軍隊確實擋下西臺的千軍萬馬攻勢，直到後兩支軍隊趕來，終於合力擊敗西臺大軍。[18]

到最後，這場戰爭陷入膠著狀態，事後兩大強權依然以奎帝胥為邊界此後，此後不再改變，也不再有任何一方興兵挑釁。十五年後，也就是公元前一二五九年的十一月或十二月，約當西納拉努派船從烏加里特前往克里特島之際，一份古代世界保存最完整也最著名的和約問世，由拉美西斯二世與西臺國王哈圖西里三世共同簽訂，因為穆瓦塔里二世在那次戰役結束兩年後就去世了。這份協議史稱「銀板和約」（Silver Treaty），有幾個副本流傳至今，當初簽訂時分為西臺版和埃及版兩種。西臺版最初以阿卡德文刻在一塊純銀板上，送去埃及後譯為埃及文，並複刻在拉美西姆神殿和卡納克的阿蒙神殿當中。而埃及版也翻譯為阿卡德文，並刻在純銀板上，接著送去哈圖沙，直到幾十年前，考古學家才發現這個版本。[19]刻在埃及神殿牆壁的西臺版和約開頭如下：

> 與（三位埃及皇家特使……）一同前來的是西臺皇家第一特使提利—特舒（Tili-Teshub）與第二特使與拉摩斯（Ramose），加上卡基米什特使亞普西里（Yapusili）一行人，由提利—特舒特使與拉摩斯特使親自帶著西臺國王哈圖西里的銀板，前來埃及謁見法老，向統治南北埃及的國王陛下，烏西莫雷・賽特潘雷（Usimare Setepenre），拉神之子，拉美西斯二世請求和平。[20]

十三年後，或許在哈圖西里親自造訪埃及後，拉美西斯二世在皇家婚宴上娶了哈圖西里的女兒，鞏固和約與雙邊關係：[21]

> 然後，他（哈圖西里）派人將長女送來，在她抵達之前，首先（送來）上等禮品，有大量的金、銀、銅，無數奴隸與馬匹，上萬頭牛、山羊和綿羊——他們為統治南北埃及的國王，烏西莫雷・賽特潘雷，拉神之子，拉美西斯二世帶來無數物品，滋養生命。接著有人來稟告陛下，他說：「看啊，偉大的西臺統治者將長女送來，

還有各式各樣禮品……西臺公主，連同西臺所有要人。」22

西臺與埃及議和，雙方不再交戰，或許是件好事，因為他們可能需要把注意力轉到另外兩件事上，其發生的時間點大約在公元前一二五〇年。儘管這兩件事只是傳說，是否為真還須專家進一步證實，但這兩個事件到現今依然能引起廣大的迴響。在安納托利亞，西臺人可能得應付特洛伊戰爭，而埃及人或許需要處理以色列人「出埃及」（Hebrew Exodus）。然而，在探討這兩件事之前，我們必須先了解它們的背景。

特洛伊戰爭

大約在奎帝胥戰役醞釀期間，西臺人還要忙著應付第二條戰線。安納托利亞西部發生叛亂，暗中協助者顯然是邁錫尼人，西臺人試圖鎮壓叛亂份子。23這或許是一個政府蓄意激起叛亂活動顛覆另一政府的最早已知案例（不妨想一想，當今伊朗政府是如何支持黎巴嫩的真主黨，此事距離奎帝胥戰役結束已有三千兩百年）。

這場叛亂於西臺國王穆瓦塔里二世統治期間發生，正值公元前十三世紀初期至中期。西臺首都哈圖沙的國家檔案館保存了最早記錄，描述叛亂份子皮亞馬拉都（Piyamaradu）試圖動搖安納托利亞西部米利都地區的局勢，此時他已打垮本區的西臺附庸國國王馬納帕—塔亨特（Manapa-Tarhunta）。一般認為，皮亞馬拉都可能是代表亞細亞瓦人（即青銅時代的邁錫尼人）而戰，或是和亞細亞瓦人共謀。[24]

皮亞馬拉都的叛亂持續至下一任西臺國王哈圖西里三世在位期間，時值公元前十三世紀中期。此事是由一封被學者稱為「塔瓦伽拉瓦信件」（Tawagalawa Letter）的通信中得知。這封信是由西臺國王寄給一位姓名不詳的亞細亞瓦國王，他在信中稱對方為「偉大的國王」和「兄弟」，暗示雙方之間的平等地位。我們在前文也見過相同稱謂，出現在埃及法老阿蒙霍特普三世與阿肯那頓寄給巴比倫、米坦尼和亞述國王的信中，大約比塔瓦伽拉瓦信件早了一個世紀。透過對這些史料的詮釋，我們得以深入了解當時愛琴海與近東地區的局勢。[25]

塔瓦伽拉瓦信件密切關注皮亞馬拉都的一舉一動，其人正繼續侵襲安納托利亞西部的西臺領土。藉由此信，我們現在也知道，當時皮亞馬拉都剛獲得庇護，搭船進入亞細亞瓦境內，地點或許是安納托利亞西岸的某個島。[26]藉由這封信的第三頁

／泥板（前兩片已失）的內容，我們也因此辨識出，塔瓦伽拉瓦本人他是亞細亞瓦國王的兄弟，而他當時正在安納托利亞西部招募與西臺的敵對之人。有一點相當有趣，信中提及西臺和邁錫尼從前的關係比此時要好，同時我們還獲知，塔瓦伽拉瓦曾與西臺國王的御用駕車者共乘（「登上戰車」）。[27]

這封信還提到，邁錫尼與西臺爭奪一處史稱維魯薩的地區，此地位於安納托利亞西北部。前文談到為時將近兩百年前的亞蘇瓦盟叛亂時，便已提及本區，後來西臺與邁錫尼似乎又因這片土地起了紛爭，而這裡正是多數學者認定的特洛伊／特洛亞德地區。鑑於這封信寫於公元前十三世紀中期，我們當然可以合理懷疑，它與日後希臘傳說中的特洛伊戰爭有關。[28]

舉世聞名的特洛伊戰爭故事，傳統上認為是由公元前八世紀的希臘盲詩人荷馬首先講述，並由所謂的史詩集（Epic Cycle）（現已散佚的其他史詩的殘篇）和後世的希臘劇作家補遺。故事描述特洛伊國王普里阿摩斯之子帕里斯（Paris）身負外交使命，從安納托利亞西北部航行至希臘本土，覲見斯巴達（Sparta）國王墨涅拉俄斯（Menelaus），帕里斯在此愛上墨涅拉俄斯美麗的妻子海倫，並帶著她踏上歸途，特洛伊人說她是自願的，希臘人則說她是被擄走的。阿伽門農是邁錫尼國王與希臘領袖，也是墨涅拉俄斯的哥哥，氣急敗壞的弟弟說動了他，為了奪回海倫，他率軍攻打特洛伊，麾下有一千艘戰船組成的艦隊，還有五萬名將士。雙方交戰十年後，希臘人獲得最後勝利。特洛伊城失守，絕大多數百姓被殺，海倫則與墨涅拉俄斯回到斯巴達。

當然，這場戰爭有很多問題尚無解答。史上是否真的發生過特洛伊戰爭？特洛伊城是否真的存在？荷馬的故事有幾分真實性？海倫是否真的美若天仙，以致君王不惜「出動千艘戰船」？特洛伊戰爭的起因難道真這麼簡單，就只是因為一個男人愛上了一個女人，或者這個藉口只是用來掩飾真正開戰原因如土地、權力或榮耀的爭奪？古希臘人自己也不清楚特洛伊戰爭確切的發生時間，而古希臘作家所作的猜測至少有十三種版本。[29]

到了十九世紀中葉，海因里希・施里曼尋找特洛伊遺址時，大多數現代學者早就相信特洛伊戰爭只是傳說，也認為遺址並不存在，施里曼的用意就是要證明他們大錯特錯，結果出乎眾人意料，他居然成功了。這個故事已經講了很多遍，此處不再贅述。[30]總而言之，施里曼在希沙利克（土耳其語）遺址發現了九座城市，這座城市層層相互交疊，現今大多數學者都接受此處就是古代特洛伊所在，只是無法斷定這九座城市之中，何者才是普里阿摩斯的特洛伊。自從施里曼首開挖掘先例後，還有其他人陸續投入，包括他的建築師威廉・德普費爾德（Wilhelm Dörpfeld）；一九三〇年代則有卡爾・布利根和辛辛那提大學；最後，從一九八〇年代至今，則有曼弗雷德・科夫曼（Manfred Korfmann），以及恩斯特・佩尼卡（Ernst Pernicka）與蒂賓根大學（Tübingen University）。

第六座城市代號「特洛伊 VI」，學界對它毀滅的原因至今仍爭論不休。最初推算的毀壞時間點約是公元前一二五〇年，但實際上可能更早一點，約在公元前一三〇〇年。[31]這座富庶的城市有從各方進口的物品，來源包括美索不達米亞、埃及、賽普勒斯和邁錫尼人統治下的希臘。它的局面也符合所謂的「爭議性邊陲」（contested periphery），也就是說，它夾在青銅時代地中海地區的兩大強權之間，既是邁錫尼的邊陲、也是西臺的邊陲。

德普費爾德認為，這座城市（特洛伊 VI）是被邁錫尼人攻陷且付之一炬，荷馬史詩便是以此事件做為基礎。然而，幾十年後，負責挖掘的布利根持反對意見，聲稱他找到確鑿的證據，足以證明此城的毀滅並非出自人為因素，而是地震。他的論點同時包括積極證據與消極證據，「積極證據」如變形的牆壁和倒塌的塔樓，「消極證據」則是遺址當中沒有發現任何箭矢、兵器或交戰痕跡。[32]事實上，我們現在可以清楚辨認，愛琴海和地中海東部地區內——包括邁錫尼和希臘本土的梯林斯，很多遺址的毀壞狀況都與布利根的發現類型相似。還有一件事也相當明確，這些地震並不是在青銅時代晚期同一個時間點發生的，後文會詳細討論這一點。

布利根也認為，後一座城市——代號「特洛伊 VIIa」——更有可能是普里阿摩斯的特洛伊，它被毀的時間點可能在公元前一一八〇年左右，而且是毀於海上民族之手，而非邁錫尼人，但這個判斷並非肯定。這個故事在此暫且不表，留待下一章探討公元前十二世紀時再詳談。

公元前十三世紀的希臘本土與對外交流

我們應該注意，在邁錫尼人盤踞希臘本土的時期，他們約於公元前一二五〇年時築起巨大的城牆，至今仍可見到遺跡。就在他們築牆的同一時期，也陸續推行許多建築計畫，目的可能都是用於防禦，當中包括通往水源的地下溝渠，居民可待在城市的保護下順利取水。

這座新堡壘城垣環繞了整座邁錫尼，知名的獅門（Lion Gate）則興建於城牆的入口處。這座新城牆究竟是單純在增進城防，或是以此建設來彰顯權力和財富呢？城牆和獅門都是以巨石建成，在現代稱為「獨眼巨人工法」（Cyclopean masonry），因為後來的希臘人認為，只有傳說中的獨眼巨人（Cyclopes）才有這等蠻力，可搬運如此巨大的石塊。

有趣的是，類似建築——如疊澀拱（corbel-vaulted）★c長廊和通往地下水的暗

★c 譯註：「疊澀拱」泛指以磚塊或石頭一層又一層向內堆疊，最後在中線收攏，形成一道拱門。

渠——不僅出現在包括邁錫尼、梯林斯等幾處宮殿遺址中，而且在某些同時期的西臺建築中也找得到。[33]究竟是哪一方首先採用這類建築而影響另一方，這是一個學界的辯論課題，然而建築的相似性已表明兩地不僅有所接觸，而且還互相影響。

公元前十三世紀出現在地中海東部的邁錫尼陶器，再加上同時期埃及、賽普勒斯、迦南等地區的進口貨也在愛琴海地區被人發現，由此可知，當時邁錫尼與埃及、賽普勒斯以及古代近東地區其他強權有密切的貿易往來。至此時，他們已經從邁諾安人手中奪下貿易路線，其與各國的通商也更為頻繁，這在前文已經提過。

梯林斯位於希臘本土的伯羅奔尼薩斯地區，事實上，在此處挖掘的考古學家近來提出證據，證明公元前十三世紀晚期，可能有一支賽普勒斯的特殊族群在梯林斯定居；這恰好符合先前另一批學者的主張，他們認為當時梯林斯與賽普勒斯島有某種特殊商業關係。尤其是某些金屬製品，或許還有些陶器或彩陶，似乎也是梯林斯的賽普勒斯人製作的。邁錫尼在這一時期用以運輸的陶製容器，也會在進窯燒製前刻上賽普勒斯—邁諾安標記，這些容器通常用來盛裝葡萄酒、橄欖油等商品，然後以船運往他國。儘管目前賽普勒斯—邁諾安文字仍未完全破譯，但這些容器顯然是為了賽普勒斯某個特別的市場所製作。[34]

令人訝異的是，在皮洛斯和邁錫尼本土各處遺址發現的線形文字B泥板中，並沒有特別提到與他國間的貿易或交流，著實令人訝異。這當中頂多有一些近東地區的用語，這些外國名稱顯然是隨著物品本身傳入的，包括芝麻、黃金、象牙和小茴香。舉例說明，線形文字B的「芝麻」（sesame）是「sa-sa-ma」，來自烏加里特文的「ššmn」、阿卡德文的「šammaššammu」和胡利文的「sumisumi」。[35]另外泥板上還有「ku-pi-ri-jo」這樣的名稱，現已被解讀為代表「賽普勒斯的」（Cypriot），這個詞彙在克諾索斯出土的幾塊泥板上至少出現十六次，都是用來描述香料，但也用此詞修飾羊毛、油、蜂蜜、花瓶和軟膏成分；此外，它也被皮洛斯人拿來形容少數民族，描述牧羊人與銅器工匠，還有羊毛、布、明礬等形形色色的商品，這可能代表在公元前十三世紀末，有一些賽普勒斯人住在皮洛斯。[36]同理可證，另一個詞「a-ra-si-jo」也可能與賽普勒斯有關，它在地中海東部被稱為阿拉什亞，阿卡德文是「a-la-ši-ia」，埃及文是「irs3」，西臺文為「a-la-ši-ia」，烏加里特文為「altyy」。[37]

在皮洛斯發現的線形文字B中，還有一系列種族性名字被判讀為代表西安納托利亞人，主要都是女工的名字，這些名字與安納托利亞西部沿岸地區相關，包括米利都、哈利卡那索斯（Halikarnassus）、尼多斯（Knidus）和呂底亞（亞細亞）。多位學者表示，皮洛斯泥板或許還提到特洛伊女子，根據他們的推測，邁錫尼人可能是在突襲安納托利亞西岸或鄰近的十二群島（Dodecansese Islands）時將她們擄去。[38]

皮洛斯和克諾索斯的線形文字B的少數詞彙至今仍有爭議，有些人認為那可能是由迦南地區族群衍生而來的稱呼（人名）。包括「Pe-ri-ta」等於「貝魯特來的人」；「Tu-ri-jo」等於「泰爾人（泰爾〔Tyre〕來的人）」；以及「po-ni-ki-jo」等於「腓尼基（人或香料）」。此外，克諾索斯泥板還有「A-ra-da-jo」，等於「亞瓦德（Arad/Arvad）來的人」。[39]有些名稱看似源自埃及語，但或許是經由迦南傳來的，例如「mi-sa-ra-jo」等於「埃及人」，「a_3-ku-pi-ti-jo」等於「孟斐斯人（Memphite）」或「埃及人」。「mi-sa-ra-jo」一詞顯然來自閃族語中表示埃及的詞「Miṣrami」，這個詞更常用於美索不達米亞和迦南的阿卡德文及烏加里特文檔案。至於「a_3-ku-pi-ti-jo」或許也源自近東地區用來稱呼埃及的文字，因為在烏加里特文中，代表埃及和孟斐斯的都是同一個詞「Hikupta」。奇乎怪哉，「a_3-ku-pi-ti-jo」出現於克諾索斯的線形文字B泥板，竟是某個人的名字，他在克里特島看管八十隻羊。難道當時的人把他當成了「埃及人」？[40]

線形文字B泥板的所有外來語和名字表明一件事：在青銅時代晚期，愛琴海世界與埃及和近東地區是互相交流的。我們至今找不到這些地區交流的確切資料，要說奇怪其實也不必訝異，因為不管是在哪裡出土的泥板，上面記錄都是檔案中最後一年的資料，要不是它們意外遭到破壞又被火燒，否則在正常情況下，泥板上的文字每年都要清除（以水刷洗泥板表面），以供來年或需要時重複使用。此外，我們知道，這些泥板只被邁錫尼人拿來記錄宮廷的經濟活動，「外交檔案」很可能存在其他邁錫尼其他遺址的某個角落，正如埃及的阿瑪納和安納托利亞的哈圖沙。

出埃及與以色列人的征服

關於公元前一二五〇年的特洛伊戰爭與特洛伊城，現今我們已掌握大量資料，雖然尚無明確定論。然而，同一時期據說還有另一個事件發生，但我們掌握的證據卻很少，也就更不可能做出定論。此事件為以色列人離開埃及，這個故事記載在《希伯來聖經》（即《舊約聖經》）。

根據《聖經》描述，在某位不知名的埃及法老統治時期，摩西（Moses）率領以色列人擺脫奴役狀態。據說，以色列人本來以自由人的身分在埃及定居幾百年，後來才遭到奴役。《舊約聖經》〈出埃及記〉表明，第一批移民於雅各（Jacob）——《聖經》中以色列人的祖先——在世時抵達埃及，可能是在公元前十七世紀左右，至摩西率眾離開時，以色列人已在埃及居住四百年。若真是如此，第一批移民應該是在希克索時期出現，並在埃及度過青銅時代晚期的全盛時期，當中包括阿瑪納時期。一九八七年，法國埃及學家艾倫・季維（Alain Zivie）發現一座墳墓，墓主阿普爾—艾爾（Aper-El）為閃族名字，此人於公元前十四世紀時，於法老阿蒙霍特普三世和阿肯那頓在位期間擔任維齊爾（欽定的最高級官員）。[41]

總之，按照《聖經》描述，摩西能夠率領以色列人迅速離開埃及，因為希伯來人的上帝對埃及人降下十大災禍，使得法老認為不值得繼續奴役這支少數民族。據說以色列人開始了長達四十年的旅程，最後終於抵達迦南獲得自由；他們在沙漠中顛沛流離時，日間有雲柱，夜間則有火柱帶路，天上偶爾會降下「嗎哪」（manna）以供食用；前往迦南途中，他們在西奈山上接受十誡，接著打造「約櫃」以存放刻著十誡的石板。

在《舊約聖經》中，出埃及已經成為最著名而且歷久不衰的故事，時至今日，猶太人依然在逾越節歡慶它。然而，不管是透過古代文獻或是考古證據，它也是最難證實的故事。[42]

按照《聖經》故事中的線索推算，如果出埃及一事屬實，時間點理應在公元前十三世紀中葉，因為當時以色列人正忙著為法老建造兩座「積貨城」——比東（Pithom）和蘭塞（Rameses）（〈出埃及記〉[Exodus]1:11–14）。考古學家在這些古城遺址挖掘時，發現比東與蘭塞都是在塞提一世（Seti I）在位期間開始興建的，也就是約當公元前一二九〇年，或許他就是那位「不認識約瑟的法老」★*d*。兩

★d 譯註：出自〈出埃及記〉1:8：有不認識約瑟的新王起來，治理埃及。

座積貨城在拉美西斯二世在位期間（約公元前一二五〇年）完工，他很可能就是以色列人離開埃及時的法老。

對於現代在埃及遊玩的觀光客與十九世紀文學的愛好者來說，拉美西斯二世這號人物是再熟悉不過。當初雪萊（Percy Bysshe Shelley）之所以寫下著名的〈奧茲曼迪亞斯〉（Ozymandias）一詩，便是因為在拉美西姆神殿（埃及帝王谷附近拉美西斯二世的葬祭殿）看見那尊倒下的拉美西斯二世雕像：

我遇見來自古國的旅人，
他說：有軀幹不知所蹤的
兩條巨型石腿豎立於沙漠中。
沙地近處躺著一張張半掩的殘破面容，
其眉頭深鎖，嘴角皺起，
冷笑透露傲世威嚴。
由此足見雕刻者深諳其人神態
那仿效創作的手與支撐創作的心靈

至今仍然生動，刻在這無生命的石上★*e*。
基座上刻著如下文字：
「朕乃萬中之王奧茲曼迪亞斯：
吾功業彪炳，強者亦要俯首喪膽！」
如今除此遺跡，一切盡歸虛無★*f*。
巨大殘骸周遭，
徒留蒼涼無垠的莽莽荒漠。

這首詩於一八一八年發表，僅僅比尚—法蘭索瓦・商博良破譯埃及象形文字早

★e 審校者註：mock 一詞兼有「效仿」與「嘲諷」雙關義，詩人的暗示可能是，沙漠中倖存這座傾頹的雕像反映人間事業之不永，其實對於政治人物的狂妄是種諷刺；此處的「心靈」，可解為藝術家的心靈，也可解為帝王的雄心；至今「仍然生動」者，亦有雙重意涵，一是指法老神態透露出其人的狂傲性格，一是指雕刻者高明的技法。

★f 審校者註：「一切盡歸虛無」似有二含意，一是指周遭的荒蕪地形，一是指帝王的昔日功業。

五年。古希臘有位歷史學家名叫西西里的狄奧多羅斯（Diodorus Siculus），他曾將拉美西斯二世的登基名錯譯為「奧茲曼迪亞斯」，唯一的參考憑據就只有這錯誤的譯名——正確名稱「User-maat-re Setep-en-re」尚未問世。[43]

遺憾的是，若要按照《聖經》的編年方式推算，就會發現以色列人離開埃及時，在位的法老並非拉美西斯二世，但學術界和通俗讀物往往把他和這件事扯上關係。根據《舊約聖經》〈列王紀上〉（1 kings 6:1），出埃及大約發生在公元前一四五〇年，也就是比所羅門王在耶路撒冷建立聖殿（可追溯至大約公元前九七〇年）還要早四百八十年。然而，公元前一四五〇年接近圖特摩斯三世統治後期，當時埃及是近東地區首屈一指的強權。前文曾提到，圖特摩斯三世於公元前一四七九年在米吉多打了一場大戰，從此嚴密掌控迦南地區，以色列人想從埃及逃進迦南，絕對過不了他這一關，其繼位者也不可能容許以色列遊盪四十年然後定居，畢竟在圖特摩斯三世之後，埃及依然嚴密控制著迦南。此外，我們也沒有希伯來人／以色列人在公元前十五或前十四世紀曾在迦南生活的證據，如果出埃及一事確實發生在公元前一四五〇年，應該找得到相關證據。

因此，大多數世俗（secular）★g的考古學家認為，出埃及的年代是在公元前一二五〇年，這雖不符合《聖經》的編年方式，但從考古學和史學觀點來看更合理，因為此時恰逢拉美西斯二世統治期間，《聖經》記載的比東和蘭塞便是在他的時代完工。此外，根據《聖經》描述，大概在這個時間點，有許多迦南城市毀於不知名力量，而且這與以色列人在荒漠中流浪四十年後進入並征服迦南的時間約略吻合，這樣的話，他們抵達的時間點也還來得及被法老麥倫普塔刻在「以色列石碑」（Israel Stele）上，此碑文可以追溯到公元前一二〇七年，除《聖經》以外的文獻中，就屬這段文字最早提及「以色列」的存在。[44]

我在前文曾提過這段碑文，它可以追溯到麥倫普塔在位第五年。麥倫普塔葬祭殿位於帝王谷附近，與現代城市路克索隔著尼羅河遙遙相對。一八九六年二月，弗林德斯・皮特里（William Matthew Flinders Petrie）在葬祭殿中發現碑文，麥倫普

★g 審校者註：「世俗」一詞相對於「宗教」，是指考古學家的研究不抱宗教目的。

塔在文中聲稱他征服了一支名為「以色列」的民族，這群人定居在迦南地區。碑文如下：

> 諸王俯伏在地，直呼：「大發慈悲！」
> 「九弓」（Nine Bows）★[c]之中，無人膽敢抬頭。
> 特赫努成了廢墟；西臺也已平定；
> 迦南受盡洗劫擄掠一事；
> 我奪走亞實基倫（Ashkelon）；也占領基色（Gezer）；
> 讓雅羅安（Yanoam）有如不曾存在過；
> 以色列盡歸荒蕪，再無一粒種子；
> 胡魯（Hurru）成了埃及的寡婦！
> 所有土地都已平定；
> 圖謀不軌之徒已全數被縛。[45]

儘管很多經發掘的遺址——包括近來在以色列夏瑣（Hazor）與西奈半島北部的艾爾柏格古城（Tell el-Borg）——都可能和「出埃及」有關，[46]但是目前可說沒有線索足以證明它的真實性，到目前為止，一切都只是推論。

另一方面，當初以色列人是在荒漠中紮營四十年，歷經漫長的三千多年後，怎麼可能找得到古營地的蛛絲馬跡？他們可能是居無定所，並非住在固定的建築中，或許會挖沙坑並打樁，然後搭建帳篷，一如現今的貝都因人。由此看來，考古學家若要找到與埃及相關的遺物，恐怕是不會發現固定建築的遺跡，就連搭帳篷挖的沙坑也早已不留痕跡。

同理，有另一件事同樣遍尋不著證據。根據《聖經》記載，埃及曾面臨十大災禍，包括蛙災、蝗災、瘡災、蠅災、雹災與擊殺長子等等，歷來各路專家為了確定真有其事而耗費大量心力，但結果不是徒勞無功便是無法令人信服。[47]再說，《聖經》描述的分開紅海（Red Sea）——有時作「蘆葦海」（Reed Sea）——同樣缺乏真憑實據。總之，儘管歷來多少人嘗試提出各種假設（許多還成為電視頻道專題節

★c 譯註：古埃及人對宿敵的稱呼。

目），以便合理解釋《聖經》描述的種種現象，例如將紅海分開歸因於愛琴海的聖托里尼（Santorini）火山噴發，但是至今依然沒有明確的考古、地質或其他方面的證據。

或許有人會問，考古學家如何能期望找到紅海分開的證據？畢竟法老的戰車駕駛連同戰馬、戰車和武器都已沉入海底，怎麼可能找得到殘骸？時至今日，除了偶爾冒出一些相反的言論，學界仍拿不出具體事證。[48]就連愛琴海聖托里尼火山噴發造成海嘯分開海水的說法也不被接受，因為以現今的碳十四和冰芯鑑定法檢驗，火山爆發的時間最晚在公元前一五五〇年，最有可能的時間點則是公元前一六二八年，而出埃及很可能發生在公元前一二五〇年，無論如何也不會早於公元前一四五〇年。[49]由此看來，這中間至少相隔一個世紀（公元前一五五〇至前一四五〇年），或許更有可能相隔四個世紀（公元前一六二八至前一二五〇年），若欲將《聖經》中分開紅海及十大災禍等現象歸咎於火山噴發，顯然只是牽強附會。

《舊約聖經》〈約書亞記〉（Book of Joshua）詳細描述了以色列人征服迦南諸城的故事。也許會有人以此為依據，期盼在開挖過的各個迦南遺址——比如米吉多、夏瑣、伯特利（Bethel）、艾城（Ai）等——找到大規模破壞的證據。不過，有一點必須牢記，〈士師記〉（Book of Judges）當中某些記載和〈約書亞記〉互相矛盾，描繪的征服情景稍有不同（篇幅較長、內容較不血腥），在〈士師記〉裡各城的以色列人和迦南人都混居在一起。前文曾強調，問題在於幾乎沒有考古證據足以證明《聖經》的描述，無法確定這個時期迦南各城是否真的被毀壞。當今學者認為，米吉多和拉吉（Lachish）是在一個世紀之後遭到毀滅，也就是大約公元前一一三〇年，我們將在後文說明[50]。至於其他地區如杰里科（Jericho）等，沒有證據顯示它們在公元前十三甚至前十二世紀有任何被毀的跡象。

唯一有可能被毀的是夏瑣，它的青銅時代晚期宮殿（或神殿）有明顯的焚燒痕跡，城市至少有部分毀於火災，倒塌的木樑和充滿焦黑小麥的罐子就是證明。公元前十四世紀是夏瑣的全盛時期，其宮殿便是當時建造的，在埃及阿瑪納信函中也曾被提及。整座宮殿建築遭到嚴重破壞，就連城門也難逃一劫，毀於「『沖天的烈焰』中，掉落的泥磚和灰燼有一點五公尺高。」[51]考古隊近年在夏瑣遺址上部挖掘，發現更多相同情況：「厚厚的灰燼、焦黑的木樑、碎裂的玄武岩板、被燒得像玻璃的泥磚、傾圮的牆，以及殘缺不全的玄武岩雕像。」[52]最特別的是，位於「1A層」儀式區的公共宗教建築遺跡及夏瑣其他區域「都被厚厚的碎屑殘礫完全覆蓋並封死。」[53]

學界對於夏瑣被毀的確切年代仍爭論不休，但最早在此處開挖的伊加爾・雅丁（Yigael Yadin）和最近開挖的阿農・班托（Amnon Ben-Tor）都認為是公元前一二三〇年左右。然而，時間點也有可能更晚，甚至可能在公元前十二世紀初。二〇一二年夏天，此地出土了許多小麥罐，等到碳十四鑑定結果公諸於世，我們便可知更確切的科學答案。

究竟是誰毀了這座城，至今無法確定。近年在此開挖的考古隊據理力爭，表明進攻者既不是埃及人、也不是迦南人，因為屬於雙方文化的雕像都遭到破壞，而戰士們可不會對本國的雕像下手。此外，海上民族也被排除在外，因為沒有找到足以驗明正身的陶器，再說夏瑣離海邊也有一段距離。不過，雖然此說的說服力較為欠缺。班托原則上同意前輩雅丁的看法：合理推測之下，最有可能的元兇是以色列人；但他的同事莎朗・佐克曼（Sharon Zuckerman）認為，夏瑣是從衰退中走向滅亡，或許是有居民在城中叛亂，最後導致毀滅，城市從此廢棄，直到公元前十一世紀為止。54

總之，夏瑣毀於公元前十三或前十二世紀，接著廢棄長達一個世紀以上的時間，固然這是顯而易見的事實，但是毀滅的確切時間及其元兇身份依然沒有著落。至於以色列人出埃及一事，這個令世人興致勃勃的議題究竟是史實還是神話傳說，至今一樣無解，即使重新檢視現有的證據，依然得不到最終答案，或許透過考古學家的苦心研究或無意間的發現，這道謎題終有解開的一天。也許，對於出埃及作不同解釋才是正確的，別種解釋有許多版本，或者，海上民族在迦南大肆破壞之際，以色列人趁虛而入並控制了整個地區；或者，以色列人本身就是迦南龐大族群的一個分支，本來就已經居住在此；又或者，以色列人是在漫長的數個世紀中，和平地移居到迦南地區。以色列人究竟如何定居迦南，如果上述版本有任一個是正確的，那麼「出埃及」很可能是後人在數百年後編造出來的故事，這也正是多位學者的看法。同時我們也要保持警覺，因為這當中可能存在謊言，畢竟與出埃及有關的人事時地物等等細節，已出現許多難登大雅之堂的說法，而不管是出自刻意還是無意，將來必然會出現更多錯誤訊息。[55]

此刻，從已知的考古證據（包括陶器、建築等層面的物質文化）來看，我們僅能得出以下明確的結論：公元前十三世紀晚期，迦南確實已有以色列人這個族群的存在，到了約公元前十二世紀某個時期，以色列、非利士和腓尼基等文化從迦南文明毀滅的灰燼中崛起。這正是我們「出埃及」問題的相關性所在，青銅時代晚期結束後的混亂逐漸浮現出新世界秩序，而以色列人是打造此新秩序的族群之一。

西臺人、亞述人、亞摩利人和亞細亞瓦人

公元前十三世紀剩下四分之一的時候，約自公元前一二三七年開始，幾位西臺末代君主非常活躍，尤其是圖特哈里四世（公元前一二三七～前一二〇九年）和蘇庇路里烏瑪二世（公元前一二〇七～？年），儘管當時他們的世界與文明都已呈現滅亡的跡象。圖特哈里下令，在首都哈圖沙一公里外的亞茲爾卡亞（Yazilikaya）（意為「鐫石」），將男女眾神連同他自己的模樣刻在石灰岩層上。

這個時期的西臺人還在美索不達米亞與亞述人作戰。我們已在前文提過阿淑爾

—烏巴里特一世統治下的亞述人，此時正當埃及的阿瑪納時期。當初亞述與巴比倫聯姻失敗，阿淑爾—烏巴里特一世曾攻占巴比倫。[56]經他統治的亞述蟄伏了一小段期間，直到阿達德—尼拉里一世（公元前一三〇七～前一二七五年）登基才再次復興。在阿達德—尼拉里一世與幾位後繼者的領導下，亞述成為公元前十三世紀初期近東地區的強權。

阿達德—尼拉里一世戰功彪炳，他曾派大軍對抗米坦尼人，攻占包括瓦舒戛尼在內的幾個城市，並在那些區域樹立了傀儡國王，將亞述帝國的領土向遙遠的西方擴張，邊境已與與西臺本地接壤，勢力幾乎抵達地中海。此事看似艱鉅，但事實上並沒有那般困難，因為早在數十年前，蘇庇路里烏瑪一世統治下的西臺就已讓米坦尼人吃過大敗仗。[57]

繼任者薩爾瑪那薩爾一世（Shalmaneser I）（公元前一二七五～前一二四五年）沿用許多阿達德—尼拉里政策，或許正是此王讓米坦尼王國走上滅亡之路。[58]接下來登上世界舞臺的是亞述最偉大的「勇士國王」圖庫爾蒂—尼努爾塔一世，在位期間大約從公元前一二四四年至前一二〇八年，他追隨阿達德—尼拉里的腳步，決定興兵攻打巴比倫，或許這也是在仿效上個世紀阿淑爾—烏巴里特的作風。然而，圖庫爾蒂—尼努爾塔的成就更高，他不僅擊敗加喜特巴比倫國王卡什提里亞什四世，將對方五花大綁帶回亞述城，更在公元前一二二五年左右攻占巴比倫，起初他親自主政，後來樹立傀儡國王代為統治。可惜這個做法不太成功，傀儡國王恩利爾—那丁—舒米（Enlil-nadin-shumi）即位後，一支埃蘭軍隊立刻從位於伊朗高原的東部本土（現今的伊朗西南部）入侵，推翻傀儡政權。這種事不只發生一次，我們很快就會再次提到埃蘭人的事蹟。59

亞述勇士國王圖庫爾蒂—尼努爾塔戰功彪炳，他還擊敗了圖特哈里四世統治之下的西臺，大幅改變了古代近東地區的勢力版圖。其國力之旺盛由下列傳說可見，據傳他竟曾經為了將一邁納（近東地區重量單位，可能比現今美式磅稍重）天青石送去希臘本土維奧蒂亞的底比斯，做為邁錫尼國王的禮物，便派人橫越整個愛琴海。60

因此，到了公元前一二〇七年，也就是第一批海上民族侵略地中海東部地區時，恰逢圖庫爾蒂—尼努爾塔被兒子暗殺一年，此時的亞述已活躍於古代近東地區的國際舞臺上將近兩百年之久。這個王國在兩個世紀之間與埃及、巴比倫、西臺和米坦尼透過婚姻、政治、戰爭和貿易相互連結，它無疑是青銅時代晚期的列強之一。

在圖庫爾蒂—尼努爾塔統治亞述期間，西臺帝國明顯面臨嚴重的威脅，西臺努力阻擋東邊的亞述自海岸地區進攻。大約在公元前一二二五年，西臺擬定策略，圖特哈里四世與其姊妹的夫婿肖什迦穆瓦（Shaushgamuwa）簽署條約。肖什迦穆瓦是亞摩利國王，掌控敘利亞北部海岸地區，此處正是亞述與西臺間的門戶。這個表達忠誠的條約有個現代人熟知的觀念：「朋友的敵人就是我的敵人，朋友的朋友也是我的朋友。」圖特哈里四世（以第三人稱「陛下」稱呼自己）藉此向肖什迦穆瓦宣告：

如果埃及國王是陛下的朋友，他便是你的朋友。但若他是陛下的敵人，也就是你的敵人。再者，如果巴比倫國王是陛下的朋友，他便是你的朋友；但若他是陛下的敵人，也就是你的敵人。既然亞述國王是陛下的敵人，同樣也是你的敵人；你的商人不可前往亞述，你也不可讓亞述商人踏進國內。他不可穿越你的國境，如果他進入你的國土，務必將他擒住，交給陛下。（唯願）此事在（你的）誓言（當中）

實現。[61]

研究古代世界時，這種互信條約有兩個地方特別吸引人。一是圖特哈里四世對肖什迦穆瓦說：「（你不可允許〔？〕）亞細亞瓦（的）任何船隻前往他（也就是亞述國王）處。」[62]許多學者認為這正是上一章最後提到的禁運令。雖然禁運令常被認為是現代觀念，但若上述事件為真，三千多年前的西臺人早就拿它來對付亞述人了。[63]

第二個吸引人之處在這句話的前幾行，圖特哈里四世寫道：「與我位階相等的諸王是埃及國王、巴比倫國王、亞述國王與亞細亞瓦國王。」[64]「亞細亞瓦國王」幾個字的刪除線並非本書誤印，而是圖特哈里四世的泥板上本來就有的記號。換句話說，我們發現的是一份合約的草案，內容有待增刪或修訂。更重要的是，這塊古代泥板表明，在青銅時代晚期的列強中，亞細亞瓦國王已被認定不夠格，無法再與埃及、巴比倫、亞述與西臺等諸王相提並論。

我們當然想要探問，愛琴海地區或安納托利亞西岸為什麼會淪落至此。這種局面一定是不久前才發生的，因為回顧圖特哈里四世之父哈圖西里三世在位時期，亞細亞瓦國王曾被稱為「大王」，而且是西臺君王的「兄弟」。或許這在亞細亞瓦文獻中可以找到線索，這份文獻又被稱為「米拉瓦塔信函」（Milawata Letter），很可能是圖特哈里四世時期的產物，由信件內容可知，曾經被邁錫尼人掌控的米拉瓦塔（米利都）城及周邊的安納托利亞西岸地區，已經不屬於亞細亞瓦國王的領地，改由西臺人控制。[65]此事可能意味著在西臺國王眼中，亞細亞瓦國王已不再是大王。然而，我們還要考慮一種可能性，西臺國王之所以把邁錫尼統治者「降級」，或許源自某次更重大的事件，而且可能就發生在愛琴海地區（希臘本土）。下一章將詳細探討這個主題。

西臺人入侵賽普勒斯

就在這多事之秋，圖特哈里四世決定對賽普勒斯發動攻擊。此地在公元前第二千紀，一直是銅的主要產地，西臺人可能決定要試圖掌握這種貴金屬，因為它是打造銅器的關鍵。然而，我們依然不能確定西臺王這次攻擊賽普勒斯的動機，或許和海上民族在當地出現有關，也或許和當時地中海東部地區的旱災有關，因為根據新科學發現與流傳已久的古文獻指出，有一艘滿載穀物的船緊急從敘利亞北部的烏加里特駛往奇里乞亞（Cilicia）的港口城市烏拉（Ura）（位於土耳其東南部）。[66]

有段銘文原本刻在圖特哈里的雕像上，後來被複製到其子蘇庇路里烏瑪二世時期的一塊石板，內容如下：「我擄獲阿拉什亞國王及眾妻妾子女……包括金銀在內的所有物品，以及所有俘虜，都被我帶回家鄉哈圖沙。我奴役阿拉什亞全國，使它轉瞬成為我國屬地。」[67]蘇庇路里烏瑪二世不但複製圖特哈里四世的銘文，還締造了額外的功勳，也就是御駕親征賽普勒斯。關於他的軍隊如何奪下賽普勒斯，有一段銘文如下：「我，大王蘇庇路里烏瑪，迅速（出）海。阿拉什亞艦隊與我三度海戰，被我悉數殲滅。我奪下整個艦隊，將它們毀於火海之中。當我再度踏上乾燥的陸地，阿拉什亞境內的敵軍群起圍攻，與我（作戰），我便與他們（對戰）。」[68]

蘇庇路里烏瑪無疑打贏了這場海戰，或許也成功入侵賽普勒斯，但圖特哈里四世早已奪下這座島，我們不清楚他為何要重複開戰並入侵當地。他的動機或許很簡單，為了在日益紛亂的時局下奪得（或再次奪回）銅礦控制權或國際貿易路線。究竟這是基於何種原因，我們或許永遠不會知道。此外，他上岸後在哪裡進行決戰，這一點也撲朔迷離；在學者看來，可能的地點包括賽普勒斯與安納托利亞海岸地區。

其父王駕崩後，蘇庇路里烏瑪二世登上王位，並沿用公元前十四世紀知名前輩蘇庇路里烏瑪一世的名字（儘管新國王的名字有一點不同，是蘇庇路里雅瑪〔Suppiluliama〕而不是蘇庇路里烏瑪〔Suppiluliuma〕），或許他想與締造豐功偉業的前輩一較高下。好景不常，他非但沒能如願，反成了西臺帝國衰亡的始作俑者。他在位期間，不僅親率大軍入侵賽普勒斯，也再次進軍安納托利亞西部。[69] 一位學者在文章中表明，許多蘇庇路里烏瑪二世時期的文獻全都「指出西臺首都日漸動盪，國民的不信任感節節攀升」，然而，鑒於接下來即將發生的事情，以「憂心」來形容或許更加貼切。[70]

伊里亞岬（Point Iria）與吉利多亞角（Cape Gelidonya）沉船

有支海洋考古隊打撈到另一艘古代沉船，根據船上運載的陶器來看，他們推測這艘船當初是從賽普勒斯島出發。打撈的期間是一九九三與九四年，地點則是希臘阿爾戈利（Argolid）附近的海域，此處離邁錫尼原址不遠。這艘船被稱為伊里亞岬沉船，可追溯到大約公元前一二〇〇年，此船或許足以證明，賽普勒斯和邁錫尼時期的希臘仍有貿易往來，雖然當時西臺已經入侵賽普勒斯。[71]

大約在同一時期，另一艘船在安納托利亞海域沉沒，距離一個世紀前的烏魯布倫沉船不遠，由於它的葬身之地鄰近現代土耳其西南岸的吉利多亞角，便以此將其命名為吉利多亞角沉船。正如前文所述，這艘船於一九六〇年代引領喬治・巴斯立定畢生職志，也開始投入水下考古專業領域。巴斯曾斷定，這艘船約在公元前一二〇〇年由迦南啟程，在航向愛琴海地區的途中因故沉沒。[72]

半個世紀以來，水下考古技術突飛猛進，隨著各種新儀器陸續問世，巴斯數度帶著最新設備回到原址重新考察，他果然又發現了幾件物品，足以證明原先的推論，那就是這艘船可能是從近東地區開航。不過，耐人尋味的是，根據對船錨和船上陶器所做的最新分析來看，這些後續發現都指向一個重點：這艘船或許來自賽普勒斯而非迦南。[73]

吉利多亞角沉船究竟從地中海東部地區的何處出發，我們暫時不討論，光是這艘船及貨物本身便具有重大意義，儘管它的重要性不若烏魯布倫沉船。小型船隻一般都在各港口之間「不定期航行」進行小型交易，而非從事特定的商業或外交使命。[74]即使如此，此船仍是公元前十三世紀末國際貿易的又一鐵證，雖然此時的地中海東部與愛琴海地區已經邁入崩壞的開端。

第四章

第四幕
時代的終結——
公元前十二世紀

The End of an Era: The Twelfth Century BC

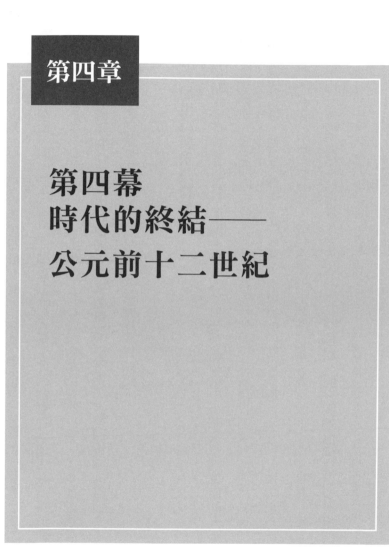

這齣戲讓人企盼已久的高潮即將來臨。三百多年來的「全球化」經濟已成為青銅時代晚期愛琴海與地中海東部地區的標記，到了此刻戲劇性地邁入「結束的開端」（beinning of the end）。公元前十二世紀是這齣戲的最後一幕，不再如前幾幕演繹貿易和國際關係等等溫和情節，本幕的舞臺上充滿了災難和毀滅的畫面。不過，本幕最之初還是要從重大的貿易、國際關係事件談起。

發現烏加里特與米乃特俾達

俗話說，機會總是留給準備妥當的人，但在某些特例中，哪怕沒有準備的人照樣能坐享機運。這次的考古發現便是如此，一位農民無意間找到敘利亞北岸的烏加里特城與王國，他自然是考古門外漢，不懂遺址的歷史價值。一九二九年，米乃特俾達灣（Minet el-Beida Bay）發現古墓的消息將法國考古學家們引來了此地，不久便挖掘出一個港口城市的遺址，今人稱為米乃特俾達。而在距離海岸八百公尺處的一座土丘——今人稱為珊拉岬（Ras Shamra），烏加里特首都不久後也重見天日。[1]

從那時起，法國考古學家盡可能持續挖掘烏加里特和米乃特俾達。最早是一九二九年的克勞德・舍費爾（Claude Schaeffer），較近的則是一九七八至一九九八年的瑪格麗特・約恩（Marguerite Yon）。自一九九九年起，一支法敘聯合考古隊開始主導挖掘計畫。[2]歷經多年來多次挖掘後，展現在世人眼前的是一個運作良好、忙碌繁榮的商業城市與港口遺跡，它在公元前十二世紀初突然遭到破壞然後遭到遺棄。廢墟中出土了各類物品，其來源遍及地中海東部和愛琴海地區，比如米乃特俾達的一座倉庫中有八十個迦南儲物罐。遺憾的是，這些東西都在一九三〇年代出土，從未進行過精密科學分析。[3]

自一九五〇年代開始，專家修復了在烏加里特民宅和皇宮發現的大量重要檔案，當中記載幾位商人與烏加里特皇室的經濟活動。這批信件與其他項目都刻在泥板上，這是青銅時代的慣例，但泥板上竟出現各國文字，有些是阿卡德文，有些是西臺文，有些是埃及文，有些甚至是較罕見的文字，好比胡利文。

此外，還有一種學者從未見過的文字，他們很快便破譯成功，現稱為烏加里特文，這種文字使用的是目前已知最古老的字母系統。但是，此套檔案其實使用了兩套字母系統，一套是二十二個類似腓尼基字母的符號，另一套則更多出八個符號

（共三十個符號）。[4]

這些烏加里特文獻數量非常龐大，在現代學術界形成一個專門領域，稱為「烏加里特文研究」，內容除了商人與國王的檔案和信件往來，也有文學、神話、歷史和宗教等範例，在在表明這是一個興盛繁榮的文明，而且非常重視自己的文化遺產。透過研究成果，我們可以從廢墟中重建烏加里特城的原貌，還能透過這些文獻重現居民的日常生活與信仰體系。舉例來說，居民的信仰顯然屬於多神崇拜，眾神中地位最高的是厄勒（El）和巴力（Baal）。我們也知道國王的名字，從阿米斯塔馬魯一世和尼克瑪杜二世（他們寫給阿蒙霍特普三世和阿肯那頓的信就在埃及的阿瑪納信函中），直到末代君王阿穆拉比（在位時間為公元前十二世紀的第一個十年）。我們還知道，烏加里特諸王娶了好幾位鄰國亞摩利公主，此外，有些王后可能來國力自較大的西臺。皇家聯姻帶來足以匹配國王地位的豐厚嫁妝，然而當中至少有一樁婚姻是以痛苦離婚收場，而且整個過程拖了數年。[5]

烏加里特與其商人間的經濟及商業關係

在烏加里特城史上，城民與國王之間始終保持熱絡的貿易關係，這裡顯然是一處國際轉運站，多國船隻都會航進米乃特俾達的港口。烏加里特或許在公元前十四世紀上半葉效忠埃及，但是從下半葉開始，也就是約公元前一三五〇年至前一三四〇年，蘇庇路里烏瑪征服當地後，它便成為西臺的附庸。本遺址出土的各類檔案大多可以追溯到城市歷史的最後半個世紀，當中記錄烏加里特與眾多大小政權的關係，包括埃及、賽普勒斯、亞述、西臺、卡基米什、泰爾、貝魯特、亞摩利和馬里，在最近的發現中，愛琴海地區也加入此名單中。[6]

泥板也特別提到烏加里特出口的物品，包括染色羊毛、亞麻服裝、油、鉛、銅和青銅器，全是無法長久保存的東西。在眾多貿易對象中，最值得一提的是亞述，因為它位於遙遠的美索不達米亞東部，此外，烏加里特也和貝魯特、泰爾和腓尼基海岸的西頓（Sidon）有廣泛的貿易往來。[7]從愛琴海地區、埃及、賽普勒斯和美索不達米亞進口的商品，也在烏加里特被發現，其中包括邁錫尼的容器、刻著埃及法老麥倫普塔名字的銅劍、雪花石膏罐的數百破片，以及其他奢侈品。[8]我們在前文提過西納拉努，以上這些物品以及生活用品如酒、橄欖油與小麥等等，都是透過他這樣的商人運到烏加里特，他的船在公元前十四世紀中葉頻繁往返克里特島。我們知道，烏加里特人財力雄厚，每年都能向西臺人納貢，貢品包括五百錫克爾黃金、染色羊毛和服裝，此外還要另向西臺國王、王后和高官獻上金銀杯。[9]

我們現在知道，後來的其他烏加里特商人是多麼活躍，這時已經邁入公元前十二世紀初，也就是烏加里特走向毀滅的階段。多虧了近數十年來在烏加里特民居中發現更多泥板，我們才能得知這些情況，某些泥板甚至改變我們對此城滅亡的看法。[10]在那些泥板出土的民居中，有一棟被稱作「雅布尼努宅」（House of Yabninu）的房子，鄰近皇宮南邊，房舍本體尚未全部挖出，但已經知道它至少占地一千平方公尺，可見雅布尼努一定是位相當成功的商人。房舍廢墟中挖出六十多塊泥板，研究人員認為它們原本放在二樓，泥板上的記錄以阿卡德文、烏加里特文以及一種尚未破譯的文字寫成，它叫賽普—邁諾安文（Cypro-Minoan），主要在賽普勒斯島上使用，但是也曾出現在希臘本土梯林斯的器皿上。泥板上的文字與屋內發現的各種進口物件，證明雅布尼努的商業活動範圍包括賽普勒斯、遙遠南方的黎凡特海畔、埃及和愛琴海地區。[11]

另一組泥板在所謂的拉帕努宅（House of Rapanu）內出土，此處於一九五六年和一九五八年開挖，學者隨即著手研究這兩百多塊泥板，並於十年後——即一九六八年——出版研究成果。泥板上載明，拉帕努是書記官兼烏加里特國王的高級顧問，而這位國王最有可能是阿米斯塔馬魯二世（約公元前一二六〇～前一二三五年在位）；根據檔案指出，拉帕努顯然涉入某些最高層級的敏感談判，這些文獻包括烏加里特國王與賽普勒斯（阿拉什亞）國王往來的信件，時值海上民族入侵雙邊的危急存亡之秋，另外一些是與鄰國卡基米什國王以及更遠的埃及法老往來之信件，寫給法老的信主要針對黎凡特海岸的迦南人事件。[12]

其中一封信與烏加里特和賽普勒斯的油品貿易有關。此信從烏加里特倒數第二位國王尼克瑪杜三世手中送出，寄給被他稱為「父王」的阿拉什亞國王，他則自稱「您的兒子」。[13]除非烏加里特國王娶了賽普勒斯公主（並非不可能），否則「父王」這個稱呼不過是比照當時慣例，試圖營造「彼此都是一家人」的親密關係，也等於默認賽普勒斯國王的地位或者年齡高於烏加里特國王之上。我們在前文已經提到屋內發現的另一封信，內容描述敵船正節節逼進烏加里特，舍費爾認為當初這封信是在窯裡找到，應是打算燒製後要寄給賽普勒斯國王。這件事留待後文繼續探討。

最新發現的泥板當中，有些位於所謂的烏爾特努宅（House of Urtenu）。一九七三年，有人在遺址南半部建造現代軍事掩體時，意外發現這棟民宅，挖建過程中造就的廢土堆，偶然間毀壞這棟房屋的中間地帶，考古學家獲准在此挖掘，隨後發現許多泥板，上面記載的內容如今都已出版專書。一九八六到一九九二年間，有一批新泥板在謹慎挖掘下出土，內容也已出版，至於一九九四至二〇〇二年間出土的最新泥板，目前仍在研究當中。綜上所述，整份檔案共有五百多塊泥板，單是一九九四年就發現了一百三十四塊，當中有些以烏加里特文寫成，但大部分都是阿卡德文。寄信人包括埃及、賽普勒斯、西臺、亞述、卡基米什、西頓、貝魯特等國君主，可能還有泰爾。[14]在最早一批的信函中，有一封顯然是由亞述國王寄出，可能是圖庫爾蒂—尼努爾塔一世，收件人則是烏加里特國王，或許是阿米斯塔馬魯二世或伊比拉納（Ibirana），信件內容為圖庫爾蒂—尼努爾塔的亞述軍擊敗圖特哈里四世的西臺軍。[15]

一位在此從事開挖的考古學家指出，這些泥板說明烏爾特努此人在公元前十二世紀初期相當活躍，具有崇高的社會地位。烏加里特王后的女婿開了一家大型商號，與敘利亞內陸城市艾瑪（Emar）及鄰近的卡基米什有生意往來，而烏爾特努似乎是其中的代理商。他也涉入與賽普勒斯島的交涉和貿易，並冒險從事許多長途貿易活動。[16] 屋裡發現的信當中，有五封來自賽普勒斯的信極為重要，因為這是歷來我們所發現青銅時代賽普勒斯國王的最早紀錄，此王名叫庫什米舒沙（Kushmeshusha）；這位國王寄來兩封信，另有島上的高級官員也寄了兩封。有趣的是，還有一封信是當時住在賽普勒斯島上的烏加里特書記官寄來的。先前在拉帕努宅有四封來自阿拉什亞的信件，現已和這五封信一同存放。[17]

屋裡還有兩封信提到兩位「細亞瓦人」，據說這兩人在安納托利亞西南的盧卡（後來的呂基亞）境內等候烏加里特的船。這兩封信是寄給烏加里特末代君主阿穆拉比，寄信人為西臺國王——或許是蘇庇路里烏瑪二世——及其一位高級官員。在烏加里特檔案中，這些信首度提及愛琴海人民，「細亞瓦」無疑與西臺語的「亞細亞瓦」有關，誠如前文所述，大多數學者都認為這是用來指稱邁錫尼人和青銅時代的愛琴海地區。[18]

還有一封信來自埃及法老麥倫普塔，目的是回應烏加里特國王（尼克瑪杜三世或阿穆拉比）的請求。國王求法老派一位雕刻師傅前來烏加里特，以便打造一座法老雕像，其完工後將豎立於城中，地點特別選在巴力神殿前。法老除了在信中拒絕對方，還列出了長串奢侈品清單，打算將它們從埃及運到烏加里特。法老表示，這些東西正在裝船，準備送去烏加里特，共有一百多件紡織品、衣服及各類物品，好比烏木，還有鑲著紅、白、藍小石頭的飾板。[19]這裡要再度強調，以上幾乎都是較易損壞的物件，難以倖存至在考古發現之時。因此，信裡提到它們是件好事，否則我們可能永遠不知道它們曾經存在且於埃及和烏加里特之間流通。

這個檔案尚有封信，是一位名為祖—阿斯塔提（Zu-Aštarti）的使者／代表寫的，內容談到他在烏加里特搭的船，聲稱自己在旅途中遭到拘留。有些學者不禁猜想，他到底有沒有被人綁架，但他只是輕描淡寫帶過：「出海第六天。拜這陣風所賜，我航行到西頓境內。從西頓到烏斯納圖（Ušnatu），這段旅程很乏味，我在烏斯納圖被耽擱了。但願我的兄弟知道這件事……告訴國王：『如果他們收到陛下給阿拉什亞使者的幾匹馬，這位使者的同事會去見您。但願他們把這些馬交給他。』」[20] 我們不太清楚說明他為什麼在烏斯納圖「耽擱了」，或者這封信為何出現在烏爾特努檔案，但有可能的是，當時烏加里特的馬匹貿易是一門受國家保護的產業。拉帕努宅中還有一封同時期西臺國王圖特哈里四世寫給阿米斯塔馬魯二世的信，信上表明烏加里特國王不該准許馬匹透過西臺或埃及使者／商人出口至埃及。[21]

敘利亞北部的毀滅

由烏加里特民宅和各種檔案的文獻證據來看，這座城市的國際貿易與連結始終熱絡，甚至持續到其滅亡的前一刻。一位將烏爾特努宅信函加以出版的學者指出，其實在烏加里特滅亡將近二十年前，幾乎沒有任何麻煩的徵兆出現——頂多在某封信裡曾提到幾艘敵船，而且貿易路線似乎到了最後一刻都還暢通無阻。[22] 相同情況也發生在艾瑪，這座城市遠在敘利亞東部的幼發拉底河畔，亦有人指出，城裡的「書記官到最後一刻還在處理例行事務。」[23]

然而，烏加里特終究被毀了，顯然毀得相當殘暴，當時在位的國王是阿穆拉比，最有可能的毀滅時間點介於公元前一一九〇至前一一八五年間。直到大約六百五十年後的波斯統治時期，這裡才再度出現人煙。[24]在此挖掘的考古專家表示：「全城都有毀壞和失火的證據」，包括「傾塌的牆，燒過的灰泥，成堆的灰燼」，許多地方被破壞到堆起兩公尺高的瓦礫。最近率領考古隊在此開挖的瑪格麗特・約恩表示，住宅區的天花板和陽臺都已坍塌，其他地方的牆壁「倒塌後已看不到原來的形狀，只剩下一堆碎石。」她對這種破壞的看法和舍費爾一樣，他們都認為這是遭到敵人攻擊，而非地震侵襲。此外，城中還發生過暴力對戰事件，包括街頭戰，瑪格麗特認為證據是「在被毀或被棄的廢墟中散落著大量箭頭」。此外，大約有八千市民在混亂中匆忙逃離，再也沒有回來，有些人家裡藏著貴重物品，甚至來不及帶走。[25]

整起事件的確切時間點成了近來學術界爭論的焦點。一九八六年時在烏爾特努宅中發現一封信，這是目前為止最具決定性的證據。收信人是烏加里特國王阿穆拉比，寄信的則是埃及大臣貝伊（Bey），根據埃及的資料，貝伊在法老西普塔

（Siptah）在位第五年時遭到處決，西普塔是埃及第十九王朝倒數第二位法老，在位期間約當公元前一一九五至前一一八九年，短短幾年後，第二十王朝的拉美西斯三世便登基繼位。既然貝伊在公元前一一九一年被處決，可以確定這封信一定是在他死前寫的，也就代表城市被毀不會比這個時間還早。由此可以推測，此城毀滅的時間通常被定在公元前一一九〇至前一一八五年之間，儘管嚴格說來也可能比這個時間更晚。[26]近年有一篇文章指出，現在可以更確定事情發生的年代，因為在烏加里特發現另一塊泥板，上面的天文觀測記錄了一次日食，此次日食可追溯至公元前一一九二年一月二十一日，亦即城市不可能在這一天之前被毀。[27]

與先前烏加里特如何滅亡的各種流行說法相反，[28]我們可能不該使用那封著名信件來斷定城滅的時間點或滅城的罪魁禍首，這封信出自於烏加里特宮殿「宮廷V」的南方檔案（Southern Archive）之中，這是前文被舍費爾認定為置於窯中，燒好後理當要寄給賽普勒斯國王的信。信件開頭如下：「父王，現在敵軍的船艦到來，他們已在我的各個城市縱火，對我的國度造成傷害。」根據原始挖掘報告，這封信確實擺在窯中，被發現時旁邊還有七十多塊泥板，全都入窯燒製，考古隊和其他學者起初推測，這封緊急求援信尚未發出，敵船便已返回，城市遭到大軍洗劫，這個故事版本幾十年來在學界與民間均廣為流傳。然而，最近又有另一批研究人員重新探勘此地，查出這塊泥板根本不是在窯中被發現的，它原本可能擺在屋內二樓的一個籃子裡，在房子被棄置後，它從樓上掉了下來。[29]

因此，雖然憑著這封信可以探討敵船之出現與可能的入侵者，但無法證實信上說的是烏加里特城覆滅之日或指更早以前。即使所謂的敵船確實是海上民族的船隻，但這也有可能是指公元前一二〇七年進攻埃及的第一波入侵者，而不是公元前一一七七年與拉美西斯三世打仗的第二波入侵者。

曾與烏加里特保持關係的敘利亞內陸城市艾瑪，大約也在同一時間滅亡，亦即公元前一一八五年，我們是從在當地發現的法律文件記錄的日期得知。然而，我們並不清楚是誰毀掉艾瑪，當地出土的泥板曾提到了「遊牧部落」，但學者先前業已指出，單憑遊牧部落這個稱呼，不能斷定它代表海上民族。[30]

● 公元前一二〇〇年左右毀滅的地點。

位於烏加里特北部邊境的巴塞特岬（Ras Bassit）也是在相近的時間點被摧毀。考古隊認為此處是烏加里特的邊疆地區，並聲稱大約在公元前一二〇〇年，這裡已處於「半撤離、半廢棄狀態，後來被一把惡火燒毀，就和該地區其他遺址一樣」。他們把巴塞特岬的毀滅歸咎於海上民族，但這個說法有待驗證。[31]

鄰近烏加里特南岸的伊賓漢尼岬（Ras Ibn Hani）據說也面臨相同情形，此處被認定是公元前十三世紀烏加里特國王的行宮。考古隊和專家認為，就在烏加里特被毀前夕，伊賓漢尼岬的百姓便已先行撤離，後來海上民族入侵，滅了此地。但是，此地至少有部分區域很快又出現居民，這個情形與巴塞特岬相同。在這些重新有移民遷入的地點找到許多陶器，考古隊研究後推斷，摧毀並遷入巴塞特岬與伊賓漢尼岬的都是海上民族，這一點留待下文討論。[32]

推尼古城（Tell Tweini）位於青銅時代晚期烏加里特王國的港口城鎮吉巴拉（Gibala），距離現代城市拉塔基亞（Lattakia）以南大約三十公里，此處發現的大規模破壞證據或許是最好的，且無疑是最新的。這個地方在青銅時代末期遭到一次「重大毀壞」後被廢棄，在此開挖的考古隊表示，「受到破壞的部分有衝突的殘跡

（銅箭頭四處散落、牆壁傾塌、房屋焚毀），還有房子遭大火焚燒後留下的灰燼。隨著城鎮漸漸傾塌，大批陶器經年累月受到擠壓，化為成堆碎片。」。[33]

考古隊採取「分層碳十四考古鑑定法」和「古代銘文文學來源、西臺—黎凡特—埃及國王生平、天文觀測等定位法」，藉以斷定這場破壞的確切年代，並聲稱他們終於「精準算出海上民族入侵黎凡特北部的年代」，並「為這個人類社會的關鍵時期提供了第一份確定年表」。[34]他們對大面積的灰燼層（七A層）進行碳十四測定，結果顯示，年代介於大約公元前一一九二至前一一九〇年之間。[35]儘管準確算出這個青銅時代晚期遺址毀滅的時間點，但這究竟是不是海上民族造成的，他們也只能提供間接證據，後文會進一步探討之。

研究結果同時也指出，這個時間（公元前一一九二～前一一九〇年）距離拉美西斯三世於公元前一一七七年迎戰海上民族還有整整十三至十五年，就連於公元前一一八五年被毀的其他地方，距離這最後的衝突也還有八年。或許我們應該釐清，這樣的遷徙族群是花了多長時間才跨越地中海來到埃及，或者他們只是沿著黎凡特海岸前進？但是，這件事情當然端視他們的組織能力、交通工具以及最終目標等諸多因素而定，無法立刻找到答案。

最後，還有一個更南邊的地點也應考慮在內，亦即位於亞摩利的卡薩爾古城（Tell Kazel），此處或許曾是亞摩利王國首都蘇姆爾（Sumur）所在地。它在青銅時代晚期的最後時刻遭到毀滅，考古隊認為它毀於海上民族之手，這個推論看起來很有道理，因為拉美西斯三世曾在海上民族的銘文中特別提到此城（銘文中用的稱呼是Amurru）。但是，就在毀滅之前的「居住層」當中，考古隊發現疑似當地生產的邁錫尼陶器，此外還有種種跡象顯示此地有來自愛琴海地區和地中海西部的新移民。[36]因此，研究邁錫尼陶器的維也納大學（University of Vienna）教授萊因哈德・榮格（Reinhard Jung）如此推測：「在龐大的海上民族大肆破壞前，有幾批人數較少的移民已經搭船來到卡薩爾古城，和當地居民一同生活。」他將此視為一種小規模愛琴海移民的形態，但也有跡象表明，當中有些人來自義大利半島南部。[37]如果此見屬實，也就表明這是個相當複雜的時期，除了牽涉多個民族之外，甚至足以說明公元前一一七七年海上民族造成的第二波破壞，或許也波及那些早就遷居至地中海東部的同鄉。這批同鄉的移民時間點，可能在公元前一二〇七年，也就是麥倫普塔在位第五年，當時正值海上民族首波入侵期間或之後。

敘利亞南部／迦南地區的毀滅

就在同一時期，亦即公元前十二世紀，敘利亞南部和迦南地區許多城鎮都遭到摧毀，摧毀城鎮的禍首與確切發生的時間依舊不明，這與敘利亞北部的情形相同；但是，在一個位於約旦地區名叫底雅亞拉（Deir ʿAlla）的小地方，發現了刻著埃及塔沃斯塔（Twosret）王后象形繭的花瓶，塔沃斯塔是法老塞提二世的遺孀，已知在位期間為公元前一一八七至前一一八五年。由此看來，可能是在這段時間之後不久，城鎮便遭到毀滅。相同情況也出現在阿卡（Akko）遺址，此處位於現今的以色列境內，有人在碎石瓦礫中找到塔沃斯塔王后的聖甲蟲寶石。[38]其他毀滅證據也可在伯珊（Beth Shan）看到，根據伊加爾・雅丁的考古隊研究結果，此處的埃及駐軍遭到武力侵犯而覆沒。[39]

本區域內具有毀滅證據的遺址中，名氣最大的或許是米吉多和拉吉這兩座城市。然而，此區域毀滅的原因和時間問題依然有爭論。米吉多和拉吉的毀滅似乎在公元前一一三〇年左右，而非前一一七七年，比前文探討各地的滅亡時間還要晚了數十年。[40]

◇米吉多

米吉多位於現今以色列的耶斯列谷，這裡便是《聖經》當中末日大戰的哈米吉多頓，有人在當地發現一層又一層總共二十座城市的遺址，其中第七座城市中有兩標記為VIIB與VIIA，各於公元前十三及前十二世紀遭到嚴重破壞，或是在公元前十二世紀的同一場破壞中一起被毀。

一九二五至一九三九年間，芝加哥大學考古隊曾在此處挖掘，自從他們發表研究成果，學界已經接受VIIB層在公元前一一五〇至前一一〇〇年間某個時候毀滅，而VIIA層的城市在大約公元前一一三〇年毀滅。考古隊在這幾層中發現一座迦南宮殿的遺跡，也有可能是兩座宮殿——其中一座建在另一座宮殿的廢墟上。

芝加哥大學考古隊指出，VIIB層的宮殿「遭受徹底而猛烈的破壞，以致後來VIIA層城市的建築人員認為，與其按傳統工法先清除所有碎石瓦礫，不如把它整個壓平，直接在上面打造新城市。」那些房間「堆滿塌陷的石塊，大約有一點五公尺高……宮廷北面的各房牆面上，到處都是焦黑的水平線……這代表整個宮殿位於一層樓之上。」[41]。這段聲明公開後，從此學界認定直接蓋在廢墟上的VIIA層宮殿一直延續到約公元前一一三〇年才被毀。

然而，近年來出現不同的主張。大衛・烏西什金（David Ussishkin）是特拉維夫大學（Tel Aviv University）考古學家，不久前剛卸下米吉多探險隊隊長職位，他提出具有說服力的看法，認為芝加哥大學考古隊對於這些考古層的詮釋有誤。他認為，這不是兩座宮殿，並非一座建在另一座上方，他相信這是一座兩層樓高的單一宮殿，它從VIIB層過渡到VIIA層時經歷過些微翻新，大約是在公元前一二〇〇年。他表示，破壞也只有一次，那是在VIIA層末期時，整個宮殿付之一炬。根據烏西什金的說法，芝加哥大學考古隊所說的「VIIB宮殿」只不過是宮殿的地下室或下層，至於「VIIA宮殿」則是上層。城市的主要神殿（被稱為「塔廟」）也在同一時期遭到破壞，但從最近幾次的挖掘看來，城市的其餘區域幾乎都逃過一劫，只有精華地段在這個時期付之一炬。[42]

VIIA層的毀滅時間點通常被界定為大約公元前一一三〇年，這是根據瓦礫堆中找到兩件刻著埃及象形薾的物品而定，其中第一件是象牙筆盒，上面刻了拉美西斯三世的名字，這是在宮殿某個房間裡和其他象牙寶物一起被發現的，這些東西都被埋在宮殿的瓦礫堆中。[43]這或許意味毀壞的時間點在拉美西斯三世統治期間或之後，也就是公元前一一七七年或其後。

發現這批象牙寶物的宮殿房間中尚有許多古物，經修復後成了舉世聞名的珍品，包括盒子和碗的碎片、飾板、湯匙、盤子、棋盤和棋子、罐蓋和梳子等很多物品，這些東西分別存於芝加哥大學東方研究所和耶路撒冷的洛克斐勒博物館內展示。儘管沒有人知道當初為何會將這批象牙寶物擺在一起並特別存放在這個房間裡，但這批物件多年來一直是眾以矚目的焦點，因為象牙本身及表面刻畫的圖案呈現真正的全球化風格，現在通常被稱為「國際風格」（Internationl Style），這在烏加里特和邁錫尼等遺址也能看得到。這種獨特風格結合邁錫尼、迦南和埃及等各個文化元素，在這個四海一家的時代，成為獨一無二的「混血」代表作。[44]

米吉多第二件意義重大的出土文物是一個銅像基座，上頭刻著法老拉美西斯六世的名字，此法老在位期間約當幾十年後的公元前一一四一至前一一三三年。基座的「考古脈絡」（archaeological context）並不可靠★a，因為當初是在 VIIB 層住宅區的牆腳底下發現的。正如烏西什金所說，它之所以不可靠，因為 VIIB 層比拉美西斯六世在位時期早得多，代表基座一定是後來的居民刻意埋進洞裡的，該居民可能處在 VIIA 時期、甚至更後來的鐵器時代 VIB-A 城市時期。考古學家通常將基座歸入 VIIA 層，但這只是一種猜測。45

上述兩件文物各自是拉美西斯三世和六世時期的產物，它們總是在相關出版品中被人相提並論，使得米吉多 VIIA 層的毀滅時間被界定於拉美西斯六世統治結束以後，亦即大約公元前一一三〇年。但是，既然拉美西斯六世銅雕基座的考古脈絡並不合宜，不應用它來判定米吉多 VIIA 層的終結年代。另一方面，拉美西斯三世

★a 審校者註：考古學中的「脈絡關係」也可以翻譯為「依存關係」或「相互關係」，主要指：遺址或遺物必須與同環境中其它遺址、遺物相互對應，那個此事物的性質、功能、意義才得以反映或呈現。就專業術語而言，一件遺物的「脈絡」，就是該件遺物所處的「居住層」或「生活層」，甚至通指「地層」單位。

• 米吉多出土的拉美西斯三世象牙筆盒（圖片來源：Loud 1939, pl.62；芝加哥大學東方研究所）。

的象牙筆盒確實深埋在VIIA的破壞層中，足以用來推斷城市在哪段時間之前——至少在這位法老統治之前——還沒毀滅。這個結果也確實契合前面探討近東地區數個遺址的毀滅證據。

考古學依然是一個持續演化的領域，新資料與新分析方法的出現讓我們必須重新思考舊觀念。就此而言，透過碳十四測定法來推算VIIA層毀壞後的遺跡年代，結果顯示，最終答案可能就是公元前一一三〇年間或更晚一點。如果此斷定確實精確，代表米吉多毀滅的時間是在公元前一一七七年海上民族肆虐本區之後四十多年。[46]無論如何，正如烏西什金所說：「因為沒有文字記錄，誰是為VIIA層的毀滅者，仍有很大的討論空間……當初成功攻下這座城市的或許是海上民族，或許是黎凡特的迦南人，也或許是以色列人，或者是一支多民族組成的雜軍。」[47]換句話說，米吉多與前面提及的夏瑣具有相同情形，這兩個城市的精華地區都遭到毀滅，但卻無法斷定是誰的所作所為。

◇拉吉

拉吉是現代以色列境內的另一個遺址。一九七三至一九九四年間，大衛・烏西什金曾在此處開挖，如果他的推論無誤，那麼此地差不多在同一時期也遭到兩次破壞。[48]這處多層遺址位於耶路撒冷南方，根據出土的殘餘物來看，第七和第六座城市（VII和VI層）被判定為最後的迦南人城市。拉吉在埃及控制之下度過了最繁榮昌盛的時期，當時它是迦南地區最大的城市之一，境內有六千人，城中大型神殿和公共建築四處林立。[49]

VII層城市被認為毀於大約公元前一二〇〇年的火災，但是考古隊無從推測可能的原因與禍首，所以如此，部分原因是城市實際遭受的破壞程度並不清楚。到目前為止，考古隊只在一座神殿（所謂的「護城河三號神殿」〔Fosse III Temple〕）遺址以及S區的民居中找到火災破壞的證據。[50]我們可以合理猜測，這次破壞可能是第一波海上民族造成的，他們約在公元前一二〇七年入侵當地，但此說仍未有證據支持。

時至今日，VI層城市始終是學術界矚目的焦點。在VII層遭遇大火後，似乎是倖存者完全或部分重建了城市，並延續先前的物質文化。看來VI層城市比上座被破壞的城市更加繁榮富裕，重建者在先前滿佈民宅的S區蓋了一棟大型公共建築（「柱列建築」）；此外，P區也有一座新神殿，但是它在後來的破壞中嚴重損毀，以致遺跡所剩無幾。這一層的城市之中隨處可見來自埃及、賽普勒斯和愛琴海地區的進口商品，其中以陶器為大宗，足以證明此城熱絡的國際關係。[51]

學者認為，VI層城市的大半區域遭到嚴重毀損之前，曾湧進一批窮苦的難民。[52]尤其是S區的柱列建築，它「突然遭到極為嚴重的破壞；層層灰燼與掉落的泥磚覆蓋整座建築，幾具成人、兒童和嬰兒骸骨被壓在倒塌的牆下」。[53]拉吉的其他建築也在同時期被毀，從此這整個地方被遺棄長達三百年。[54]根據烏西什金所說：「VI層城市在猛烈的大火中夷為平地，破壞痕跡在出土的VI層遺跡中隨處可見……。整個城市遭到徹底毀壞，百姓不是遇害就是被驅逐。」[55]

早期考古學家認為，這座城市於公元前十三世紀晚期毀滅，大約是公元前一二三〇年（VII層城市甚至更早）左右。[56]但是VI層毀滅時間點被烏西什金大幅修正，他主要依據的是一件出土文物，這是一塊青銅飾板，可能為門閂的一部分，上面刻著拉美西斯三世的象形繭。這塊飾板原本和一批殘破缺損的銅器埋在VI層城市廢墟底下。[57]

正如米吉多出土的拉美西斯三世筆盒之例，在拉吉找到的飾板也代表，此城的毀滅一定在拉美西斯三世統治期間或之後。於是烏西什金藉此初步推算，城市滅亡於大約公元前一一五〇年，因為飾板的製作時間不可能早於公元前一一八四年拉美西斯三世登基即位，他也相信必須再加上一些時間，讓這個物品經歷「被人使用，至於毀損，最後遭到棄置，和這批殘破缺損的銅器一起堆在角落。」[58]

後來，烏西什金基於兩個原因，將城市滅亡時間修正為公元前一一三〇年。其一是英國考古隊曾在遺址（或許就是在這一層）發現拉美西斯四世的聖甲蟲，其二是他將此處與米吉多VII層比較後結論道：如果米吉多還維持了這麼久，拉吉或許也是如此。[59]最近有另一位學者指出，在拉吉的五七〇號陵墓中，也曾發現一個可能是拉美西斯四世的聖甲蟲，但他也強調，兩個聖甲蟲上的名字尚未確認，發現第一個聖甲蟲的地層也不明確。[60]

因此，又得再說一次的是，正如前面討論的各個遺址，究竟是誰或何種原因導致拉吉毀滅，甚至事情是什麼時候發生的，一切都還不甚明朗；我們可以肯定的只有，此事是在拉美西斯三世統治期間或之後發生。誠如烏西什金所說：「有證據指出，VI層毀於強大果決的敵人之手，但是關於敵人的屬性和身分，以及直接導致城市沒落的各項事件，考古資料都無法提供直接線索。」[61]他表示，有學者曾提出三個可能的敵人：埃及軍隊、以色列部族和入侵的海上民族。但他也點明：「沒有發現任何戰爭的痕跡，只在S區的「杜列建築」中……找到一個銅箭頭。」[62]

帶來這場毀滅的不可能是埃及人，因為這段期間拉吉始終是埃及臣屬，此國家不但繁榮昌盛，與埃及也有密切的貿易往來，在廢墟中出土的幾個文物便是證據，上面都刻有皇室的象形繭。造成毀滅的有可能是以約書亞（Joshua）為首的以色列人，這是約翰霍普金斯大學威廉・歐布萊特（William F. Albright）的看法，不過拉吉毀滅的時間點必須在約公元前一二三〇年，這個說法才能成立。[63]

然而，據烏西什金看來，VI層城市最有可能毀於海上民族之手，他的觀點來自曾開挖拉吉的奧加・杜夫內爾（Olga Tufnell）。[64]儘管他如此主張，卻未曾提出證據確定海上民族是肇禍者，我們看到的只是破壞結果，無從得知是誰造成的。此外，對於海上民族來說，公元前一一三〇年的時間點似乎太晚，就和米吉多被毀一樣，這大約晚了四十年。有一點值得注意，烏西什金認為拉吉與米吉多的毀滅互有關連且將時間點向後推，這個主張或許不甚正確且缺乏充分理由，因此，他最初推算的公元前一一五〇年（甚至可能更早，若拉美西斯三世青銅門門使用使間不長）反而應被採納。

VI層城市也有可能是毀於大地震。在「柱列建築」中發現的四名死者，「顯然受困時嘗試逃脫，卻被壓在碎石瓦礫之下。」有個兩、三歲的孩子「不是被臉朝下拋下來，就是在地上掙扎時死亡。」還有一個兩三歲的嬰兒「或許是被拋下而臉朝地面，或者是在地上匍匐爬行時死亡」。[65]綜合以上觀察結果，再加上廢墟中沒有發現武器，在在表明大自然才是禍首，而非人類，而其他在青銅時代晚期滅亡的地方，似乎也適用這個觀點。[66]但也有人對這個假說持反對意見，在此開挖過的考古隊從未發現其他地震證據，好比破裂或傾塌的牆面，因此他們否定地震的假設；此外，P區有座新建造的迦南神殿，似乎在毀於火災前曾遭洗劫，看來這應屬人為因素。[67]

總而言之，拉吉 VI 層與較早的 VII 層城市和夏瑣及米吉多的情形相似，沒有人知道是誰毀掉這些地方。或許兩者都是海上民族所為，也或許都不是，或者根本就是其他人或事物造成的。正如康乃爾大學（Cornell University）詹姆斯・溫斯坦（James Weinstein）所說：「巴勒斯坦南方和西方的埃及駐軍或許是遭到海上民族殲滅，即使如此，當巴勒斯坦其他城市被毀，我們仍不應排除攻擊者並非海上民族的可能性。」[68]

◇非利士五城

迦南南部有些地點讓人感到興致勃勃，這是在《聖經》及他處提到的所謂「非利士五城」，也就是非利士人的五個主要城市：亞實基倫（Ashkelon）、亞實突（Ashdod）、以革倫（Ekron）、迦特（Gath）和加沙（Gaza）。

青銅時代晚期終結之際，早期的迦南城市以革倫和亞實突遭到嚴重破壞，新的居住地代之而起，舉凡陶器、爐灶、浴缸、廚具與建築等物質文化幾乎完全改變。這似乎意味著，在迦南沒落和埃及軍隊撤出當地後，人口發生了劇烈變化，抑或是有大量新移民湧入，這批移民也許就是非利士人。[69]

楚蒂・道森（Trude Dothan）是耶路撒冷希伯來大學（Hebrew University）榮譽教授，曾經擔任以革倫（現稱為米恩古城〔Tel Miqne〕）考古隊隊長，她如此描述青銅時代晚期終期的以革倫：「I區也就是上城或衛城★b，此處可以找到青銅時代晚期最後一座迦南城市被大火完全摧毀的痕跡。這些破壞相當明顯：有一座泥磚造的大型倉庫廢墟，一些儲存無花果和扁豆的罐子，還有一個保存完好的筒狀大穀倉埋在倒塌的泥磚下……就在這青銅時代晚期遭到毀滅的上城居住地，以及青銅時代中期下城的曠野之上，非利士人重新打造了繁榮的新城市。」[70]

相似情形似乎也發生在亞實基倫，最近的探勘結果發現，這片居住地在公元前十二世紀上半葉某個時期，從埃及的駐地變成非利士人的海港，這很可能是在拉美西斯三世統治期過後的事，因為此地出土了幾個刻著拉美西斯三世象形繭的聖甲蟲。不過，這似乎是一次和平的轉換，至今根據目前探勘過的區域來看，都是如此。考古隊表示，「新的文化型態呈現在建築、陶瓷、飲食、工藝品，特別是編織技術等方面。」他們將這些改變歸因於海上民族，尤其是指非利士人，並認為這些情形是邁錫尼移民活動導致的結果。[71]

然而，對於青銅時代晚期終結之際的迦南，我們的了解仍處在演進過程中。一九九五年，哈佛大學賴瑞・史塔格（Larry Stager）發表一篇經典文章，探討非利士人移居迦南，文中指出非利士人「在其征服範圍的四個角落，摧毀原先的城市，並建造自己的城市加以取代。」[72]然而，海法大學（University of Haifa）亞薩夫・阿蘇爾—蘭道（Assaf Yasur-Landau）近來對這個傳統觀點有不同解釋，留待後文探討。

美索不達米亞毀滅

就連遠在東方的美索不達米亞，也看得到多處留下破壞證據，包括巴比倫在內。但這些破壞顯然不是海上民族造成的，我們很確定的是，埃蘭軍隊曾經再度從

★b 審校者注：「衛城」（acropolis）為希臘文，本意即是「上城」（upper city），主要是指建立在山丘或高處的防禦堡壘，可能是位於一個更大城市中的精華區域，例如最有名的雅典衛城。

伊朗西南方進軍，領軍的是國王舒特魯克—納克杭特，至少有一些破壞是這支軍隊造成的。

公元前一一九〇年，舒特魯克—納克杭特繼位，其統治直到公元前一一五五年為止。雖然埃蘭（和當地其他王國一樣）在青銅時代晚期幾乎是世界舞臺上的小角色，卻能透過聯姻與一些大國保持密切關係。舒特魯克—納克杭特和從前的數位國王一樣，都娶了加喜特巴比倫國王的女兒。早在公元前十四世紀時，就有一位埃蘭國王娶了庫瑞噶爾祖一世的女兒；另一位國王娶了庫瑞噶爾祖的姊妹；同一世紀還有一位國王娶了布爾那—布里亞什的女兒。舒特魯克—納克杭特在寫給加喜特宮廷的信中提過，他的生母原本是加喜特公主，德國考古隊後來於巴比倫發現這封信。[73]

舒特魯克—納克杭特在信中抱怨自己的巴比倫王位繼承權被忽略，他應是完全符合資格者，這還包括了他的血統：「為什麼，我一個堂堂的國王，身為國王之子、國王後代、國王子孫、身為這片國土之王，身為巴比倫和埃（蘭）國土之王，身為庫瑞噶爾祖大王長女的後裔，（為什麼）不能坐上巴比倫國土的王位？」接著他威脅要復仇，聲稱他必要「摧毀你的城市，消（滅）你的堡壘，堵住你的（灌溉）

渠道，砍光你的果園」，並且宣佈，「或許你會爬上天堂，（但我會）抓著你的衣角（把你拉下來），或許你會下地獄，（但我會）揪住你的頭髮（把你拖回來）！」[74]

公元前一一五八年，他將威脅付諸行動，揮軍進攻巴比倫，攻下整座城市且推翻加喜特國王，接著擁護自己的兒子繼位。他還有一樁最聞名的事蹟，便是將大量戰利品從巴比倫帶回埃蘭的蘇薩（Susa），其中包括一座將近八呎高的閃長岩石碑，上面刻著漢摩拉比法典，還有先前阿卡德國王納拉姆—辛（Naram-Sin）打造的勝利紀念碑等等大量物品。以上物件都在一九〇一年被法國考古隊於蘇薩挖出，後來送回巴黎，如今在羅浮宮展出。[75]

舒特魯克—納克杭特顯然覬覦巴比倫城、巴比倫王位與巴比倫領土，當時地中海東部地區局勢不穩，或許剛好讓他有機可乘、點燃戰火。他很可能知道，加喜特國王幾乎找不到任何幫手。幾百年來的列強到了這時若非已經滅亡就是國力大衰，後來舒特魯克—納克杭特的子孫在美索不達米亞發動戰役，很可能也是受到類似影響。顯然，這些軍事活動造成的破壞，皆不能歸咎於海上民族。

安納托利亞的毀滅

這個時期的安納托利亞也有許多城市毀滅。但又得再次聲明的是，每個地方被毀的原因依舊不明。然後又要再說一次，傳統上依然是將矛頭指向海上民族，儘管證據十分薄弱或根本缺乏證明。有些地方經過考古人員不斷開挖和探勘，陸續推翻了既定的觀點和假設。舉例說明，阿恰納古城（Tell Atchana）——即古代的阿拉拉赫——位於現代土耳其和敘利亞的邊境附近，倫納德・伍利爵士主張，此處的I層城市於公元前一一九〇年遭到海上民族摧毀；然而，近年來以芝加哥大學阿絲麗涵・葉納（Aslihan Yener）為首的考古隊在此挖掘，將這一層的時間重新定為公元前十四世紀，並指出這座城市大半區域是於公元前一三〇〇年遭棄，比海上民族可能入侵的時間早得多。[76]

就安納托利亞各遺址來看，於公元前一二〇〇年不久後即遭摧毀的城市中，較知名的是位於內陸高原上的西臺首都哈圖沙，另一處則是位於西海岸的特洛伊城。然而，這兩座城市的毀滅，毫無疑問地與海上民族完全無關。

◇哈圖沙

公元前十二世紀初，西臺首都哈圖沙遭到毀滅後被遺棄。考古隊在遺址挖出「灰燼、燒焦的木頭、泥磚，以及泥磚被烈火熔化後形成的熔渣」。[77]然而，至今禍首是誰依然未明，雖然學者與一般作者往往歸咎於海上民族，他們主要根據拉美西斯三世的聲明：「任何國家都無法在其武器肆虐下倖免於難，從哈特……」但我們對於此處的「哈特」究竟是西臺之統稱或特指哈圖沙，其實是毫無頭緒的。[78]

此外，哈圖沙被毀的確切時間至今不明，在當今學者看來，此處似乎是在圖特哈里四世在位期間遭受攻擊，進攻者或許是由原本效忠於他的堂兄弟庫倫塔（Kurunta）率軍，意欲奪下王位。[79]芝加哥大學知名西臺學家小哈利・霍夫納（Harry Hoffner, Jr.）曾發表評論：對於這場最後的毀滅，所謂的「最晚可能時間」（*terminus ante quem*）（亦即事件必定在此刻之前發生）是根據拉美西斯三世在公元前一一七七年的聲明推算得出，但這可能會把時間點稍微向前推了一些，落於公元前一一九〇至前一一八〇年。然而，我們不清楚拉美西斯這段聲明是否準確。[80]

一九八〇年代，西臺學家和其他學者紛紛發表嚴正論述，指出西臺有個更早、更知名的敵人——卡什卡人，該國位於西臺本土東北方，他們才是摧毀哈圖沙的禍首。有人認為，公元前十三世紀早期，適逢奎帝胥戰役發生前夕，哈圖沙就曾遭卡什卡人劫掠。西臺人暫時捨棄哈圖沙，將整個首都南遷，定都塔胡恩塔薩（Tarhuntassa），多年後才回到哈圖沙。[81]這種說法顯然更為合理，正如賓州大學詹姆斯・穆利的主張：「一直以來，很難釐清海上入侵者（也就是海上民族）如何摧毀哈圖沙……龐大的要塞，畢竟此城位於安納托利亞中部高原，距離大海足有數百哩，就算以現今的標準來看，也是一個孤立地區。」[82]

以往的考古證據指出，哈圖沙有幾個區域遭大火焚毀，包括部分的上城和下城，還有皇家衛城和要塞都被大火吞噬。然而，如今已經釐清的是，被毀的只有公共建築，包括宮殿和幾座神殿及少數城門；在烈火肆虐前，這些建築都已被人清空，沒有遭到劫掠，上、下城的住宅區則完全沒有破壞跡象。[83]尤爾根・塞赫近年率領考古隊在此處開挖，據他表示，這座城市被廢棄一段時間後才遭到攻擊，早在它面臨最後的破壞之前，皇室便已移走所有財物。如果真是如此，西臺宿敵卡什卡人比海上民族更有可能該為毀滅哈圖沙一事負責。不過，或許是因為西臺遭遇其他外力因素如乾旱、饑荒與國際貿易路線中斷等等，進而導致國力嚴重衰弱，造成日後哈圖沙之覆滅。[84]

相同的解釋也許也能套用到安納托利亞中部三個知名地點的毀滅，它們分別是位於哈圖沙附近的阿拉卡土丘（Alaca Höyük）、阿歷沙（Alishar）和麥薩特土丘（Masat Höyük）。三地都在大約同一時期毀於火災，但不知應該將肇事者歸諸卡什卡人、海上民族還是其他人。安納托利亞東南方的梅爾辛（Mersin）和塔爾蘇斯（Tarsus）也被毀，不過後來都得以重建，也有新移民遷入。[85]位於安納托利亞中部的卡拉格蘭（Karaoglan）離哈圖沙西部不遠，也在同一時期被毀，破壞層中還發現屍體，但這又是一樁兇手不明的慘劇。[86]

深入安納托利亞西部的話，此區域便較少受到破壞。事實上，澳洲學者崔佛・布萊斯（Trevor Bryce）曾說：「被大火焚毀的（安納托利亞）各處，似乎都在馬拉珊提亞（Marassantiya）河以東地區……再往西就沒有這類大型破壞的證據。由歷來的考古探勘結果可知，其只有少數西臺城市真正遭到破壞，其他大多是被廢棄。」[87]

◇特洛伊

安納托利亞西部有座城市毀於公元前十二世紀早期的大火，那便是位於安納托利亞西岸的特洛伊城，尤其以「特洛伊 VIIA 層」最為嚴重。[88]儘管辛辛那提大學考古學家卡爾・布利根推算毀滅時間為公元前一二五〇年，但如今邁錫尼陶器專家潘妮洛普・蒙特喬伊（Penelope Mountjoy）已將時間改到公元前一一九〇至前一一八〇年之間。[89]城市居民是直接在 VIh 層廢墟上重建新城，VIh 層很可能早在公元前一三〇〇年便毀於地震，這在前文曾詳細說明；因此，VI 層時期蓋的大房子，到了這時被幾道牆分隔開來，原來的一戶成了好幾戶。布利根認為，這些民宅正是城市曾遭圍攻的證據，但蒙特喬伊提出相反意見，她認為居民剛經歷大地震，便在廢墟上搭起臨時棚屋。[90]不過，城市最後確實仍然遭到圍攻，此事的證據由布利根與接續挖掘的曼弗雷德・科夫曼共同發現，科夫曼是蒂賓根大學學者，從一九八八至二〇〇五年持續在挖掘此處遺址。

兩位考古學家都在特洛伊 VIIA 層的街道發現遺體，還有一些箭頭嵌在牆上，因而認定此城毀於戰火。[91]科夫曼還找到了湮沒已久的特洛伊下城，在他之前的考古隊全都沒有發現這個地方。據他表示：「有燃燒和毀於火災的證據，此外也有遺骸；好比我們發現一個女生的骨骸，我猜她大約十六、七歲，身體有一半被埋住，雙腳被火燒過……這座城市曾被圍攻，但市民也奮力抵抗，並力求自保。他們最後還是輸了戰爭，顯然是被擊敗了。」[92]

然而，若要和荷馬《伊利亞德》描述的特洛伊戰爭一樣，把這場毀滅歸咎於邁錫尼人，從時間上來看不太可能，除非位於希臘本土的邁錫尼宮殿遇襲被毀，是因為他們的戰士全都忙著遠征特洛伊。事實上，蒙特喬伊認為，摧毀 VIIA 層的是海上民族而非邁錫尼人，與前文所提及三年之後的拉美西斯三世聲明契合。只是，蒙特喬伊拿不出具體實證支持其假設，因此這個說法依然只是一種猜測。[93]

希臘本土的毀滅

如果邁錫尼人沒有破壞特洛伊 VIIA，或許是因為他們也在差不多的時間點遭到攻擊。學界普遍認為，邁錫尼、梯林斯、米地亞、皮洛斯、底比斯，還有希臘本土許多邁錫尼城市，都在公元前十三世紀末和前十二世紀初被毀。[94] 事實上，二〇一〇年，英國考古學家蓋伊・米德爾頓（Guy Middleton）一一列舉公元前一二二五至前一一九〇年希臘本土遭到破壞的情景：「遭破壞的有位於阿爾戈利和科林西亞（Corinthia）的邁錫尼、梯林斯、卡辛格里（Katsingri）、克拉寇（Korakou）和伊里亞……位於拉科尼亞（Lakonia）的梅涅萊恩（Menelaion）；位於麥西尼亞的皮洛斯；位於亞該亞的泰克斯・戴麥昂（Teikhos Dymaion）；位於維奧蒂亞和福基斯（Phokis）的底比斯、奧爾霍邁諾斯（Orchomenos）、格拉（Gla）……和克里薩（Krisa），至於下列則似乎只是被遺棄而沒有遭到破壞：位於阿爾戈利和科林西亞的伯巴蒂（Berbati）、普洛西納（Prosymna）、齊戈利斯（Zygouries）、戈尼亞（Gonia）、松吉扎（Tsoungiza）；位於拉科尼亞的聖史蒂芬諾斯（Ayios Stephanos）；位於麥西尼亞的尼科利亞（Nichoria）；位於阿提卡（Attica）的布洛龍（Brauron）；位於維奧蒂亞和福基斯的歐特里西斯（Eutresis）。」[95]米德爾頓進一步指出，自公元前一一九〇至前一一三〇年間，還有更多破壞出現在邁錫尼、梯林斯、雷卡迪（Lefkandi）和奇諾斯（Kynos）等地。

一九六〇年，卡爾・布利根和布林・莫爾學院（Bryn Mawr College）的馬貝爾・朗（Mabel Lang）寫下一段話，說明這似乎是「邁錫尼一段風雨飄搖的歷史。大火肆虐邁錫尼衛城內外，造成大範圍破壞；梯林斯也遭遇相同災難。底比斯的宮殿或許也在同一時期被洗劫並焚毀。其他一些居住地一一瓦解，全部被遺棄，而且再也沒有人入住。比較值得一提的知名例子包括：伯巴蒂……普洛西納……齊戈利斯……，此外還有一些更小的地方。」[96]顯然當時發生了某種變故，但有些學者認為，瓦解或崩壞的序幕早在公元前一二五〇年時便已揭開，此時不過是終曲而已。比如達特茅斯學院（Dartmouth College）的傑里米・盧特（Jeremy Rutter）便認為：「宮殿被毀並非昭告地中海世紀危機將至的突發性災難，而是邁錫尼世界從公元前十三世紀中葉起，長期動盪局勢的最後高潮。」[97]

◇ 皮洛斯

考古學家原先認為皮洛斯宮殿大約毀於公元前一二〇〇年，現在則通常斷定是公元前一一八〇年左右，這與延後特洛伊 VIIA 層毀滅時間的理由相同，也就是說，專家根據遺址中發現的陶器重新推算了時間。[98]一般認為皮洛斯的破壞是暴力造成，部分原因是遺址最後數層遭到大規模焚燒，而且火災之後此地明顯被棄置。一九三九年進行皮洛斯宮殿的第一期挖掘工程時，布利根便指出：「當時的火勢一定相當猛烈，因為很多地方的牆壁都熔成一團，看不出原先的形狀，石頭燒成了石灰，有一層又厚又乾、焚燒過後的紅土，包覆著燒成黑色焦炭的垃圾堆及地板上的灰燼，可能是上層建築材料中的粗製磚塊分解後的殘餘物。」[99]

後續幾次開挖證實了他最初的印象。正如辛辛那提大學教授暨美國古典研究院（American School of Classical Studies）前院長傑克・戴維斯（Jack Davis）後來的主張：「主建築的火勢極為猛烈，就連檔案室的線形文字B泥板都起火燃燒，有些儲藏室裡的罐子甚至熔化了。」[100]布利根也在一九五五年寫道：「放眼望去……大火肆虐的證據清楚地擺在眼前。當初打造石牆時使用了大量木材，雖不能說木料運用過度，但這卻為火焰提供了幾乎無限的燃料。由於大火的熱度足以將石頭燒成灰，甚至可以熔化金飾，因此整棟建築最後化為一堆碎片。」[101]

根據遺址中發現的線形文字B泥板上的記載，當地在最後那段日子裡似乎會派出「海洋觀察者」，於是有些早期學者認為，他們是在提防海上民族入侵。然而，泥板上的記錄目前還不明朗，即使皮洛斯居民密切注意著海面，我們也無從得知原因是什麼或觀察對象是誰。[102]

總之，大約在公元前一一八〇年，皮洛斯宮殿毀於一場大火，但目前仍不清楚造成火災的元兇或原因。就像同一時期毀滅的其他地點一樣，無法斷定這是出於人禍還是天災。

◇邁錫尼

公元前十三世紀中葉，約當公元前一二五〇年，邁錫尼面臨一次嚴重破壞，可能是由地震造成的。大約公元前一一九〇年或稍後，此地又遇上第二次破壞，雖然不知道誰是罪魁禍首，但邁錫尼強權從此走下世界舞臺。

第二次破壞有火災的痕跡。賓州大學已故教授斯皮洛斯・亞克維迪斯（Spyros Iakovidis）擔任過邁錫尼考古隊隊長，他曾提及：「範圍限定且不一定同時發生的火災，爆發於祭祀中心、曹塔斯（Tsountas）宅、部分西南建築、二號帕納賈宅（Panagia House II）……或許還有皇宮等地。」[103]比方說祭祀中心，「猛烈的火勢反而使牆壁保持原來狀態，雖然有點歪斜。」[104]

城堡的堤道上發現一處堆積場，考古隊在此找到一大堆碎片，包括「燒成灰的石頭、燒焦的泥磚、塊狀灰燼和變成焦炭的橫樑」，這些東西「靠著東北邊的平臺牆，近兩公尺深，擋住東南邊房間的出入口」。平臺牆本身「也被大火波及，在高熱中扭曲變形，有些都變得和混凝土一樣硬」。考古隊的結論是，這堆碎片來自平臺上方的泥磚牆，牆壁「在大片烈火中」垮下來。[105]然而，這次的事件起因沒有任何蛛絲馬跡，究竟是侵略者、內亂，或臨時發生的意外，我們無從得知。

劍橋大學的伊莉莎白・法蘭奇（Elizabeth French）是資深研究人員，她曾參與邁錫尼考古隊，據她表示：「不管原因是什麼，『公元前一二〇〇年大破壞』之後，邁錫尼城堡立刻陷入一團混亂。據我們了解，幾乎所有建築都無法使用。隨處可見火災與房屋坍塌，我們還能證明有一大片西側邊坡被厚泥覆蓋，可能是下過一場大雨。」[106]然而，法蘭奇和亞克維迪斯都表明，這並不是邁錫尼的末日，因為火災過後立刻又有新移民入住，只不過人數較少。正如亞克維迪斯的主張，「這個時期儘管經濟萎縮又快速衰敗，但這並非危險而困阨的階段」。[107]

有件事頗令人好奇，亞克維迪斯進一步分析：「探究考古脈絡……沒有證據顯示公元前十二和前十一世紀有任何規模的移民或入侵，也沒有地方動盪事件，邁錫尼沒有被暴力摧毀。這個地方從來沒有……被遺棄，但當時由於一些外部和遙遠的因素，城堡已經失去政治和經濟意義，在此生根並開展的中央集權體系已經瓦解，曾經締造輝煌榮景的當權者無以為繼，整個地方漸漸露出衰敗跡象，就這樣慢慢沒落，逐漸淪為廢墟。」[108]換句話說，根據亞克維迪斯的說法，甫邁入公元前一二〇〇年，大半邁錫尼便毀於大火，但其原因至今依然不明；但他不採納入侵或其他極端事件的理論，而是主張此地在後續幾十年間漸漸衰敗，並將此歸咎於宮廷體系的瓦解和長途貿易的式微。近年其他考古學家的研究或許可以證明他的假說無誤。[109]

◇梯林斯

自十九世紀晚期的海因里希・施里曼開始，一直有考古隊在希臘本土阿爾戈利地區的梯林斯挖掘探勘，此地距離邁錫尼只有幾公里遠。大多數考古隊都記錄了此處的破壞證據，最近一次負責探勘的是海德堡大學（University of Heidelberg）的約瑟夫・馬蘭（Joseph Maran）。

二〇〇二和二〇〇三年間，馬蘭持續挖掘兩座建築，它們分別是下城的十一號建築（Buildings XI）和十五號建築（Buildings XV），其中有部分已經被前輩克勞斯・基利安（Klaus Kilian）挖出。考古學家認為，這兩座建築僅使用非常短的時間便遭到摧毀。這堆殘骸可以追溯到大約公元前一二〇〇年或稍後，馬蘭在當中發現一些非常有意思的物件，包括一根刻著楔形文字的小象牙棒，在那個動盪不安的時期，這件東西若不是透過進口，便是住在梯林斯的外國人使用／製造的。[110]

馬蘭表示，破壞的禍首是「一場侵襲梯林斯的災難……（它）摧毀了宮殿和下城的居住地。」他的進一步評論符合基利安的說法，根據某些建築「呈波浪狀起伏的牆壁」來看，造成這次破壞的可能是強烈地震，「近來在鄰地的米地亞進行的開挖結果證實了這個說法」。[111]

長久以來，基利安始終認定地震不只毀了梯林斯，此外還影響了阿爾戈利地區幾個地點如邁錫尼；其他考古學家如今也同意他的假設。[112]基利安曾寫道：「證據包括建築殘骸，牆面和地基都已傾斜並彎曲，還有房屋牆壁倒塌後，壓死了許多人，他們的骸骨都被埋在底下。」[113]

前面曾經提到，大約在公元前一二五〇年，邁錫尼曾遭到重大破壞，或許這就是地震造成的。我們將在下文詳細探討，已有實質證據足以證明，差不多就在這個時期，包括阿爾戈利地區的邁錫尼和梯林斯在內，希臘有許多地方都遭到一次或多次地震的嚴重破壞。

然而，持續進行的挖掘已經找到決定性證據，證明梯林斯並沒有完全毀滅。城市後來又有一波新移民入住了數十年之久，並在某些地方大規模重建，特別是下城。[114]

賽普勒斯的毀滅

約當青銅時代公元前一二〇〇年，地中海東部地區的賽普勒斯遭到破壞，海上民族始終都被認定為罪魁禍首，在世人心目中，這已經是再清楚不過的事實。三十年前，賽普勒斯古物部部長沃索斯・卡拉耶奧吉斯（Vassos Karageorghis）曾寫道：

「和平的情況即將改變……賽普勒斯第二時期的終結（也就是大約公元前一二二五年）即將到來。關於西臺人有能力控制賽普勒斯的說法，雖然我們不完全贊同這種自負的主張，……但也不能忽視一個事實：蘇庇路里烏瑪二世統治之下的地中海東部地區確實不會如此平靜。」[115]

卡拉耶奧吉斯接著表示，當時「邁錫尼帝國」（他如此稱呼）分崩離析，「大批難民」離開希臘本土，他們成了強盜和冒險家，最後與其他人一起來到賽普勒斯，時值約莫公元前一二二五年。他認為是這批人造成當時賽普勒斯發生的多處破壞事件，包括位於東岸的主要城市基提安（Kition）和恩科米（Enkomi），他們也在其他地方引起騷動，比如馬阿—帕雷歐卡斯楚（Maa-Palaeokastro）、卡拉瓦索斯—聖迪米策斯（Kalavasos-Ayios Dhimitrios）、辛達（Sinda）和馬羅尼（Maroni）等等。[116]

馬阿—帕雷歐卡斯楚有個小遺址特別發人興味，因為它的建造年代正是那紛擾不安的時期，當時已經接近公元前十三世紀末。卡拉耶奧吉斯在此處挖掘探勘，他形容這裡是「一座建在西岸海角的堡壘（軍事）前哨基地」。他指出，海角的陡坡為此地提供天然屏障，而且它三面環海，只有和陸地接壤的部分需要設下防禦工事。他認為，是來自愛琴海的入侵者建了這個前哨，接著從這塊地出發，攻擊了恩科米和基提安。不過大約在公元前一一九〇年，愛琴海的第二波移民有滅了他們，第二波移民遂從此在島上永久定居下來。[117]

卡拉耶奧吉斯認為，賽普勒斯還有其他相似的外族飛地（foreign enclaves）或前哨★c，好比辛達和皮拉—克基諾克勒莫斯（Pyla-Kokkinokremos）等。舉例來說，設有防禦工事的居住地辛達位於恩科米以西的內陸，它在大約公元前一二二五年遭到嚴重破壞，後來人們在焚毀層上直接鋪設新地基、建造新建築，而建造者的身分可能是來自愛琴海的入侵者。[118]

然而，上述這些毀滅與重建的時間仍比海上民族之入侵更早，兩者無法契合，麥倫普塔描述的是公元前一二〇七年，拉美西斯三世描述的則是公元前一一七七

★c 審校者註：「飛地」是指某塊地區的位置在一國境內，但這塊地區的主權或控制權卻是在他國或他人手中。

年。因此，卡拉耶奧吉斯認為，有一批愛琴海的好戰份子比海上民族更早抵達賽普勒斯，時間點不會晚於公元前一二二五年。考古隊在賽普勒斯海岸的恩科米遺跡開挖，發現了更後來海上民族抵達的痕跡，「顯示此地曾遭遇第二波災難……一些學者認為這與海上民族的掠劫有關」。據他表示，第二次破壞大約發生在公元前一一九〇年。119

不過，在公元前一二二五至前一一九〇年之間，破壞賽普勒斯各地的元兇究竟是誰，至今依然找不到實質證據，極有可能的對象是圖特哈里統治下的西臺，畢竟圖特哈里聲稱曾在同一時期進攻並占領賽普勒斯，公元前一二二五年的某些破壞至少是此人造成的。此外，前文也提過，據說在蘇庇路里烏瑪二世（約於公元前一二〇七年即位）統治期間，西臺亦曾對賽普勒斯發動過攻擊，後來還將這件事記錄下來。因此，在這段動盪期間破壞賽普勒斯的或許是西臺人，而不是海上民族；甚至有一份文件——由賽普勒斯總督（阿拉什亞）寄出——顯示來自烏加里特的船艦也可能造成某些破壞；此外，有些破壞可能是某次或數次地震造成的。考古隊在恩科米發現幾具孩童遺骸，他們都是被建築上層掉落的泥磚砸死，似乎說明破壞者是大自然而非人為因素。120

關於青銅時代末期賽普勒斯的經歷，由卡拉耶奧吉斯設想的各種情景，如今編織成更複雜的觀點。就連他自己也很快接受這個說法：每個遺址只發生一種破壞、不是兩種，而且其時段介於公元前一一九〇至前一一七四年之間，而不是從公元前一二二五年開始。121關於這段時期，英國學者露意絲・史蒂爾（Louise Steel）曾寫道：「傳統觀點認為……邁錫尼宮殿倒塌後，邁錫尼人於這個階段一向賽普勒斯（以及黎凡特南方）殖民。然而……這並非只是簡單地將邁錫尼文化施加於賽普勒斯。……從文物來看，賽普勒斯融合了各方影響，反映出（賽普勒斯時代晚期）當地兼容並蓄的文化底蘊。邁錫尼（或愛琴海）文化並不是直接從愛琴海移到賽普勒斯，而是與賽普勒斯本土文化相互融合。」122

對於卡拉耶奧吉斯的諸多結論，以及愛琴海入侵者殖民賽普勒斯的傳統觀點，史蒂爾也提出質疑。舉例說明，在她看來，馬阿—帕雷歐卡斯楚及卡拉瓦索斯—聖迪米策斯等地並非外族或愛琴海入侵者的「防禦前哨站」，由證據來看，這些地方似乎更像是當地賽普勒斯人的要塞，比如興建卡拉瓦索斯—聖迪米策斯是為了「確保商品在各港口城鎮……與賽普勒斯內陸間順利流通，尤其是金屬」。[123]她進一步指出：「傳統上，馬阿—帕雷歐卡斯楚被認為是早期的愛琴海入侵者要塞，但這種說法並未經過嚴格查證。」她也表示，馬阿—帕雷歐卡斯楚及卡拉瓦索斯—聖迪米策斯或許是賽普勒斯當地人的要塞，它們和克里特島同時期打造的防禦性聚落頗為相似。[124]

包括愛丁堡大學（University of Edinburgh）的伯納德・納普（Bernard Knapp）在內的其他學者也認為，早期學術作品中充斥著所謂「邁錫尼殖民」，其實既無涉邁錫尼人，也和殖民無關，它反而更有可能是一種融合，這時期的賽普勒斯、愛琴海和黎凡特各層面的物質文化都已去蕪存菁，形成嶄新的菁英社會認同。[125]換句話說，我們再次見識到一種全球化的文化，反映了青銅時代崩壞前夕社會眾多影響力。

另一方面，我們不能忽略保羅・奧斯特倫（Paul Åström）在哈拉・蘇丹清真寺（Hala Sultan Tekke）探勘時發表的評論。這個遺址位於賽普勒斯海岸，鄰近現代城市拉納卡（Larnaka），在他的描述下，這是「一個部分毀於火災，後來被迅速遺棄的城鎮」，時間點大約在公元前一二〇〇年或之後，「庭院散落著被人棄置的東西，貴重物品則藏在地下。一枚銅箭頭嵌在建築的側面牆上，其他箭頭和大量以投石器發射的鉛彈遍佈各處，在在證明此處發生過戰爭」。[126]這裡是遭到敵人進攻的地點當中，少數有明顯證據的，但不管是在此處或者他處，這些敵人都沒有留下足以驗明正身的東西。近來在哈拉・蘇丹清真寺的潟湖找到科學證據，證明當地很可能在此時期遭受嚴重乾旱，這一點留待下文探討。[127]

因此，我們目前面對的情況是，現有的知識正在接受重新檢驗，傳統的「歷史範式」（historical paradigms）也正被推翻★*d*，或至少正受到質疑。賽普勒斯顯然是在公元前一二〇〇年左右遭到破壞，但這究竟該歸咎於誰，答案懸而未決；從西臺人到愛琴海入侵者、再到海上民族都是可能的「嫌犯」，甚至可能是地震。我們在考古記錄中看到的，或許是一批趁機得利者所建立的新物質文化——這些人是在破壞發生後才遷移入這些全然或部分廢棄的城市與聚落，而不是那些造成破壞的元兇所帶來的物質文化。

無論如何，賽普勒斯似乎逃過一劫，這些破壞並沒有動搖它的根本。現在各種跡象顯示，在剩餘的公元前十二世紀期間至前十一世紀，這座島其實繁榮且昌盛；

證據包括許多埃及文獻，比如《溫阿蒙歷險記》（The Report of Wenamun）描述公元前一〇七五年，一位埃及祭司兼密使在這座島的海域發生船難。[128]然而，賽普勒斯之所以恢復元氣，是因為政治和經濟體制獲得大規模重建，使得這座島及其政體得以延續，直到末日在公元前一〇五〇年左右降臨。[129]

埃及戰役與後宮陰謀

我們暫時回到埃及，埃及與地中海東部、愛琴海地區有許多共通之處，但同中有異。埃及結束公元前十三世紀的方式相當高調，麥倫普塔於公元前一二〇七年擊敗第一波海上民族；在塞提二世和塔沃斯塔王后統治下，公元前十二世紀有個平靜的開端；到了公元前一一八四年，拉美西斯三世登基，埃及漸漸進入動盪不安的時期，在他即位後第五年和第十一年，他和鄰國利比亞打了大戰。[130]而在兩次大戰之間，也就是拉美西斯三世即位第八年，他也和海上民族對戰，這幾次戰役便是本處要討論的重點。到了公元前一一五五年，拉美西斯三世於其在位第三十二年時遇刺身亡。

在許多文獻中都可以看到拉美西斯三世遇刺的故事，當中篇幅最長的是都靈法庭檔案（Turin Judicial Papyrus）。一般認為某些檔案可能互有關連，或許最初都來自一份十五呎長的莎草紙卷軸；所有檔案都和刺客的審判有關，埃及學家將這次暗殺稱為「後宮陰謀」。

這樁陰謀似乎與地中海東部當時發生的事件毫無關連，這只是一位後宮嬪妃的計謀，以便讓兒子繼承王位。被控同謀者多達四十位，宮人和官員皆牽連在內，分為四組接受審判；許多人被判有罪並遭到處死，更有數人被迫在法庭上自殺身亡，密謀的嬪妃與兒子也被判處死刑。[131]

眾所皆知，本案尚未下達判決前，拉美西斯三世便已傷重不治，但篡位的陰謀最後是否成功，這些檔案並沒有說明。不過，近來真相總算水落石出，顯然當初的陰謀確實得逞。

★d 審校者註：「範式」又譯「典範」，首先是由學者湯瑪斯·孔恩（Thomas Kuhn）討論「科學革命」時提出（1962）。「歷史範式」是指對歷史的一整套想法、觀點、理論或思考方式。

拉美西斯三世的木乃伊聞名已久，原先他被葬在帝王谷的陵墓中（編號KV 11），後來為了安全起見，祭司把他和另一批王室木乃伊移到他處。一八八一年，這些木乃伊被發現藏在哈特謝普蘇特女王神殿中，此處鄰近哈特謝普蘇特的葬祭殿。[132]

二〇一二年，埃及學家和法醫聯手解剖拉美西斯三世的遺骸，並於《英國醫學期刊》（British Medical Journal）發表結果，聲稱法老的喉部遭到割傷。利刃迅速刺入喉頭正下方，深入頸椎，割開氣管，周圍的軟組織嚴重受創，使他當場死亡。法老遺體進行防腐處理時，傷口被置入一個荷魯斯（Horus）之眼護身符，目的是為了保護或者治療，儘管這時法老早已回天乏術。此外，他的脖子還圍了一圈厚厚的亞麻布，以便遮住傷口（足有七公分寬），直到科學家以X光分析遺體，才看到這位法老藏在厚布下的致命傷口。[133]

還有一具十八至二十歲的男屍被稱為「E男」，與拉美西斯三世木乃伊一同被發現。「E男」遺體以雜色的山羊皮裹屍布包覆，胡亂製成了木乃伊，此人很可能正是那位犯下謀殺罪的王子，根據基因鑑定結果，他或許是拉美西斯三世的兒子。

法醫勘驗後，發現他面部扭曲，喉部有傷，這代表他可能是被人勒死的。[134]

拉美西斯三世死後，埃及新王國的榮耀光輝走到盡頭。雖然第二十王朝在公元前一〇七〇年結束之前尚有八位法老，但沒有一人締造任何豐功偉業。當然，若他們建立了功勳，一定會青史留名，畢竟當時地中海東部其他地區正逢多事之秋。不過，末代法老拉美西斯十一世確實曾派密使溫阿蒙前往比布魯斯（Byblos）購買黎巴嫩雪松，只是在大約公元前一〇七五年時，溫阿蒙於回航途中發生船難。

總結

公元前十三世紀末和前十二世紀初，愛琴海與地中海東部曾遭遇大規模破壞，雖然這是顯而易見的事實，但這究竟是由何人或何事造成，至今答案仍不明。各個懸而未決的問題當中，有種物品甚至連其製造者的身分都難以辨認，這種稱為「邁錫尼 IIIC1b」的陶器，在大約公元前一二〇〇年的破壞事件之後，出現在地中海東部許多地方，包括烏加里特附近的伊賓漢尼岬和巴塞特岬。[135]這種陶器原本被認為是離鄉背井的邁錫尼人所製，他們在希臘本土的家鄉和城市毀滅後向東逃亡，最後在此地定居：然而，今人卻判斷這些陶器似乎產於賽普勒斯和地中海東部地區，極可能是在真正的愛琴海陶器停止進口後才開始製造。

羅浮宮博物館的安妮・考貝（Annie Caubet）曾評論烏加里特附近伊賓漢尼岬的新移民：「毋庸置疑，此地有新移民入住，過著穩定而持續的生活。但若要確認這些人是海上民族而非大難結束後返回故鄉的當地人，這依然有待查證。」[136]這個時期的賽普勒斯和黎凡特還有其他創新事物出現，好比採用方石砌體（ashlar masonry）建築工法，以及新喪葬儀式和新形態的花瓶[137]，這或許意味著這些地區與愛琴海地區往來密切，或甚至有離鄉的愛琴海人定居於此。然而，愛琴海風格的盛行，未必代表著愛琴海民族，或許只是當時一種全球化的具體表現。在青銅時代晚期即將邁入終結之際，儘管局面如此動盪不安，全球化現象依然存在。

至於青銅時代晚期為何終結，埃及人的記錄將禍首指向那群流浪的掠奪者，如今我們稱他們為「海上民族」，然而事情或許沒有這麼單純。這片廣大區域的文明就此結束，早期的學者往往將罪過全推在海上民族頭上，或許海上民族真的是加害者，但也有可能同時是受害者，我們將在下一章深入探討此點。

第五章

一場「完美風暴」的大災難？

A "Perfect Storm" of Calamities?

解決謎題的時候終於到了，透過彙整各種有效證據和線索，我們或許可以判定，已經穩定發展幾世紀的青銅時代晚期國際體系為何在突然間崩壞。然而，我們必須保持開放心態，永垂不朽的福爾摩斯（Sherlock Holmes）曾說「要以科學方式運用想像力」，我們應當如此解決問題，「必須權衡各種可能性，選出當中最有可能的答案」。[1]

首先，海上民族以及青銅時代晚期終了時的「崩壞」或「大災難」，兩者顯然是上個世紀學者常談論的話題，而且兩者往往被視為互有關連，這種情形在一九八〇和九〇年代特別常見。南茜・桑達斯（Nancy Sandars）於一九八五年推出修訂版著作，直接取名為《海上民族》（*The Sea Peoples*）；一九九三年，羅伯・德魯斯（Robert Drews）也出版《青銅時代的終結》（*The End of the Bronze Age*）。一九九二和一九九七年，至少舉辦了兩次專門針對這類議題的學術會議或研討會，此外還有許多約略涉及本議題的出版品、論文及會議。[2]然而，本書一開始便提到，近幾十年來學界又發現了大量新資料，既然我們一直在探討海上民族及造成各輝煌文明毀滅的複雜成因，便應在既有認知上加入這些新資料，以便更深入而正確地了解整個情況。[3]

首先必須承認的是——這一點在前面幾章已經屢次提及，我們至今依然無法完全確認究竟是什麼人或什麼原因，造成青銅時代晚期愛琴海和地中海東部地區各城市、王國和帝國之毀滅。一個極佳的例子便是皮洛斯的涅斯托爾宮殿（Palace of Nestor），它大約於公元前一一八〇年毀滅，近來有位學者已承認：「有人認為這場災禍是外來入侵者造成的；其他人則認為是皮洛斯當地人起而反抗國王。確切原因至今依然不明。」[4]

其次，我們必須承認，對於三千多年前這些彼此連結的諸多社會之所以崩壞的原因。近年學者歸咎的原因包括「外邦敵人攻擊、社會暴動、自然災害、體制崩壞以及戰爭帶來的變化」。[5]因此，正如學者在這八十年來的做法，我們需要再花一些時間，重新考慮可能的因素，然而，若真要這麼做，我們應當客觀考慮現有證據是否能夠支持可能的假設。

地震

舉例說明，從最早開挖烏加里特的克勞德・舍費爾開始，世人普遍認定青銅時代晚期某些城市的毀滅直接或間接歸咎於地震。他認為地震正是烏加里特毀滅的決定性因素，因為他發現久遠以前地震撼動這座城市的明顯跡象；比如說，透過開挖現場的照片，可以看到長長的石牆東倒西歪，這正是地震破壞的標誌之一。[6]

然而，關於這次在烏加里特發生地震的時間點，今人認為是公元前一二五〇年或者稍晚。此外，從地震發生到城市真正毀滅還要經過幾十年，這段期間出現許多整修的跡象，因此現在普遍認為，當初的地震只是損壞這座城市，沒有達到完全摧毀的程度。[7]

一座城市究竟是毀於地震抑或毀於人力與戰爭，確實很難區分。不過，毀滅性地震還是具有幾種明顯指標，考古學家在開挖時都會注意到，包括倒塌、經過修補或強化的牆壁；壓在碎石瓦礫堆下的骸骨或遺體；整排呈平行倒塌的柱子；拱門和出入口上方移位的拱頂石；還有牆壁達到奇異的傾斜角度，或者脫離原先的位置。[8]相較之下，被戰火摧殘的城市通常會在廢墟裡找到各種武器。例如，公元前十三世紀末被毀的以色列亞弗（Aphek），考古隊便在此發現許多嵌在牆壁的箭頭，就和特洛伊 VIIA 層一樣。[9]

多虧地震考古學家近年的研究，如今已然確認，大約自公元前一二二五年起，直到大約前一一七五年，這五十年間希臘、愛琴海和地中海東部等諸多地區都歷經系列的地震侵襲。經由舍費爾鑑定並描述的烏加里特地震並非單一事件，而是此階段眾多地震中的一次。古代這種一系列地震如今被稱為「群震」（earthquake storm），斷層像是「被拉開的拉鍊」般在數年或數十年間釋放連串地震，直到整條斷層帶的壓力完全釋放為止。[10]

根據推測，愛琴海地區遭到地震襲擊的有邁錫尼、梯林斯、米地亞、底比斯、皮洛斯、奇諾斯、雷卡迪、梅涅萊恩、色薩利（Thessaly）的卡斯塔納斯（Kastanas）、克拉寇、帕菲提斯・艾利亞斯（Profitis Elias）和格拉。地中海東部很多地區有明顯的破壞跡象，都可追溯至此時期發生的地震，包括安納托利亞的特洛伊、卡拉格蘭和哈圖沙；黎凡特的烏加里特、米吉多、亞實突和阿卡，以及賽普勒斯的恩科米。[11]

現今若地震侵襲人口稠密地區，人們會被倒塌的建築壓死、埋在瓦礫堆下，這個情形在古代也一樣。考古隊開挖青銅時代晚期被地震摧毀的遺址時，至少找到十九具死於地震的遺體。好比在邁錫尼遺址，在城堡以北兩百公尺處一棟房子的地下室裡發現了三個成人和一個孩子的骸骨，他們都在地震中被掉落的石塊壓死。同樣的情形也發生在阿特柔斯寶庫（Treasury of Atreus）以北的西側邊坡，某棟房子裡有一位中年女子的骸骨倒在前廳通往主臥室的通道上，她的頭骨被掉落的石頭砸破。在梯林斯衛城的建築X當中，有位女子和小孩的骸骨被發現埋在倒塌的牆下；另外有二人的骸骨則被發現倒在城牆下，他們在這裡遇難後，被碎裂的牆石掩埋。此外，附近的米地亞也發現其他骸骨，米地亞東門附近的某房間裡有一位年輕女性遺骸，她的頭骨和脊椎都被落下的石塊砸碎。[12]

然而，我們不得不承認，儘管這些地震造成嚴重破壞，但不可能僅憑這一點就導致社會徹底崩壞，尤其是某些地方災後還有移民重新入住，而且至少有部分城區重建了，在邁錫尼和梯林斯就能找到類似的例子，儘管災後它們的城市功能再也不曾恢復以往的水準。[13]因此，我們必須為青銅時代晚期愛琴海和地中海東部地區的毀滅另覓其他或補充性的解釋。

氣候變遷、乾旱與饑荒

氣候變遷這個解釋特別受到某些學者青睞，尤其是有意為青銅時代晚期終結與海上民族開始遷徙同時找到合理解釋的學者，他們特別關注乾旱所引發的饑荒。雖然考古學家發表的理論經常反映了他們自己的時代、那十年甚至是那一年的觀念，但是對於公元前第二千紀末期氣候變遷影響的假說，比我們當前流行的氣候變遷議題足足早了數十年出現。

舉例說明，早期學者認為海上民族為乾旱所迫而從地中海西部地區向東遷徙，這個說法長久以來受到支持，他們推測，由於歐洲北部發生乾旱，迫使當地人向南移居至地中海地區，又從而導致西西里島、薩丁尼亞島、義大利甚至愛琴海地區原來的住民不得不離鄉背井。若真是如此，這可能還引發連鎖反應，最後造成遙遠地中海東部各民族的遷徙。關於乾旱導致人類大規模遷徙，只需回顧一九三〇年代的美國乾旱引發惡名昭彰的「黑色風暴」（Dust Bowl）事件，很多奧克拉荷馬州和德州的家庭被迫搬去加州[★a]。

家鄉的負面條件逼迫居民離開，加上目的地的正面條件吸引或拉進新移民，使得這類情形常被稱為「推拉式」（push-pull）移民。英國考古學家蓋伊・米德爾頓曾提出，或許還可以加上「留下」和「能力」兩個種類：前者涉及讓人想留在家鄉的因素，後者涉及是否真正具有移民的能力如航海知識、可通行的路線等等。[14]

關於青銅時代晚期愛琴海文明之終結肇因於乾旱的論點，五十年前（一九六〇年代中期）布林・莫爾學院（**Bryn Mawr College**）考古學教授里斯・卡本特（**Rhys Carpenter**）提出的主張或許是最著名者。當時他出版一本極短卻極具影響力的著作，他在書中指出，一場連年乾旱嚴重影響地中海與愛琴海地區，使得邁錫尼文明走上終結之路。他的立論基礎是，青銅時代結束後，希臘本土的人口似乎大幅減少。[15]

然而，後續的考古調查與挖掘，證實人口減少並沒有卡本特想得那麼嚴重。鐵器時代出現人口向希臘其他地區移動的情形，或許和當時可能發生的乾旱無甚關係。如此一來，卡本特巧妙的理論便無以為繼，不過新的資料（見下文）或許能夠讓它敗部復活。[16]

我們暫且不提旱災，把焦點轉向饑荒。或許大家會注意到，學者很早便指出，青銅時代末期有些書面文獻提及西臺帝國與地中海東部其他地區的饑荒和糧食需求。[17]他們最近也發表正確評論，此區的饑荒並非青銅時代晚期最後歲月中的獨有現象。

舉例來說，早在幾十年前，也就是公元前十三世紀中葉，某位西臺女王曾寫信給埃及法老拉美西斯二世，聲稱「我國內已經沒有糧食了」。不久之後，或許是因為這封信的緣故，西臺人派遣貿易使團前往埃及，打算取得大麥和小麥運回安納托利亞。[18]在埃及法老麥倫普塔的一段銘文中，他宣稱自己已經「將糧食裝船，以利西臺境內的人存活下來」，這段文字進一步證實，公元前十三世紀末期，西臺境內

★a 審校者註：「黑色風暴」源自於數十年的乾旱與農業開發，導致 1930 年代北美大平原地區出現劇烈的沙塵暴。著名小說《憤怒的葡萄》（*The Grapes of Wrath, 1939*）便是以此為背景寫作，描述奧克拉荷馬州居民被迫遷往加利福尼亞的故事。

確實出現饑荒。[19]還有更多從西臺首都寄出的信函足以證明這場饑荒危機持續了數十年，其中有封信甚至質問道：「難道你不知道我國境內發生饑荒嗎？」[20]

在烏加里特發現一些信件，內容有關運送大量糧食前往西臺。西臺國王發給烏加里特國王的一封信中，特別提到運送兩千單位大麥（或許僅是指穀物）。西臺國王用激烈的口氣結束此信，宣稱「這可是攸關生死存亡的大事！」[21]另一封信也提到運送糧食，而且一併請求對方派遣多艘船隻。於是最初在此探勘的考古隊便依此假設，這是對於海上民族入侵的反應——但事實可能是如此、也可能不是。[22]就連烏加里特末代國王阿穆拉比也在公元前十二世紀初收過西臺國王蘇庇路里烏瑪二世的幾封來信，其中有一封內容是斥責，因為西臺正十萬火急需要糧食，阿穆拉比的船卻來得太慢，時值西臺面臨滅亡的前幾年。[23]

特拉維夫大學的伊塔瑪・辛格（Itamar Singer）相信，公元前十三世紀最後幾年與前十二世紀最初幾年所爆發的饑荒，其規模可謂空前浩大，影響範圍遠遠超過安納托利亞。根據他的評估，文獻與考古證據都表明：「在公元前第二千紀即將結束時，氣候巨變影響了整個地中海東部地區。」[24]他的主張或許是對的，因為在敘利亞北部烏加里特的烏爾特努宅所發現的信件中，有一封提到敘利亞內陸城市艾瑪於公元前一一八五年毀滅時正逢饑荒肆虐。此信顯然是烏爾特努商號派駐艾瑪的某位員工寫的，相關內容如下：「您（也就是我們）家中發生饑荒，大家都會餓死。您若再不盡快趕來，我們都會餓死。到時您在自己的土地上絕對看不到一個活人。」[25]

即使是烏加里特自身似乎也躲不過饑荒侵襲。在烏爾特努宅中所發現的麥倫普塔來信，特別提到「埃及送來糧食，用於救濟烏加里特的饑荒」。[26]烏加里特也有一封類似的信件，是由國王寫給不知名的收信人，其身份或許是某德高望重的皇室成員，內容如下：「我（這裡），很多人都（遇到）饑荒。」[27]位於現今黎巴嫩沿海的泰爾，該國國王寫了一封信給烏加里特國王，告知對方所派遣的運糧船從埃及返航途中遭遇暴風雨：「您派去埃及的船在泰爾附近遇上猛烈暴風雨而失去航行能力（遭受損壞）。它後來受到修復，負責搶救的業主（或隊長）拿走儲物罐裡所有糧食。但是我已經從這位業主（或隊長）手中拿回沉船上的所有糧食、人員和財物，並將（一切）物歸原主。而（現在）你的船在阿卡有人看管，物品都已卸下。」

換句話說，這艘船或是去避難，或是受到成功的救援。不管是哪一種經歷，總之船員和糧食依然完好，正靜候烏加里特國王的進一步指示。[28]而這艘船似乎停泊在阿卡這座港口城市。今天的我們可以坐在宜人的阿卡海邊餐廳裡，遙想三千多年前忙碌蓬勃的城市風貌。

然而，在這數十年間遍及地中海東部地區的饑荒，究竟是哪種原因或哪些原因綜合造成的，至今依然不能確定。可供考慮的因素包括戰爭和蟲災，是要將原本翠綠的土地化為半荒漠的不毛之地，那麼伴隨乾旱而來的氣候變遷是更有可能的選項。不過，最近終於發現，在烏加里特和其他地中海東部地區附饑荒報告的文獻中，提供了乾旱或氣候變遷唯一的可能證據，但這充其量也只是間接證據。因此，幾十年來，學界對這個問題始終爭論不休。[29]

然而，多虧各方學者組成的國際團隊發表研究成果，這個議題終於在最近注入了新的動力。團隊成員包括法國土魯斯大學（Université de Toulouse）的大衛・卡涅斯基（David Kaniewski）和艾莉絲・梵・康波（Elise Van Campo），以及耶魯大學的哈維・韋斯（Harvey Weiss），他們聲稱可能掌握直接的科學證據，足以證明公元前十三世紀末到前十二世紀初的地中海地區發生氣候變遷和乾旱。他們一開始認為，公元前第二千紀，美索不達米亞青銅時代早期之結束，可能是氣候變遷引起的。如今，他們延續這個想法，認為青銅時代晚期終結時也面臨相同情形。[30]

這個團隊運用的資料來自敘利亞北部的推尼古城（古稱吉巴拉），他們表示，公元前第二千紀終結時，當地可能發生「氣候不穩定與嚴重乾旱」。[31]最值得一提的是，他們從遺址附近沖積層中取出花粉，發現「公元前十三世紀晚期／前十二世紀早期直至前九世紀，敘利亞的地中海沿岸地區出現更乾燥的氣候」。[32]

卡涅斯基的團隊也分析了哈拉・蘇丹清真寺遺址旁拉納卡鹽湖群（Larnaca Salt Lake Complex）的花粉，並發表額外證據，證明這個時期的賽普勒斯或許發生過旱災。[33]他們的資料顯示，青銅時代晚期終期與鐵器時代初始之際，也就是公元前一二〇〇年至前八五〇年，本區曾出現「重大環境變化」。哈拉・蘇丹清真寺所在地曾是青銅時代晚期之初賽普勒斯的主要港口，後來周邊地區「變得更乾旱，（此外）降雨和地下水或許不足以支撐當地的農業發展」。[34]

學者一直想證實是乾旱導致青銅時代晚期終結，如果卡涅斯基團隊的分析正確，可以說他們已經獲得直接的科學證據。事實上，他們根據敘利亞沿海和賽普勒斯沿海的資料，得到強而有力的結論：「三千兩百年前，青銅時代晚期的危機與長達三百年左右的乾旱時段不謀而合。氣候變化造成穀物歉收、糧食不足與饑荒，促使或加速青銅時代晚期末年地中海東部與亞洲西南部的社會經濟危機，造成區域性人口遷移。」[35]

新墨西哥大學（University of New Mexico）的布蘭登・德雷克（Brandon Drake）進行的獨立研究，為卡涅斯基團隊提供額外的科學資料。他在《考古科學期刊》（*Journal of Archaeological Science*）發表三個另外的證據，每一個都支持以下觀點：鐵器時代早期比之前的青銅時代更乾旱。首先，他對以色列北部索雷克洞穴（Soreq Cave）礦物沉積層（洞穴堆積層）進行氧同位素分析，結果顯示從青銅時代過渡到鐵器時代這段期間，此地的年降雨量偏低。再者，他對希臘西部武爾卡里亞湖（Lake Voulkaria）的花粉進行穩定碳同位素分析，結果顯示此時期的植物正在慢慢適應乾旱環境。最後，他分析地中海的沉積物，發現當時海水表面的溫度下降，因而造成陸地的降雨量減少（因為海陸的溫差變小）。[36]布蘭登・德雷克指出，雖然「難以直接斷定氣候變得更乾的時間點」，但氣候變遷最有可能發生在公元前一二五〇至前一一九七年之前，[37]這正是本節所討論的時段。

他也指出，就在邁錫尼宮殿中心群即將瓦解之前，北半球有急劇升溫的情況，可能造就乾旱，但等到宮殿群被遺棄之際，北半球又出現急劇降溫，這代表溫度先升高、然後驟然降低，造成「希臘黑暗時代的氣候更為涼爽而乾旱」。誠如德雷克所說，這些氣候變化——包括公元前一一九〇年之前地中海表面溫度下降所造成的降雨（或降雪）減少情形——可能大幅影響了宮殿中心群，尤其是那些依賴高農業生產力的地方，好比邁錫尼時期的希臘。[38]

特拉維夫大學的以色列・芬克斯坦（Israel Finkelstein）和妲芙娜・蘭格特（Dafna Langgut），以及德國波昂大學（University of Bonn）的湯瑪斯・利特（Thomas Litt），三人也聯手為整個情況提供了更多資料。他們從加利利海（Sea of Galilee）底部取出二十公尺長的沉積層採樣，分析當中的化石花粉粒，結果顯示從大約公元前一二五〇年開始，黎凡特南部地區也出現一段嚴重乾旱時期。從死海西岸取出的另一種採樣也得到類似結果，而且兩邊採樣同時顯示，本區的乾旱可能在大約公元前一一〇〇年已經結束，當地的生活也恢復常態，或許又有新移民在此落地生根。[39]

雖然這些發現令人振奮，但我們必須承認，歷史上本區一直頻繁出現乾旱情形，不一定每次都會造成文明之崩壞，即使氣候變遷、乾旱與饑荒「會造成社會局面緊張並導致對有限資源之爭奪」，但若單憑這些理由似乎不足使青銅時代晚期劃下終點。德雷克謹慎地指出，我們必須一併考慮其他次要因素。[40]

內亂

有些學者認為，青銅時代晚期終了時的動盪局勢或許是內亂所造成。判亂可能是由饑荒刺激出來的，無論飢荒的原因是乾旱、地震或其他天災，或甚至是國際貿易路線中斷，以上諸原因都有可能為受影響的地區帶來嚴重經濟衝擊，使得心生不滿的農民或下層階級憤而反抗統治階級，一九一七年推翻俄國沙皇的革命便屬於這類叛亂。[41]

這類情況或許可用來解釋諸如迦南的夏瑣等地的毀滅，像這樣的地方沒有發生過地震、戰爭或侵略的具體證據。儘管最早在夏瑣開挖的雅丁和班托都認為此地毀於戰事，入侵者或許是以色列人。耶路撒冷希伯來大學的莎朗・佐克曼近年在此負責挖掘工作，夏瑣IA層的破壞大約發生在公元前一二三〇年至前十二世紀上半葉之間的某個時間點，她反而認為這是源自市民發動內亂，城市並沒有遭到外族入侵，她簡短說明道：「關於戰爭方面的考古證據，如受害者的遺體或掉落的武器，在遺址各處都沒有發現過……關於青銅時代晚期繁榮昌盛的夏瑣毀於突發的攻擊事件的說法，與考古證據並不一致。」[42]她的主張是：「持續擴大的內部衝突與日漸衰敗的國力，終於釀成夏瑣的政治、宗教菁英階層受到致命打擊，這是此城毀滅與被棄最合理的另一解釋。」[43]

儘管邁錫尼宮殿中心群和迦南各城都有明顯的破壞跡象，坦白說，沒有人知道該不該歸咎於農民的叛亂。因此內亂只是一個看似合理但缺乏實證的假設。再次強調，許多文明不但熬過內亂，而且往往在新政權統治之下再度興盛。因此，青銅時代晚期愛琴海和地中海東部地區文明的崩壞不能單以內亂來解釋。

（可能的）入侵者和國際貿易之崩壞

在各種可能引發內亂的事件中，我們方才已經一窺恐怖的入侵者如何切斷國際貿易路線，擾亂過度依賴進口原料的脆弱經濟。卡羅・貝爾從戰略重要性切入比較青銅時代的錫與現今原油，這個說法在此種種假設下顯得特別恰當。[44]

然而，貿易路線的中斷即使沒有導致內亂，對邁錫尼時代各王國也有嚴重而直接的影響，皮洛斯、梯林斯和邁錫尼便是如此，它們需要進口銅和錫來製造銅器，此外，它們似乎也進口了大量原料，包括黃金、象牙、玻璃、烏木以及製造香水的松脂。地震這類天災會導致貿易暫時中斷，造成物價上漲，或許還會引發我們今日所謂的通貨膨脹；貿易是長期性的中斷，那更有可能是因為入侵者鎖定該地區的結果。但這些入侵者到底是誰？或者我們已經可以讓海上民族登場了？

古希臘人相信，一群稱為多利安人（Dorian）這支外族在青銅時代末期自北方入侵，進而開啟了鐵器時代，因此禍首並不是海上民族。從公元前五世紀雅典的歷史學家希羅多德（Herodotus）和修昔底德，再到許久以後的旅行家保薩尼亞斯（Pausanias）等人，他們都一致認同此觀點。[45]研究青銅時代愛琴海地區的考古學家和古歷史學家曾多方探討此議題，一種被稱為「手工打磨器皿」或「野蠻人器皿」的新型陶器也在他們考量的範圍內；然而，在最近幾十年的研究當中，學者日漸明白，當時並沒有異族從北方入侵，所以沒有理由接受「多利安人入侵」導致邁錫尼文明終結的說法。姑且不論後來古典時期希臘人的傳統觀點，顯然多利安人與青銅時代晚期終末的崩壞毫無關連，他們是在一切發生很久之後才進入希臘。[46]

此外，近年的研究指出，即使邁錫尼世界漸漸衰亡，邁入鐵器時代初期的希臘本土或許依然與地中海東部地區保持貿易關係。然而，這些貿易往來或許已經脫離青銅時代宮殿菁英階層的掌控。[47]

另一方面，學者在敘利亞北部找到大量史料，可證明來自海上的入侵者在這個階段進攻烏加里特。關於這些掠奪者究竟是何人，儘管我們只掌握到一點確切證據，但是不排除當中也有海上民族。此外，近年有學者指出，許多地中海東部的城邦可能因國際貿易路線中斷而受到嚴重打擊，尤其是烏加里特，或許在海上掠奪者眼中，國際貿易路線是最容易下手的目標。

例如伊塔瑪・辛格就曾點出，烏加里特的衰敗或許是因為「國際貿易傳統結構突然崩壞，因為青銅時代烏加里特經濟發展的命脈正是國際貿易」。康乃爾大學的克里斯多夫・門羅（Christopher Monroe）從更宏觀的角度來看，他認為公元前十二世紀時，地中海東部地區最富裕的城邦受創也最嚴重，因為它們不但最容易被入侵者盯上，同時也最依賴國際貿易網。他認為對於資本性企業——尤其是依賴長途貿易——如此依賴，甚至到了過度依賴的地步，可能是造成晚期青銅時代末年經濟不穩定的因素。[48]

然而，我們也不應忽略一個事實：烏加里特在外族入侵者和當地海盜及其他可能的族群眼中都是誘人的目標。就這一點來看，我們應當再次考慮在烏加里特「宮廷V」（但並非在窯裡）發現的南方檔案信函，當中提到嚴重破壞烏加里特的七艘敵船。不論這些船和烏加里特最終的毀滅有沒有關連，它們可能已經破壞了此城所仰賴的國際貿易。

當今如果出現這種引人注目的局勢，也許每個人都會想要獻上計策，青銅時代晚期的人其實也差不多。有一封信在烏加里特被人發現，可能是卡基米什的西臺總督寄給烏加里特國王，他在信中提供對付敵船的建議。開頭如下：「你寫信通知我：『海上發現敵船！』」接下來是建議：「唔，你必須堅持下去。說真的，你的軍隊、你的戰車在哪裡？難道沒有駐紮在附近？……快用圍牆鞏固你的各個城市。把（你的）步兵和戰車派駐在（你的城市）裡。提防敵人進攻，壯大自己的武力！」[49]

另一封信在拉帕努宅被人發現，由一位名叫艾舒瓦拉（Eshuwara）的賽普勒斯高級總督寄出，內容顯然與前面那封信類似。總督宣告，他不會為了那些船在烏加里特及其領土造成的任何損害負責，特別是（他自己聲稱）這些暴行其實是烏加里特自身的船和人民犯下的，烏加里特應該做好自我防禦的準備：「關於這些敵人：這件事（就是）你們的國民（和）你們自己的船幹的！而且，（就是）你們國家的人民犯下這些罪行……我寫信是為了通知你並保護你。要小心提防！」接著他補充說明，「共有二十艘敵船，但已不知所蹤。」[50]

最後，有另一封信來自烏爾特努檔案，敘利亞北陸卡基米什的官員在信中聲稱，卡基米什國王正率領援軍從西臺前往烏加里特，信裡提到的眾人——包括烏爾特努和城中耆老——都應努力撐到他們抵達之際。[51]不過，援軍不大可能及時趕到，就算趕到了也沒發揮多大用處。因為有另一封通常被認為是烏加里特最後的私人信件，當中描述了危急情勢：「你的信使抵達時，軍隊已經蒙辱，城市也遭到劫掠。打穀場上的糧食被焚，葡萄園也被毀。我們的城市已經陷落。望你知悉！望你知悉！」[52]

前文曾提及，烏加里特的考古隊聲稱，這座城市被燒毀，災後有些地方堆積了兩公尺高的破壞層，整片廢墟散落大量箭頭。[53]許多物品深埋在城中，有些是貴重的黃金和銅器，包括小雕像、武器和工具，其中某些還刻有銘文，這些物品看來都是在城市毀滅前緊急藏起來的，而且主人再也沒有回來將它們帶走。[54]然而，即使城市遭到嚴重而徹底毀損，仍無法解釋為何倖存者沒有重新建設，除非災難後沒有留下一個活口。

貿易路線中斷以及國際貿易系統整體崩壞，或許這兩者才是烏加里特被毀後再也無人居住的完整合理解釋，而不是因為城市徹底毀滅。在此不妨引用一位學者的主張：「烏加里特和青銅時代晚期黎凡特許多城市的命運一樣，都未能從碎石瓦礫上重生，這當中一定有許多現實因素，而不僅是城市被毀這麼單純。」[55]

不過，這個說法遭到反駁。儘管烏加里特突然遭逢毀滅，但它依然與別國保持往來，因為有一封貝魯特國王寫給烏加里特官員（地方首長）的信，在烏加里特國王已經逃離後才送達。[56]換句話說，烏加里特被入侵者摧毀不曾重建，但在面臨毀滅當下，烏加里特的國際貿易即便不是安然無虞，也至少還有部分正常運作。

事實上，在拉帕努與烏爾特努檔案中，最引人注目的是到了青銅時代晚期末了之時，地中海東部地區依然存在著大量國際交流的情形。此外，從已經發表的少數烏爾特努檔案中可以清楚看到，這些國際交流幾乎延續到烏加里特被毀前最後一刻，這似乎表明烏加里特的末日是突然降臨的，並不是在貿易路線中斷或遭到乾旱和饑荒侵襲才逐漸沒落。再者，不管外來武力是否一併切斷烏加里特的國際貿易路線，這個城市明顯是遭到入侵者摧毀的。

權力分散與私營商崛起

還有一點也需要列入考慮，這是近年提出的新觀點，或許這也用來反映當前對於全世界「權力分散」（decentralization）的看法。

目前任職於謝菲爾德大學的蘇珊・席拉特曾在一九九八年發表一篇文章，她在文中總結：海上民族入侵代表青銅時代中央集權政經體系被取代的最後階段，代之而起的是鐵器時代權力分散的新經濟體系——亦即從全權掌控國際貿易的王國與帝國轉變為私營的城邦和小型經濟個體。她認為，海上民族可被「視為結構中的一個現象，在公元前第三千紀與第二千紀早期，它可以說是自然演化與國際貿易擴張的產物，當中蘊含了顛覆宮廷權威經濟體系的潛力，而這種貿易一開始便是宮廷經濟率先發起的。」[57]

因此，儘管她承認國際貿易路線可能已瓦解，也承認至少有些海上民族可能是移居型入侵者，但其結論是：海上民族從哪裡來、他們是誰或者做了什麼，這些根本都不重要，最重要的是他們代表了社會政治和經濟的變化，亦即從宮廷掌控的經濟轉變為私營商和小型經濟個體，這種新風貌具有相當多經濟自由。[58]

雖然席拉特的論述井井有條，其實更早期的學者已經提出過類似主張。比如在梯林斯開挖的克勞斯・基利安曾寫道：「邁錫尼宮殿群崩塌後，『私人』經濟早已在希臘發展起來，這時希臘仍持續與各國接觸。縝密的宮殿體系被較小的地方政權取代，經濟擴張的幅度與影響力也就沒有那麼大了。」[59]

海法大學的米雪兒・艾奇（Michal Artzy）甚至為席拉特所想像的私營商取名，封他們為「海上遊牧民族」。她指出，他們是公元前十四和前十三世紀裡活躍的媒介人物，促成大多數海上貿易活動。[60]

然而，近年有許多研究都反駁了席拉特這類過渡性的世界觀。舉例來說，卡羅・貝爾便恭謹地表示反對：「這種主張過於簡化了……從青銅時代晚期到鐵器時代的轉變，僅僅視以企業家貿易取代宮廷管理的生意往來。以一種範式全然取代另一種，這套用於此次的改變和重建時並不是個好解釋。」[61]

毫無疑問，「私有化」（privatization）可能是宮廷貿易的副產品，但很難說私有化最後動搖了整個經濟命脈。[62]舉例說明，學者指出，烏加里特顯然在焚毀後被棄，但不管是在遺址發現的史料文獻或廢墟本身，都沒有證據足以表明權力分散後，那些分權的企業家危及國家及其對國際貿易的掌控，從而導致後來的毀滅與崩壞。[63]

事實上，綜合文獻考察以及烏加里特明顯毀於大火、廢墟中發現武器的現象來看，我們或許可以重申，儘管烏加里特可能已經有權力分散的徵兆，但幾乎可以確定的是，戰爭和打鬥才是造成其最後毀滅的主因，外族入侵者可能就是禍首。這個觀點與席拉特等學者的看法大相逕庭，然而，入侵者是不是海上民族至今仍無法確定，但頗令人好奇的是，烏加里特出土的檔案中，有一篇特別提到希基拉人（Shikila）／謝克萊什人，前面探討麥倫普塔和拉美西斯三世關於海上民族的銘文時，我們已經介紹過這個族群。

無論如何，即使權力分散和私營個體商真的具有影響力，似乎也不可能釀成青銅時代晚期的崩壞，至少單憑這兩個因素是絕不可能。或許二十年前賓州大學詹姆斯・穆利提出的主張才是值得考慮的另一種說法，他認為私營商只是從混亂的崩壞時局中趁機興起而已，我們不應貿然接受私營商及其企業危及青銅時代經濟的觀念。在穆利看來，公元前十二世紀並不是一個任由「海上入侵者、海盜和強盜型傭兵」宰割的世界，此時活躍在舞臺上的是一群「事業心強的商販和生意人，他們不斷開發新經濟機會、新市場以及新原料來源」。[64] 亂世現機運，時勢造英雄，至少對少數幸運兒來說，始終是如此。

禍首真是海上民族？他們最後到哪裡去了？

我們終於要開始探討本書的主角——海上民族，這群人身分至今依然不明，令後人難以捉摸。不管他們被視為海上入侵者或遷徙人口，考古和文獻證據都表明，他們雖然被稱為「海上民族」，卻極有可能海路、陸路並進。也就是說，他們為達目的而無所不用其極。

取道水路者極有可能是緊沿著海岸線前進，甚至每晚都是停靠在安全的港灣。但那個老問題依然存在：烏加里特文獻中提到的敵船，究竟是海上民族，或者如阿拉什亞總督艾舒瓦拉信中所言，他們其實是王國的叛徒。[65]關於這一點，我們應當考慮前文提及的烏加里特烏爾特努宅信件，當中提到的「希基拉人」很可能就是埃及文獻中的謝克萊什人。此信件的寄件人可能是西臺國王蘇庇路里烏瑪二世，收信人則是烏加里特總督，信中提到年輕的烏加里特國王對此「毫不知情」，包括辛格在內的學者認為，年輕國王可能是指剛登基的阿穆拉比。西臺國王在信中表示，他打算接見名叫伊布納都舒（Ibnadushu）的人，此人曾被「住在船上」的希基拉人俘虜，國王意欲打聽這群希基拉人／謝克萊什人的詳細情況。[66]然而，不知道他是否接見了伊布納都舒，或是否真的打聽到想要的訊息。

儘管有人主張還有其他文獻記載，但這封信普遍被認為是埃及以外唯一具體提及海上民族名號的文獻。西臺末代國王蘇庇路里烏瑪二世與阿拉什亞人（即賽普勒斯人）打過三次海戰，其後又有一群「來自阿拉什亞的敵人」在陸上攻擊他，這群人或許就是海上民族。一九八八年在哈圖沙發現的銘文，或許也顯示當時的蘇庇路里烏瑪二世正與海上民族交戰，敵人在安納托利亞南部海岸登陸，往北長驅直入。[67]但是，除了埃及文獻外，大多數文獻和銘文僅以「敵船」稱呼，沒有提及海上民族的名字。

那些可能取道陸路的海上民族或許大致沿著海岸線前進，被毀的各城市為他們開展了全新的領域，這與亞歷山大大帝（Alexander the Great）的經歷有異曲同工之妙。將近千年之後，亞歷山大大帝在格拉尼庫斯河（Granicus River）、伊索斯（Issus）和高加米拉（Gaugamela）的戰役，為麾下的軍隊在古代近東地區打下一片江山。海法大學的亞薩夫・阿蘇爾—蘭道認為，某些海上民族可能是從希臘出發，穿越達達尼爾海峽來到土耳其西部／安納托利亞。其他人（他認為是海上民族當中的大多數）則都是在途中加入，與那些來自愛琴海地區的人會合，繼續沿著土耳其南部海岸前往極東的奇里乞亞，最後沿著海岸抵達南邊的黎凡特。這條路線上有特洛伊城、安納托利亞的阿薩瓦和塔胡恩塔薩王國、安納托利亞東南方的塔爾蘇斯，以及敘利亞北部的烏加里特，他們將一一遭遇這些國家與城市。按照一般推測的海上民族活躍年代，上述地點有部分甚至全部出現毀滅與／或廢棄的跡象，但是否該歸咎於海上民族則尚無明確證據。[68]

事實上，目前的考古證據似乎表明，安納托利亞多數地點此時不是完全就是大部分被棄，並沒有遭到海上民族縱火焚毀。我們可以推測，如果國際貿易、運輸和連絡路線因戰爭、饑荒或其他外力而中斷，依賴這些路線生存的城市就會慢慢沒落、最後衰亡，居民自然會逐漸離去或迅速逃離，至於離開得是快還是慢，就端看商業和文化衰退的速度。最近有位學者指出：「我們當然可以合理推測奇里乞亞和敘利亞海岸受到海上民族影響，但既沒有歷史證據也沒有考古證據足以證實海上民族在西臺本土從事過任何活動……西臺的崩壞似乎來自於內部而非外部。」[69]

沒有確切證據便直接歸咎於海上民族的主要例子，便是近年在推尼古城進行的碳十四鑑定，這座遺址位於青銅時代晚期烏加里特王國的港口城鎮吉巴拉。考古隊及其同事根據鑑定結果下了結論，聲稱他們已經發現海上民族的破壞證據，而且可以將發生時間精準推算至公元前一一九二至前一一九〇年。[70]他們貿然宣佈：「海上民族來自海上，而且來源不同。他們發動海陸兩方的入侵行動，舊世界的帝國、王國原已積弱不振之權力根基加以更劇烈的破壞，他們還嘗試進入或控制埃及領土。在古代地中海世界漫長而複雜的螺旋狀覆滅過程中，海上民族象徵著最後階段。」[71]

儘管考古隊以碳十四測定的城市毀滅時間點沒有爭議，但是將責任歸咎於海上民族則純屬推測，固然這是有其可能性。關於海上民族在這當中扮演的角色，考古隊並沒有提供明確證據，僅指出毀滅後在古城定居點出現的物質文化，包括「具有愛琴海式外觀的建築、當地製造的邁錫尼 IIIC 時代早期的陶器、手工製造的拋光陶器，以及愛琴海式的黏土砝碼」。[72]根據他們描述：「上述文化特色也可從非利士人的居住地觀察到，這些全是外國移民的文化標誌，他們極可能是海上民族。」[73]推尼古城可能是被海上民族摧毀後又遷居而入的最好例證，但我們仍然無法百分之百肯定。再者，正如安妮・考貝對伊賓漢尼岬的主張（見上文），若一個地點被毀後又有人遷入，不能就此斷定新移民就是之前的破壞者。

我們可以進一步推測，至少在某些情況下，那些被稱為海上民族的族群可能碰巧進入城市被毀和／或被棄後的空窗期，不管始作俑者是他們自己或其他人，總之他們就此住下、不再前進，最後遺留下各種人工製品，或許這正是推尼古城的情形。在這種情況下，海上民族可能主要（並非完全）占領沿海城市，包括安納托利亞東南沿岸的塔爾辛（Tarsin）和梅爾辛。相同情形可能也發生在現今土耳其西南和敘利亞北方之間的邊境，此地名為塔伊納特古城（Tell Ta'yinat），最近有證據指出，它在鐵器時代被稱作「帕里斯丁之地」（Land of Palistin）。[74]

其實傳統——特別是文學——明確提到，海上民族曾在多珥古城（Tel Dor）落腳，此處位於現今以色列北部。舉例說明，可追溯到公元前十一世紀上半葉的埃及《溫阿蒙歷險記》，在故事中將多珥稱為切卡爾人或希基爾人（Sikil）（謝克萊什人）的城鎮。另一個可追溯至約公元前一一〇〇年的埃及文獻《阿門內莫普教誨》（*Onomasticon of Amenemope*），當中也提到施爾登人、切卡爾人和佩雷斯特人，還提到亞實基倫、亞實突和加沙（「非利士五城」中的三座）。沿卡梅爾海岸（Carmel Coast）和阿卡山谷的一些地點，或許還包括但城（Tel Dan），也被指出曾有海上民族遷入，比如說施爾登人和達奴那人。在這些遺址的居住層中，包括被視為「非利士」城市的亞實突、亞實基倫、加沙和以革倫等地，都發現了比較劣質的愛琴海式陶器和其他可供識別文化類型的物品。[75]關於這群難以捉摸的海上民族，這些可能是我們唯一找得到的實體遺物，但是在這些遺址甚至更遠的北方發現的考古遺物，似乎與賽普勒斯的關係更為直接，而與愛琴海地區的關係較少，儘管如此，它們與公元前十二世紀迦南以外的各族有著明顯關連。[76]

有趣的是，位於現今黎巴嫩的腓尼基地區似乎沒有這類遺物，也沒有發生類似的毀滅。儘管學者曾就此多方討論，但至今依然不清楚為何如此，或者這只是一種錯覺，畢竟和近東其他沿海地區相比，本區的考古探勘次數是少多了。[77]

對於愛琴海與地中海東部地區青銅時代晚期終結的解釋，專家眾說紛紜。特拉維夫大學的以色列・芬克斯坦於十年前提出的主張似乎最有可能。在他看來，海上民族遷徙並非單一事件，而是包含數個階段的漫長過程。第一階段從拉美西斯三世執政初期開始，也就是大約公元前一一七七年，最後階段則於拉美西斯六世在位期間結束，也就是大約公元前一一三〇年。他特別指出：

儘管在埃及文獻中，海上民族遷徙被記錄為單一事件，但它是至少長達半世紀且包含數個階段的歷程……。起初某些族群可能沿著包括非利士北部在內的黎凡特海岸發動攻擊，此時是公元前十二世紀初期，直到拉美西斯三世於在位第八年才將他們擊敗。因此，許多人就在埃及三角洲的軍營中住了下來。公元前十二世紀後半葉，有一些海上民族群體終結了埃及人對迦南南方的統治。他們破壞埃及據點後……在非利士定居，並在亞實突、亞實基倫、以革倫及其他地方建立中心城市。後來的《聖經》將他們稱為非利士人，在其物質文化中有幾個承襲愛琴海地區的特質，很容易就能辨別出來。[78]

芬克斯坦認為，若要找出海上民族的發源地，從考古證據來看，我們似乎該把焦點擺在愛琴海地區，或許還要將安納托利亞西部和賽普勒斯當作他們沿途的中繼站，[79]但不要認定於西西里島、薩丁尼亞島和地中海西部地區是其起源地。基本上，大多數學者都贊同這個說法。然而，阿蘇爾—蘭道認為，如果海上民族是邁錫尼人，那並不會是那些邁錫尼等地被毀後逃離宮殿廢墟的人。他指出，在安納托利亞和迦南遺址當中，並沒有發現公元前十三世紀希臘本土的富裕宮殿時期使用之線形文字B或者其他方面的證據。這些移民的物質文化反而意味著他們是「在這些地點被毀後（立刻）前來的低階文化」，時值公元前十二世紀早期。他也表明，有些人甚至只是農民，並非發動攻擊的戰士，他們遷移到新地區不過是希望改善生活品質。無論如何，他們是「由多個家庭組成的群體，朝著新家園邁進」。[80]總之，阿蘇爾—蘭道認為這些移民並非造成這個區域在青銅時代晚期文明崩壞的原因，他們只是一群「投機份子」，利用這場崩壞為自己尋找新家園。[81]

如今，阿蘇爾—蘭道更進一步挑戰非利士人軍事控制迦南的傳統觀點。他表明：「居住地的情況並未反映有暴力性入侵。亞實基倫最近的發現顯示，移民（確實）在廢棄的地點落腳，也就是在未完工的埃及要塞遺址的上方……亞實突也沒有暴力破壞的明顯痕跡……（那裡的）考古隊描述的破壞跡象或許只是烹煮食物的證據……小型迦南村莊以革倫……確實毀於大火，但是……（已經）被另一個迦南村莊取代……當時移民還未抵達。」[82]

阿蘇爾—蘭道將這種情形視為跨文化通婚與跨文化家族，這些家庭大多保存了迦南與愛琴海地區傳統，這並非具有敵意的軍事占領。誠如他的主張：「鐵器時代早期的非利士遺物顯示，移民和當地人的互動雖然錯綜複雜，但基本上保持和平關係……。因此，我大膽認為，非利士人普遍是在非暴力的基礎下建立起各個城市……至於愛琴海和當地文化傳統共生共榮，說明了這些都是愛琴海移民與當地人聯手打造的基礎，並非殖民體系。」[83]

其他學者也同意這個說法，並認為非利士人頂多破壞了某些地方的精華區域，比如皇宮及其周遭。現今我們認為的非利士元素，其實「兼容並蓄，包括愛琴海地區、賽普勒斯、安納托利亞、東南歐與更遠地區的特質」。[84]看來事實並不是外來因素一舉取代所有迦南物質文化那麼簡單（就陶器、建築樣式等方面來說）；今人認定的非利士文化可能是多種文化混雜並融合的結果，同時涵蓋迦南當地舊元素與外來入侵的新元素。[85]

換句話說，此時有新移民進入並定居迦南已是不爭的事實，但是在重新構思這幅情景時，海上民族／非利士人那令人驚駭的入侵畫面，已被更為和平的景象取代，也就是由多個民族組成的移民在一片新天地裡尋求新的開始。這群人不是滿心只想破壞和入侵的好戰份子，他們更有可能是難民，不是非要發動攻擊並強行征服當地人，經常只是想在當地求個安身立命。不管是哪一種方式，總之，單憑這些人是不太可能就此終結愛琴海和地中海東部地區的文明。[86]

體制崩壞的論點

一九八五年，南茜・桑達斯以海上民族為主題的經典著作修訂版問世，當中寫道：「一直以來，地中海周邊區域始終有地震、饑荒、乾旱和洪水交替發生。事實上，所謂的黑暗時期其實是會反覆出現的。」此外，她也寫道：「人類歷史向來不時穿插各種災難，但人類通常都能熬過這段時期，沒有太大損失。人們往往在災後非常努力，進而開創更成功的局面。」[87]那麼，青銅時代晚期之終結有何不同？為什麼那些文明不曾恢復元氣並繼續綿延呢？

桑達斯深思熟慮後，下了結論：「許多人嘗試提出各種解釋，但僅有少數能站得住腳。一連串史無前例的地震、大規模農作物歉收和饑荒、外族從草原、多瑙河和沙漠大舉入侵等等，以上說法皆有可能造成一定程度的影響，但單憑這些依然不夠。」[88]她說得沒錯。現在，我們必須轉個方向，重新考慮體制失能的可能性，這種體制的衰敗可以說是具有加乘效果的骨牌效應，就連青銅時代晚期活躍而全球化的跨社會網絡也未能復原。

劍橋大學的科林・倫福儒（Colin Renfrew）是備受推崇的史前愛琴海地區專家，他早在一九七九年便提出體制崩壞的觀點。當時他以災禍論做為架構，「一個微不足道的缺失足以引發連鎖反應，隨著反彈力道一次比一次強，最後便會拖垮整個結構。」[89]有個比喻或許可以有效說明這個道理，也就是所謂的「蝴蝶效應」：蝴蝶只是拍拍翅膀，但有可能數個星期後在世界另一端引發龍捲風或颶風。[90]舉個例可以用來解釋這個情形。公元前十三世紀末圖特哈里四世在位期間，亞述國王圖庫爾蒂─尼努爾塔一世進攻並大敗狂妄的西臺軍隊，這或許間接賦予了鄰邦卡什卡人膽量，使得他們後來進攻並焚毀西臺首都哈圖沙。

倫福儒指出體制崩壞的普遍特質，條列如下：（一）中央行政組織崩壞；（二）傳統精英階層消失；（三）集權經濟崩潰；以及（四）居住地轉移與人口下降。他表示，上述各種崩壞的性質可能會歷時一個世紀才形成，而且崩壞並沒有單一明顯的原因。此外，崩壞之後會有一段過渡期，出現低階的社會、政治整合，還會將前一段時期描繪成「浪漫」的黑暗時期神話故事。他指出，這不僅可套用在公元前一二〇〇年愛琴海和地中海東部地區，也可以解釋歷史上的瑪雅（Maya）、古王國時期的埃及和印度河流域文明（Indus Valley）的崩壞。[91]前面提到，陸續有學者針對歷史上各文明「崩壞」及帝國循環興衰的主題與議論提出看法，其中最新且最為大眾接受的觀點則是來自賈德・戴蒙。[92]

學界並非全盤接受青銅時代晚期終末發生體制崩壞的觀點，這其實並不令人意外。比如范德比大學（Vanderbilt University）的羅伯・德魯斯起初便不贊同，因為他認為單憑體制崩壞無法解釋為何宮殿和城市會被毀和被焚。[93]

然而，正如前文所說，邁入公元前一二〇〇年後，在愛琴海、地中海東部和近東地區的青銅時代各文明一個接一個崩壞，完全符合倫福儒提出的各項標準特質，傳統精英階層消失、中央行政機關與集權經濟崩壞、居住地轉移和人口下降，以及過渡到低階的社會政治整合，更不用提最後在公元前八世紀衍生出荷馬筆下的特洛伊戰爭故事。我們看到的不僅是公元前一二〇七和前一一七七年海上民族入侵，也不僅是公元前一二二五至前一一七五年撼動希臘與地中海東部地區達五十年之久的連串地震，亦不僅是可能在此時席捲這些地區的乾旱與氣候變遷，我們看到的是一場「完美風暴」的結果，使得青銅時代盛極一時的文化和民族漸趨沒落，這場風暴吹向邁錫尼人和邁諾安人，再到西臺人、亞述人、加喜特人、賽普勒斯人、米坦尼人和迦南人，甚至不放過埃及人。[94]

我和前輩桑達斯都認為，以上任何單一因素都無法導致一個文明崩壞，遑論使全部文明接連覆滅。然而，每個因素可能融合起來，在互相影響之下擴大效力，某些學者將這種情形稱為「加乘效應」（multiplier effect）。[95]體系的部分功能失效也可能造成骨牌效應，導致別的部分也功能不彰。接踵而至的「體制崩壞」可能造成許多社會一個接著一個瓦解，所以如此，部分原因來自於全球化經濟的崩潰，導致每個文明所依賴的連絡網因此中斷。

一九八七年，羅馬大學（University of Rome）的馬里奧・利維拉尼（Mario Liverani）將崩壞歸咎於宮廷的權力集中與控制，因此在權力核心瓦解後，災難的程度隨之提高。根據他的描述：「組織、轉化與交換等所有要素全都特別集中於宮廷，而且這似乎在青銅時代達到鼎盛，於是，宮殿政權的垮臺便會化為整個王國的災難。」[96]換句話說，用現代投資術語來描述的話，青銅時代愛琴海和近東地區的統治者應該分散投資，但他們沒有這麼做。

二十年後，克里斯多夫・門羅引用利維拉尼的研究成果，認為青銅時代晚期經濟日漸不穩，因為人們愈來愈依賴銅和其他流行商品。他特別指出，「資本家企業」（包含青銅時代晚期主導宮廷經濟體系的長途貿易）改變傳統青銅時代交換、生產與消費模式，其比例之高導致外族入侵與天災形成「加乘效應」時，整個體系便無以為繼。[97]

門羅在《命運天秤》（*Scales of Fate*）一書中描寫青銅時代晚期終結的情形，他將愛琴海和地中海東部地區列強的互動比喻為「跨社會網絡」（intersociety network），與本書此處闡述的觀點一致。他的看法與我不謀而合，這個時代「在條約、法律、外交和交流等方面都有不凡的表現，從而締造世界史上第一個偉大的國際時代」。[98]

然而，最耐人尋味的是，門羅進一步指出，任何社會最終的命運皆是崩壞，但是這樣的網絡其實有方法可以延遲崩壞的來臨。正如他所說：「鎮壓叛亂，尋找原料，打開新市場，有效控制物價，沒收商人財產，實施禁運，發動戰爭。」[99]但是，他也認為「一個或數個強國統治者面對不穩定的現象時，往往只能治標不能治本」，結論是：「從文獻和考古記錄來看，青銅時代晚期宮廷文明之所以遭到猛烈破壞，正如許多文明的崩壞一樣，全都是缺乏遠見的必然下場。」[100]

門羅以前的觀點我基本上同意，唯獨最後這個看法例外。我認為把崩壞單純歸咎於「缺乏遠見」並不合理，從前文探討的多種可能因素來說，古代的領導者不可能每種情況都預料得到。布蘭登・德雷克與大衛・卡涅斯基率領的團隊提出假設，認為意料之外的體制崩壞很可能是氣候變遷造成的，[101]或者是被突然的地震侵襲或外族入侵所促成，這個說法似乎更有可能。然而，門羅的觀點對今人來說或許是一種警示，因為他對青銅時代晚期的描述也適用於當前深受氣候變遷所苦的全球化社會，尤其是他對經濟和國際互動這兩方面的看法。

總評各種可能因素與複雜理論

本章開宗明義便提到，所謂的青銅時代晚期終結式的崩壞或大災難，學者早已進行多方探討。羅伯・德魯斯嘗試系統性地處理這個問題，他在一九九三年的著作中，逐章一一探討不同的潛在因素；然而，他或許誤判並低估了當中某些因素，舉例來說，他從一開始便不考慮體制崩壞的，並認為真正的原因是戰爭形態改變，然而並非所有學者都贊成他的假設。[102]

德魯斯的作品問世也已二十年，各方學者依然持續爭論，相關學術著作的出版也從未間斷，在青銅時代即將面臨終結的幽暗微光中，是何人或什麼原因造成各文明的各大城市被毀或被棄，至今依然未能達成共識。這個問題可簡要概括如下：

●主要觀點

一、我們知道，公元前十五至前十三世紀，愛琴海和地中海東部地區存在許多繁榮昌盛的不同文明，從邁錫尼人、邁諾安人到西臺人、埃及人、巴比倫人、亞述人、迦南人和賽普勒斯人。這些文明各自獨立但持續互動，尤其是透過國際貿易路線。

二、顯然有眾多城市被毀，此外，愛琴海、地中海東部、埃及和近東地區的各個青銅時代晚期文明，及其居民原本熟悉的生活方式，都在大約公元前一一七七年或稍晚終結。

三、沒有人能提供這場災難的確切證據，無法證明是誰或何種原因造成各文明崩壞與青銅時代晚期終結。

●各種可能因素討論

直接或間接導致青銅時代晚期最終崩壞的原因或許很多，但單憑其中一者似乎都不可能釀成這場災難。

一、顯然這個時期發生過多次地震，但通常各個社會事後都可以恢復元氣。

二、古代文獻及現代科技均足以證明，愛琴海和地中海地區曾發生饑荒、乾旱與氣候變遷，但要再次強調的是，各個社會還是有時仍能，恢復元氣。

三、或許有間接證據表明，包括黎凡特在內的希臘與其他地區曾爆發內亂，儘管到目前為止這未獲得證實。再次強調，各個社會往往可以熬過這些內亂。此外，廣泛而長期的內亂，其實並不常見（儘管與現代中東地區的近年局勢正相反）。

四、在黎凡特這個地帶，北至烏加里特、南至拉吉，都有考古證據可證明有入侵者的痕跡，這些人可能是來自愛琴海地區、安納托利亞西部、賽普勒斯任一地區或全數地區的新移民。有些城市被毀之後遭到遺棄，有些則在被毀後又有人重新居住，還有另外一些則未受影響。

五、顯然國際貿易路線會受到影響，或為局部性，或可能完全中斷，至於這對各文明造成的衝擊究竟多大，至今未能有明確答案，即便那些過度依賴進口商品的文明——如前文曾探討的邁錫尼人——情況亦是如此。

確實，文明若遭逢外族入侵、地震、乾旱或內亂，難免有無法復原或支撐的時候。但就當時情形來看，在缺乏更適宜的解釋之下，最好的解決辦法就是：主張這些因素共同導致青銅時代晚期各地區王國和社會崩壞。因此，根據目前找得到的證據，我們或許可以看到，體制崩壞是源於一系列事件串連起來，引發了「加乘效應」，一個因素影響到其他因素，環環相扣下強化了每個因素的影響力。也許那些居民逃得過單一災難，好比某場地震或某次乾旱，但是地震、乾旱和入侵者接連而來，令人猝不及防，多種災難交互影響下，居民可能無法倖存。災禍仍頻，隨之而來的是「骨牌效應」，一個文明瓦解將導致其他文明接連步上後塵。鑑於當時這裡的世界已具有全球化性質，即使只有一個社會崩壞，對國際貿易路線和經濟的影響足以為其他社會帶來毀滅。若這是當時的真實情況，各文明的規模還沒有大到足以抵擋沒落的趨勢。

然而，暫且不論我上述的評論，僅以體制崩壞概括解釋青銅時代晚期愛琴海、地中海東部和近東地區的終結，或許太過簡單。[103]我們可能必須訴諸於所謂的「複雜性科學」——或者稱為「複雜性理論」（complexity theory）更準確，說不定多少能夠找出這些文明崩壞的因素。

複雜性科學或理論是研究一個或多個複雜系統時，用以解釋「一連串目標相互影響之下出現的現象」。這個理論被廣泛用於解釋或解決各種問題，例如交通阻塞、股市崩盤、癌症等疾病、環境變遷，甚至是戰爭等等，牛津大學的尼爾・詹森（Neil Johnson）近年便曾在著作中進行相關討論。[104]數十年來，它已跳脫原先的數學和計算學，跨入國際關係、商業與其他眾多領域，只是一直以來極少被用在考古領域。有趣的是，或可以說具有先見之明的是，卡羅・貝爾早在二〇〇六年的著作中便簡單探討過這個議題，她的書主要討論黎凡特從青銅時代晚期到鐵器時代長途貿易關係的演變，她指出，複雜性理論是一種充滿希望的理論研究法，或許可以用來解釋那場崩壞與重建的因素。[105]

詹森認為，若要以複雜理論做為某個問題的研究方法，問題必須涉及「包含一組有許多相互影響的目標或媒介」的系統。[106]在本例中，這些目標就是活躍於青銅時代晚期的各個文明，包括邁錫尼人、邁諾安人、西臺人、埃及人、迦南人和賽普勒斯人等等。就複雜性理論其中一個層面來看，人們的行為會受到其記憶與對過往經歷的「反應」（feedback）之影響，他們有能力修改對策，部分是根據他們對歷史的了解。舉例說明，汽車駕駛通常很熟悉住家周邊的交通形態，有能力預測上班或回家的最快路線，遇到塞車時，他們找得到解決問題的替代路線。[107]同樣的，在青銅時代晚期終了之際，從烏加里特或其他地方走海路的商人可能會採取相應措施，以迴避敵船或強盜經常出沒的某些區域——包括盧卡的沿海地區（後來被稱為「呂基亞」，位於安納托利亞西南部）。

詹森也表示，這種系統一般來說是「活的」，也就是它以重要而往往複雜的方式演化，同時它也是「開放的」，這表示它會受到周圍環境影響。一如詹森所說，現今的分析師每每談到複雜的股市，宛如把它當成活生生又會呼吸的有機體，某特定公司盈利的外部消息或是世界另一端發生某個事件，都會影響或驅動這個有機體。席拉特十年前出版過相關著作，並在序言中引用上述觀點，她描述青銅時代晚期的世界與現今世界相似之處，雙邊的「全球經濟和文化愈來愈相似也愈來愈難以控制，在這當中……世界一端的政治動盪將劇烈影響幾千哩外眾多區域的經濟」。[108]青銅時代晚期終結之際，愛琴海和地中海東部地區的「系統」所受到的影響或壓力，或許就是前面提到的那些、可能發生過與可以想見的地震、饑荒、乾旱、氣候變遷、內亂、外族入侵以及貿易路線中斷。

我們可能會認為，最重要的前提是詹森的主張：這種系統會出現一種「通常令人訝異，也許相當極端」的現象。他還說，這「基本上代表任何事都可能發生——只要你等得夠久，它通常就會發生」；舉例來說，他指出，所有股市最後都會出現某種崩盤，所有交通系統最後都會出現某種壅塞。而這些狀況發生時，通常都在意料之外，無法事先預知，哪怕有人非常清楚它們可能且應當發生。[109]

在我們的案例中，世界史上從未有任何文明能逃過崩壞的下場，而既然崩壞原因往往類似，一如賈德・戴蒙與許多學者的看法，青銅時代晚期文明最後邁向崩壞一事其實可以預料到，但就算我們完全了解各文明，也不可能預知崩壞何時會發生，或者各文明會不會同時崩壞。詹森曾寫道：「即使充分掌握一輛車的引擎、顏色和外形等等規格，但面對全新道路系統時，依然無助於我們預知何處及何時會塞車。同理可證，在擁擠的酒吧中，即使徹底了解每個人的個性，也無助於預測會發生多大規模的鬥毆事件。」[110]

既然複雜理性論無法幫助我們預測青銅時代晚期崩壞的時間與原因，那它還有什麼用處呢？卡羅・貝爾指出，愛琴海和地中海東部地區的貿易網可做為複雜體系的範例，因此，她引述雷丁大學（University of Reading）的肯・達克（Ken Dark）所做的研究，達克曾經表示：「隨著這種體系愈來愈複雜，以及組成分子之間愈來愈需要互相依賴，想要維持整個體系的穩定就會變得難上加難。」[111]這種情況被稱為「高度凝聚」（hyper-coherence），如達克所說，「當體系中每個組成分子高度互相依賴，任何個體的變化都會導致整體不穩定」，這便是高度凝聚。[112]因此，如果青銅時代晚期各文明確實已經全球化，並在商品和服務互相依賴，那麼若邁錫尼或西臺任一王國出現變化，即使程度不大，這依然可能對諸王國造成潛在的影響甚至動盪。

再者，青銅時代晚期愛琴海和地中海東部各王國、帝國和社會都可視為個別的社會政治體系，高度凝聚理論特別適用於這種情況。如達克所說，這種「複雜的社會政治體系內部不斷變化，因而增加體系的複雜性……體系愈複雜則崩壞的可能性就愈大」。113

因此，在青銅時代晚期愛琴海和地中海東部地區，我們可以看到個別的社會政治體系、不同的文明，它們愈來愈複雜，顯然也就更容易崩壞。同時，我們也看到複雜的各種體系——也就是貿易網絡，各網絡互相依賴而且關係複雜，因此，一旦某個組成分子發生變化，整個網絡就可能陷入不穩定。好比一部保養完善的機器中有個齒輪故障，那麼整個裝置可能馬上淪為一堆廢鐵，又好比現今的汽車，就算只有一根推桿脫落，引擎也立刻報廢。

因此，與其將青銅時代晚期的終結視為一種啟示錄般的末日（儘管或許有些城市和王國真的遭逢大火戲劇性地終結，比如烏加里特），不如把它想成一種混亂的局勢，那些逐漸瓦解的區域和城市原本具有重要地位，而且彼此之間密切往來，如今已式微並陷入孤立，邁錫尼便是一例，因為內部和／或外部變化影響了複雜體系中一個或多個組成分子，顯然這種破壞會中斷整體網絡。不妨設想一下，若是現代電網遭到暴風雨或地震侵襲而中斷，電力公司雖然能夠發電，但無法將電力輸送給個別的消費者，美國每年都會發生這種情況，從奧克拉荷馬州的龍捲風到麻薩諸塞州的暴風雪，任何情形都有可能導致電力輸送中斷。如果重大災難導致永久中斷，比如現今的核電廠發生爆炸，那就連發電都會有問題。這種比喻或許也可以套用在青銅時代晚期，只不過當時的技術水準較低。

此外，貝爾還指出，不穩定會產生一種後果：當複雜性體系崩壞，它會「分解成更小的個體」，這正是青銅時代文明邁入鐵器時代的情形。[114]因此，採納複雜性理論似乎可以讓我們同時運用災難論和體制崩壞，構成一個最佳的解釋取徑，說明公元前一二○○年之後愛琴海和地中海東部地區青銅時代終結的原因。真正的癥結點並不在於「是誰幹的」或者「什麼事件引發的」，畢竟這牽扯太多因素和對象，問題在於「為什麼會發生」以及「如何發生」，至於崩壞結局是否能夠避免，這完全是另一個問題。

然而，用複雜性理論來分析青銅時代晚期的崩壞因素，我們或許只是用某個科學（甚至可能是偽科學）術語來彌補因資訊不足而無法歸納結論的情況。這聽起來很棒，但這樣做真的能讓我們更加理解整件事嗎？這該不會只是用比較花俏的方式陳述顯而易見的事實——即複雜的事物本來就會以各種不同方式分崩離析。

毫無疑問，青銅時代晚期文明崩壞的起因相當複雜。我們確實知道有許多可能變因在這場崩壞中發揮作用，但是我們甚至不清楚是否已經找出所有變因，而我們也肯定也不知道哪些變因最為關鍵，而哪些變因只對某個區域很重要，但對整體其實影響不大。不妨以現今的塞車現象進一步比喻：我們都知道塞車大多是由哪些變因造成，對於車流量和沿途情況（道路寬或窄），我們心裡有數，因此自然能夠預測某些外部變因造成的影響，好比在高速公路遇到暴風雪。然而，我們可以猜測，青銅時代晚期和現今的交通系統相比，前者的變因恐怕多出了數百個。

此外，青銅時代各文明日益複雜因而愈加具有崩壞傾向，這種說法其實沒有那麼合理，特別是當我們將其「複雜程度」與近三百年歐洲文明相比。因此，唯有我們掌握更多相關文明的細節，複雜性理論或許才能在研究青銅時代晚期崩壞時派上用場，於現階段恐怕效用不大，除非將它當成一種有趣的方法來，重新架構我們對這場崩壞的認知：青銅時代晚期終結時有惡化不穩定的因素，最後導致國際體系崩壞，儘管這個體系在數百年來、於各個層面都運作良好。

但是，依然持續有學術著作主張：青銅時代晚期的是呈「直線形態」發展，「乾旱造成饑荒，饑荒再造成海上民族遷徙及製造混亂，最後導致各文明崩壞」，但這個說法並不符合事實。[115]此進程並非呈直線形態，真實情況應該更加混亂。或許從來就沒有單一驅動力或導火線，而是許多不同的刺激，逼迫人們做出各種反應，以便適應不斷變化的情況。當我們構想「非直線型」進程及一系列刺激而非單一驅力時，複雜性理論會特別適用，因此在解釋青銅時代晚期終結的崩壞上，複雜性理論具有很大的優勢。而要繼續研究這場災難，它也不失為一道良方。

終章

餘波

The Aftermath

我們已在前面探討，約從公元前一五〇〇年哈特謝普蘇特登基，直到公元前一二〇〇年後所有事情的崩壞，在這青銅時代晚期三百多年間，地中海地區在這個複雜的國際世界中，一直扮演重要角色，邁諾安人、邁錫尼人、西臺人、亞述人、巴比倫人、米坦尼人、迦南人、賽普勒斯人和埃及人在其中頻繁互動，創造出四海一家而全球化的體系，此現象在現代世界尚未形成前實屬罕見。或許恰好便是這樣的國際化引發末日般的災難，使得青銅時代就此結束。公元前一一七七年，近東地區、埃及和希臘各文化之間的關係密切而且相互依存，達到牽一髮動全身的程度，於是一者的崩潰牽動他人，最終那些盛極一時的文明在人為或自然（或兩者的毀滅性結合）的破壞下，一個接著一個走向滅亡。

然而，儘管能說的都說盡了，但不可否認的是，我們至今依然無法斷定，愛琴海與地中海東部各文明之崩壞並自青銅時代晚期過渡到鐵器時代的確切原因（或有多種因素），我們甚至無法驗證海上民族的來源和入侵動機。雖然如此，假使將所有前文曾提及的線索集中起來，我們便能較有信心地討論這段關鍵時期的幾個要點。

舉例來說，我們已經掌握合理而恰當的證據，足以證明這個時代突然終結之際，至少還有一些國際交流甚至貿易關係，而且很可能在其終結後依然持續（若最新研究確實可信）。[1]這個情形在烏加里特檔案最後一批信件中可以看到。這些信記錄了烏加里特和賽普勒斯、埃及、西臺以及愛琴海地區始終保持往來，以及烏加里特城被毀前至多幾十年，埃及法老麥倫普塔仍致贈烏加里特國王禮物。至少，在麻煩出現之前，沒有證據顯示愛琴海和地中海東部的往來與貿易有顯著的下降趨勢，只不過偶爾可能出現短暫波動。

然而，他們已經熟悉了三百多年的世界終究就此陷落、終至消失。前面曾提到，愛琴海與地中海東部地區——從義大利、希臘延伸至埃及和美索不達米亞，其青銅時代晚期的終結是一歷時數十年的漫長事件，甚至可能達到一世紀之久，它並非發生在某個特定年份。但是，當代埃及學家使用的年表顯示，埃及法老拉美西斯三世統治第八年——也就是公元前一一七七年——最為突出，在整個崩壞過程中最具代表性。根據埃及記錄，海上民族便是在這一年橫掃整個區域，再度釀成大規模破壞。也正是在這一年，尼羅河三角洲爆發大型海、陸戰役；這一年，埃及為自身的存續而奮戰；這一年，某些高度發達的青銅時代文明急速崩壞。

事實上，或許有人會主張，公元前一一七七年代表青銅時代晚期的終點，而公元四七六年則是羅馬城和西羅馬帝國的終末，也就是說，現代學者能夠方便的將這兩個時間點當做重要時代的結束。公元五世紀時，義大利遭到入侵，羅馬數度遭到劫掠，包括公元四一〇年亞拉里克（Alaric）率領西哥德人（Visigoth）入侵，以及公元四五五年蓋薩里克（Geiseric）率領汪達爾人（Vandal）入侵。除了遭受這些攻擊之外，其實還有很多原因致使羅馬覆滅，任何研究羅馬的史學家都很能證明，整個過程其實複雜得多。然而，把羅馬光輝歲月的結束與公元四七六年奧多亞塞（Odovacer）率東哥德人（Ostragoth）入侵畫上等號，這樣不僅簡便，也是學界普遍接受的一種速記方式。

大約公元前一二二五至前一一七五年間——某些地方則遲至公元前一一三〇年，這段由青銅時代晚期終結轉向鐵器時代的過度階段，同樣適用上述做法，畢竟崩壞和過渡本來就是不斷循環出現的事件。然而，終結海上民族第二次入侵的是在拉美西斯三世統治第八年（即公元前一一七七年），他們與埃及打了一場驚天動地的大戰，這是一個恰當的基準點，原本難以捉摸的關鍵時刻以及時代之終結得以縮小範圍。我們可以肯定地說，愛琴海和古代近東地區的浩瀚文明，在公元前一二二五年仍繁榮昌盛，到了公元前一一七七年便開始崩潰，而在公元前一一三〇年幾乎已蕩然無存。青銅時代強盛的王國和帝國逐漸被鐵器時代早期的小城邦取代。因此，公元前一一〇〇年的地中海及近東世界已經與公元前一二〇〇年時有所不同，到了公元前一〇〇〇年更是大相逕庭。

我們擁有強而有力的證據，足以證明某些地方的居民耗費數十年甚至數世紀重建並改造社會，接著創造帶領他們走出黑暗的新生命，恢復昔日的生活。辛辛那提大學的傑克・戴維斯指出：「涅斯托爾皇宮於公元前一一八〇年遭受極為慘重的破壞，以致宮殿本身和社區再也沒有復原……整體來看，在將近一千年間，邁錫尼王國的皮洛斯都處於人口大量減少的狀態。」[2]海德堡大學的約瑟夫・馬蘭進一步指出，雖然我們不知道希臘是否在同一時間遭到大型破壞，但顯然這些災難結束後，「宮殿不復存在，文字被廢，所有行政組織都已解體，最高統治者『瓦納克斯』（wanax）★[a]也從古希臘政治體系中消失。」[3]就文字來說，相同情形也發生在烏加里特和青銅時代晚期地中海東部盛極一時的其他區域，它們的末日連帶結束了黎凡特地區使用的楔形文字，或許是被更有用或更方便的書寫系統取代。[4]

除了文物之外，我們也可透過文字找到明確具體的證據，證明這些地區在這段期間互相聯繫，具備全球化特質，特別是某些信函中顯露了幾位人士之間的關係。這當中最為重要的是公元前十四世紀中葉法老阿蒙霍特普三世和阿肯那頓的阿瑪納信函檔案，以及公元前十三世紀末至前十二世紀初敘利亞北部的烏加里特信函檔案，還有公元前十四世紀至前十二世紀安納托利亞的哈圖沙信函檔案。根據各檔案中的信函記載，青銅時代晚期的愛琴海和地中海東部地區同時存在著多種形態的網絡，包括外交、商業、交通和通信等等網絡，這些都是確保當時全球化經濟正常運作並暢行無阻的要件。這些息息相關的網絡一旦全面斷絕或部分中斷，都可能在當時造成毀滅性影響，這種情形即使換做現今的世界也是一樣。

然而，一如西羅馬帝國的衰亡，青銅時代地中海東部各個帝國的終結並非單一入侵或原因造成的，而是多次入侵和多種因素的結果。許多在公元前一一七七年製造破壞的入侵者，早在公元前一二〇七年法老麥倫普塔在位期間就很活躍，此時比公元前一一七七年還早了三十年之久。地震、乾旱與其他天災也對愛琴海和地中海東部地區的侵襲也長達數十年。因此，難以想像單憑某個事件就能終結青銅時代，必定是發生了一連串的複雜事件，它們在愛琴海和地中海東部地區關係密切的王國和帝國之間來回震盪，最後造成整個體系崩壞，這一點我們在前面已經探討過。

除了人口流失以及一般建築和宮殿群傾塌，各王國的關係似乎也出現裂痕，或者至少有顯著的衰退跡象。即使並非所有地點都在同一時間崩壞並毀滅，時至公元前十二世紀中葉，曾經存在於公元前十四和前十三世紀的聯繫與全球化統統消逝無蹤。哥倫比亞大學（Columbia University）的馬克・范德米爾洛浦（Marc Van De Mieroop）曾說，菁英階級失去了曾經支撐他們的國際結構與外交聯繫，同時外國商品和思想也停止輸入。[5]他們不得不重新開始。

當這個世界從青銅時代的崩壞中重新站起，它確實開創了全新時代，也孕育

★a 審校者註：「瓦納克斯」在古希臘文之中有酋長、軍事領袖的意思，在邁錫尼—希臘傳統可用以稱呼「國王」，後來也可能拚為「亞納克斯」（Anax）。

了發展的新契機，特別是在西臺被滅與埃及失勢後。想當初西臺與埃及除了統治自己的領土，它們在青銅時代晚期多數時期還曾控制敘利亞和迦南大部分區域。[6]後來，雖然有些地方仍保有一定程度的延續性——尤其是美索不達米亞的新亞述人（Neo-Assyrian），但整體來看，正是新列強與新文明崛起的好時機，這些世界舞臺上的新角色包括：在安納托利亞東南方、敘利亞北方和遙遠東方的新西臺人；在昔日迦南地區的腓尼基人、非利士人和以色列人；以及「幾何」、「古風」和「古典」等三個時期的希臘人。從舊世界的灰燼中誕生了新字母與其他發明，遑論鐵器使用率大幅增加，進而讓這個新時代獲得專屬名稱——「鐵器時代」。世界經歷過一次又一次類似的循環，很多人早已相信，這種過程無可更改：帝國興起又滅亡，接著新的帝國崛起後，終至覆滅，又被更新的帝國取代，誕生、發展、演變、衰敗或毀滅、最終全新形態出現，如此韻律一遍又一遍地重複撥放。

在當今對古代世界的各研究領域中，最引人入勝、成果最輝煌的便是探討文明崩壞後的情形——稱為「崩壞之後」，但這是另一本書的主題，[7]亞利桑那大學（University of Arizona）榮譽教授暨萊康明學院（Lycoming College）近東考古學特聘教授威廉・德弗（William Dever），其作品便是以「崩壞後」為主題。他談到迦南地區文明崩壞後的時代：「關於『黑暗時代』最重要的結論或許就是……根本沒有黑暗時代。（這個時代）的情形在考古探勘和研究下逐漸明朗，它的出現不過是新時代的催化劑。它從迦南文明的廢墟中興起，為現代西方世界留下文化遺產，特別是透過腓尼基人和以色列人。時至今日，我們依然受益無窮。」[8]

此外，克里斯多夫・門羅曾說：「所有文明的物質和精神世界最後都會經歷激烈改造，比如透過毀滅與再創造兩種方式。」[9]在歷史長河中，我們已經見證無數帝國的興衰，包括阿卡德人、亞述人、巴比倫人、西臺人、新亞述人、新巴比倫人（Neo-Babylonian）、波斯人、馬其頓人、羅馬人、蒙古人、鄂圖曼土耳其人與其他帝國，我們不該認為當前的世界堅不可摧，其實我們比自己料想中的更加不堪一擊。雖然二〇〇八年美國華爾街股市崩盤遠遠不及青銅時代晚期整個地中海世界的崩壞，依然有許多人提出警告，如果不立刻為那些影響力遍及全球的銀行紓困，同樣的情況可能會再次發生。舉例說明，《華盛頓郵報》（*Washington Post*）引述當時世界銀行總裁勞勃・佐利克（Robert B. Zoellick）的談話：「全球金融或許已經來到『臨界點』」，他將臨界點定義為「全球金融或許已經來到『臨界點』」，他將臨界點定義為「當危機發展到極致的那刻，赫然爆發為一場鋪天蓋地的災難，並成為政府極難處置的燙手山芋」。[10]在我們當今複雜無比的世界中，或許這個情況會導致整個體系變得不穩定，最後走向崩壞。

假如崩壞不曾發生？

青銅時代晚期理所當然被譽為世界歷史的黃金時代之一，它擁有著繁榮昌盛的早期全球化經濟。因此，我們可能會問，假使這些地方的文明沒有滅亡，世界歷史的發展會不會轉個彎或是改道而行？如果希臘和地中海東部不曾被連串地震侵襲，結果將會如何？如果沒有乾旱、饑荒、移民或入侵者，又會如何？既然所有文明躲不過興衰的命運，青銅時代晚期是不是無論如何都會終結？後續的所有發展是不是無論如何都會出現？進步會不會繼續持續？科技、文學與政治方面的長足進展會不會提前數百年出現？

當然，這些都屬於天馬行空的提問，也不可能得到答案，因為青銅時代各個文明已經「確實」終結，從希臘到黎凡特甚至更遠的地區，也都「確實」重新發展。因此，諸如以色列人、阿拉米人（Aramaean）和腓尼基人等在地中海出現的新民族和／或新城邦，以及後來在希臘出現的雅典人和斯巴達人，才能夠打造屬於自己的時代；他們締造了全新發展與創新觀念，比如字母、一神信仰（monotheistic religion）甚至民主制度。有時候，若要更新古老的森林生態體系，必須仰賴一大把野火，才能使它重新茁壯起來。

人物表

（按原文名稱的字母順序排列）

埃及帝王在位年表以最廣為接受的時間做為依據，可參見 Kitchen 1982 與 Clayton 1994。以下僅列出主要統治者和相關人士，並未收錄本書提及的所有人物。

- **阿達德—尼拉里一世**（**Adad-nirari I**）：亞述國王；在位期間：公元前一三〇七～前一二七五年。他曾征服米坦尼王國。
- **雅赫摩斯**（**Ahmose**）：埃及第十八王朝王后；約公元前一五二〇年。她是圖特摩斯一世之妻；哈特謝普蘇特之母。
- **雅赫摩斯一世**（**Ahmose I**）：埃及法老，開創第十八王朝；在位期間：公元前一五七〇～前一五四六年。他與兄弟卡摩斯將外族希克索人逐出埃及。
- **阿肯那頓**（**Akhenaten**）：埃及異端法老，第十八王朝；在位期間：公元前一三五三～前一三三四年。除了信仰阿頓之外，他禁止人民膜拜其餘眾神；他可能是一神論者。他是娜芙蒂蒂之夫；圖坦卡門之父。

● **阿蒙霍特普三世**（Amenhotep III）：埃及法老，第十八王朝；在位期間：公元前一三九一～前一三五三年。在阿瑪納遺址發現他與其他君主往來的大量信件；他建立的貿易關係遠達美索不達米亞和愛琴海地區。

● **阿米斯塔馬魯一世**（Ammistamru I）：烏加里特國王；在位期間：約公元前一三六〇年。他與埃及多位法老有書信往來。

● **阿米斯塔馬魯二世**（Ammistamru II）：烏加里特國王；在位期間：約公元前一二六〇～前一二三五年。西納拉努便是在他在位時派船從烏加里特前往克里特島。

● **阿穆拉比**（Ammurapi）：烏加里特末代國王；在位期間：約公元前一二一五～前一一九〇／前一一八五年。

● **安卡蘇納蒙**（Ankhsenamen）：埃及王后，第十八王朝；約公元前一三三〇年。她是阿肯那頓之女；圖坦卡門之妻。

● **阿波菲斯**（Apophis）：希克索國王；統治埃及期間：約公元前一五七四年，第十五王朝。他曾與當時在埃及其他地方統治的法老賽克南瑞反有齟齬。

● **阿淑爾—烏巴里特一世**（Assur-uballit I）：亞述國王；統治期間：公元前一三六三～前

一三二八年。他與阿瑪納時期多位法老有書信往來；他是權力政治舞臺上的要角。

- **艾伊**（Ay）：埃及法老，第十八王朝；在位期間：公元前一三二五～前一三二一年。他曾是軍人，於圖坦卡門駕崩後娶了安卡蘇納蒙，因而登上法老王座。
- **布爾那—布里亞什二世**（Burna-Buriash II）：巴比倫加喜特國王；在位期間：公元前一三五九～前一三三三年。他與阿瑪納時期多位法老有書信往來。
- **漢摩拉比**（Hammurabi）：巴比倫國王；在位期間：公元前一七九二～前一七五〇年。以漢摩拉比法典聞名於世。
- **哈特謝普蘇特**（Hatshepsut）：埃及王后／法老，第十八王朝；在位期間：公元前一五〇四～前一四八〇年。為了替繼子圖特摩斯三世攝政而登基；她以法老身分統治埃及大約二十年。
- **哈圖西里一世**（Hattusili I）：西臺國王；在位期間：公元前一六五〇～前一六二〇年。他可能曾下令將西臺首都遷往哈圖沙。
- **哈圖西里三世**（Hattusili III）：西臺國王；在位期間：公元前一二六七～前一二三七

年。他曾與埃及法老拉美西斯二世簽署和平條約。

● **伊達達**（Idadda）：瓜特納國王；根據推測，大約公元前一三四〇年，蘇庇路里烏瑪一世派總指揮官哈努提率西臺大軍擊敗伊達達的軍隊。

● **卡達什曼—恩利爾一世**（Kadashman-Enlil I）：巴比倫加喜特國王；在位期間：約公元前一三七四～前一三六〇年。他與阿瑪納時期多位法老有書信往來；他的女兒嫁給埃及法老阿蒙霍特普三世。

● **卡摩斯**（Kamose）：埃及法老；第十七王朝末代君主；在位期間：公元前一五七三～前一五七〇年。他與兄弟雅赫摩斯聯手將外族希克索人逐出埃及。

● **卡什提里亞什四世**（Kashtiliashu IV）：巴比倫加喜特國王；在位期間：約公元前一二三二～前一二二五年。他曾遭亞述國王圖庫爾蒂—尼努爾塔一世擊敗。

● **希安**（Khyan）：希克索國王，埃及第十五王朝；在位期間：約公元前一六〇〇年。他是最著名的希克索國王之一；安納托利亞、美索不達米亞和愛琴海地區出土過多件刻著他名字的文物。

● **庫庫利**（Kukkuli）：安納托利亞西北部的亞蘇瓦盟國王；在位期間：約公元前一四三

〇年。他曾發動亞蘇瓦盟叛亂以抵抗西臺人。

- **庫瑞噶爾祖一世**（Kurigalzu I）：巴比倫加喜特國王；在位期間：約公元前一四〇〇～前一三七五年。他與阿瑪納時期多位法老有書信往來；他的女兒嫁給埃及法老阿蒙霍特普三世。
- **庫瑞噶爾祖二世**（Kurigalzu II）：巴比倫加喜特國王；在位期間：約公元前一三三二年～前一三〇八年。他是亞述國王阿淑爾—烏巴里特一世樹立的傀儡國王。
- **庫什米舒沙**（Kushmeshusha）：賽普勒斯國王；在位期間：公元前十二世紀早期；他的一封信在烏加里特的烏爾特努宅被人發現。
- **曼涅托**（Manetho）：公元前三世紀希臘化時期的埃及祭司及作家。
- **麥倫普塔**（Merneptah）：埃及法老，第十九王朝；在位期間：公元前一二一二～前一二〇二年。他最著名的事蹟是在石碑上提到以色列，以及擊退第一波海上民族。
- **穆爾西里一世**（Mursili I）：西臺國王；在位期間：公元前一六二〇～前一五九〇年。他於公元前一五九五年摧毀巴比倫與漢摩拉比王朝。

● **穆爾西里二世**（**Mursili II**）：西臺國王；在位期間：公元前一三二一～前一二九五年。他是蘇庇路里烏瑪一世之子；他曾寫下《瘟疫祈文》與其他重要歷史文獻。

● **穆瓦塔里二世**（**Muwattalli II**）：西臺國王；在位期間：公元前一二九五～前一二七二年。他曾在奎帝胥戰役中迎戰埃及法老拉美西斯二世。

● **娜芙蒂蒂**（**Nefertiti**）：埃及王后，第十八王朝；在位期間：約公元前一三五〇年。她嫁給異端法老阿肯那頓；她或許曾經是法老背後掌握實權的人。

● **尼克瑪杜二世**（**Niqmaddu II**）：烏加里特國王；在位期間：約公元前一三五〇～前一三一五年。他與阿瑪納時期多位法老有書信往來。

● **尼克瑪杜三世**（**Niqmaddu III**）：烏加里特倒數第二位國王；在位期間：約公元前一二二五～前一二一五年。

● **尼克梅帕**（**Niqmepa**）：烏加里特國王；在位期間：約公元前一三一三～前一二六〇年。他是尼克瑪杜二世之子；阿米斯塔馬魯二世之父。

● **拉美西斯二世**（**Ramses II**）：埃及法老，第十九王朝；在位期間：公元前一二七九～前一二一二年。他在奎帝胥戰役中與西臺國王穆瓦塔里二世對戰，後來與哈圖西里三世簽署和平條約。

- **拉美西斯三世**（Ramses III）：埃及法老，第二十王朝；在位期間：公元前一一八四～前一一五三年。他成功抵禦第二波海上民族；他在一次後宮陰謀事件中遭到刺殺。
- **薩烏什塔塔**（Saushtatar）：米坦尼國王；在位期間：約公元前一四三〇年。他曾進攻亞述，得以拓展米坦尼王國疆界，此外，他或許曾和西臺人打過仗。
- **賽克南瑞**（Seknenre）：埃及法老，第十七王朝；在位期間：約公元前一五七四年。他可能戰死沙場，頭部至少有一處明顯可見的致命傷。
- **沙提瓦扎**（Shattiwaza）：米坦尼國王；在位期間：約公元前一三四〇年。他是圖什拉塔之子。
- **肖什迦穆瓦**（Shaushgamuwa）：敘利亞北岸的亞摩利國王；在位期間：約公元前一二二五年。他於公元前十三世紀晚期與西臺人簽署和約，當中提到亞細亞瓦。
- **舒特魯克—納克杭特**（Shutruk-Nahhunte）：伊朗西南方的埃蘭國王；在位期間：公元

前一一九〇～前一一五五年。他與統治巴比倫的加喜特王朝有姻親關係，並於公元前一一五八年進攻巴比倫城，推翻巴比倫國王的統治。

- **舒塔爾那二世**（Shuttarna II）：米坦尼國王；在位期間：約公元前一三八〇年。他與阿瑪納時期多位法老有書信往來；他的女兒嫁給埃及法老阿蒙霍特普三世。
- **西納拉努**（Sinaranu）：烏加里特商人；約公元前一二六〇年。他派船前往邁諾安人的克里特島；他的船與貨物都享有免稅待遇。
- **蘇庇路里烏瑪一世**（Suppiluliuma I）：西臺國王；在位期間：約公元前一三五〇～前一三二二年。他的勢力廣大，將西臺領土擴及安納托利亞大部分地區，南至敘利亞北部。他與某位埃及王后有書信往來，王后求他送一個兒子做她的丈夫。
- **蘇庇路里烏瑪二世**（Suppiluliuma II）：西臺末代國王；在位期間：約自公元前一二〇七年起。他打過幾次海戰並入侵賽普勒斯。
- **塔克宏達拉都**（Tarkhundaradu）：安納托利亞西南方的阿薩瓦國王；在位期間：約公元前一三六〇年。他與阿瑪納時期多位法老有書信往來；他的女兒嫁給埃及法老阿蒙霍特普三世。

- **圖特摩斯一世**（Thutmose I）：埃及法老，第十八王朝；在位期間：公元前一五二四～前一五一八年。他是哈特謝普蘇特和圖特摩斯二世之父。
- **圖特摩斯二世**（Thutmose II）：埃及法老，第十八王朝；在位期間：公元前一五一八～前一五〇四年。他是哈特謝普蘇特同父異母的哥哥，也是她的丈夫；圖特摩斯三世之父。
- **圖特摩斯三世**（Thutmose III）：埃及法老，第十八王朝；在位期間：公元前一四七九～前一四五〇年。埃及歷來實力最強的法老之一；登基第一年便參與米吉多大戰。
- **泰伊**（Tiyi）：埃及王后，第十八王朝；在位期間：約公元前一三七五年。她是阿蒙霍特普三世之妻；阿肯那頓之母。
- **圖特哈里一世／二世**（Tudhaliya I/II）：西臺國王；在位期間：約公元前一四三〇年。他平定亞蘇瓦盟叛亂，之後在哈圖沙為一把或數把邁錫尼劍題字。
- **圖特哈里四世**（Tudhaliya IV）：西臺國王；在位期間：公元前一二三七～前一二〇九年。他在哈圖沙附近建造雅茲勒卡亞（Yazlikaya）聖殿。

- **圖庫爾蒂—尼努爾塔一世**（Tukulti-Ninurta I）：亞述國王；在位期間：公元前一二四三～前一二〇七年。
- **圖什拉塔**（Tushratta）：米坦尼國王；在位期間：約公元前一三六〇年。他是舒塔爾那二世之子；與阿瑪納時期多位法老有書信往來；他的女兒嫁給埃及法老阿蒙霍特普三世。
- **圖坦卡門**（Tutankhamen）：埃及法老，第十八王朝；在位期間：公元前一三三六～前一三二七年。這位早夭的少年國王舉世聞名，其墓中珍藏驚人的財寶。
- **塔沃斯塔**（Twosret）：埃及王后，第十九王朝末代君主；她是法老塞提二世的遺孀；在位期間：公元前一一八七～前一一八五年。
- **扎南扎**：西臺王子，蘇庇路里烏瑪一世之子；約公元前一三二四年在世；他本欲迎娶守寡的埃及王后，卻在前往埃及途中遇刺身亡。
- **基姆立—里姆**（Zimri-Lim）：馬里（位於現今敘利亞）國王；在位期間：公元前一七七六～前一七五八年。他與巴比倫國王漢摩拉比同一時代，並撰寫過幾封「馬里信函」，透過這些信件可一窺公元前十八世紀美索不達米亞的生活。

註釋

作者序

1 關於這一點，我同意二〇一一年詹寧斯（Jennings）討論的全球化與古世界議題。此外，也請參考席拉特（Sherratt）於二〇〇三年出版的文章，這位作者早在古今共通點尚未明朗的十年前，便已提出相關論述。現在則有凱蒂 · 保羅（Katie Paul）在我的指導下出版相關碩士論文（二〇一一年）。

2 Diamond 2005；並參見其他人更早的著作：Tainter 1988 and the edited volume by Yoffee and Cowgill 1988；還有 Killebrew 2005: 33–34; Liverani 2009; Middleton 2010: 18–19, 24, 53；以及較近期的 Middleton 2012; Butzer 2012; Butzer and Endfield 2012。關於各帝國的興亡，特別是以全球體系的角度來看，有很多相關討論，參見 Frank 1993; Frank and Gillis 1993; Frank and Thompson 2005。此外，近年耶路撒冷（Jerusalem）曾舉行會議（二〇一二年十二月），主題是「分析崩壞：毀滅、遺棄與回憶（Analyzing Collapse: Destruction, Abandonment and Memory）」（http://www.collapse.huji.ac.il/the-schedule），但會議記錄至今尚未出版。

3 Bell 2012: 180.

4 Bell 2012: 180–81.

5 Sherratt 2003: 53–54。並請參見 Singer 2012。

6 Braudel 2001: 114.

7 參見 Mallowan 1976; McCall 2001; Trumpler 2001。

序章

1 Roberts 2008: 5 載明艾曼紐 · 魯日（Emmanuel de Rougé）在一八六七年的出版品中，創造了「海上民族」（peuples de la mer）這個專有名詞；並請參見 Dothan and Dothan 1992: 23–24; Roberts 2009; Killebrew and Lehmann 2013: 1。

2 參見以下討論：Killebrew 2005, Yasur-Landau 2010a, and Singer 2012。

3 Kitchen 1982: 238–39; cf. Monroe 2009: 33–34 and n. 28。對於拉美西斯三世在位第八年的確切時間點，有些埃及文物學者認為在較早的公元前一一八六年，有

些則認為在較晚的公元前一一七五年，由於古埃及各法老的在位年份沒有確切數據，因此各考古學家與史學家往往根據個人喜好自行推算。本章對拉美西斯三世在位期間的推算是介於公元前一一八四年至公元前一一五三年。

4 Raban and Stieglitz 1991; Cifola 1994; Wachsmann 1998: 163–97; Barako 2001, 2003a, 2003b; Yasur-Landau 2003a; Yasur-Landau 2010a: 102–21, 171–86, 336–42; Demand 2011: 201–3.

5 Edgerton and Wilson 1936: pl. 46; revised trans., Wilson 1969: 262–63；亦請參見 Dothan, T. 1982: 5–13，附插圖。

6 參見所有埃及資料與其他提到海上民族的原始資料彙編，從第十八王朝的阿蒙霍特普三世到第二十王朝的拉美西斯九世以降資料來源：Adams and Cohen (2013) in Killebrew and Lehmann (eds.) 2013: 645–64 and tables 1-2。

7 Roberts 2008: 1–8; Sandars 1985: 117–37, 157–77; Vagnetti 2000; Cline and O'Connor 2003; Van De Mieroop 2007: 241–43; Halpern 2006–7; Middleton 2010: 83; Killebrew and Lehmann 2013: 8–11; Emanuel 2013: 14–27。也請參見後續其他與陶器和文物相關的參考資料。

8 參見 Cline and O'Connor 2003 的討論；並請參見 Sandars 1985: 50, 133 以及 Emanuel 2013: 14–27。Killebrew and Lehmann 2013: 7–8 提到埃及早在阿蒙霍特普三世與阿肯那頓（Akhenaten）在位期間，銘文便曾提及盧卡（Lukka）與達奴那；參見 tables 1–2 and the appendix by Adams and Cohen 2013，以及 Artzy 2013: 329–32, in the volume edited by Killebrew and Lehmann。

9 參見 Amos 9:7 and Jer. 47:4，這兩處以迦斐託（Caphtor）稱呼克里特島，這是它的古代名稱之一。並請參見 Hitchcock 近年的著作。

10 Roberts 2008: 1–3; Dothan and Dothan 1992: 13–28。並請參見 Finkelstein 2000: 159–61 and Finkelstein 2007: 517，二者皆詳細表明早期聖經考古學家歐布萊特（Albright）等人，主張佩雷斯特人與非利士人有緊密關連；Dothan, T. 1982, Killebrew 2005: 206–234, and Yasur-Landau 2010a: 2–3, 216–81，主要討論被鑑定為非利士人使用的遺物；Maeir, Hitchcock, and Horwitz 2013，這是關於非利士人議題最新也最全面的討論與定義；並請參見 Hitchcock 2011 and Stockhammer

2013。

11 參見 Cifola 1991; Wachsmann 1998; Drews 2000; Yasur-Landau 2010b, 2012b; Bouzek 2011。

12 Breasted 1930: x–xi。較新的資料參見 Abt (2011) 的布雷斯特德傳記。Abt 在第 230 頁提到，小洛克斐勒知道布雷斯特德需要資金，便暗中撥款五萬美元，但沒有通知他。

13 參見 Raban and Stieglitz 1991。

14 資料來源：Edgerton and Wilson 1936: pl. 46；翻譯及校訂：Wilson 1969: 262–63。

15 資料來源：Breasted 1906 (reprinted 2001) 4:201; Sandars 1985: 133。較新的資料參見 Zwickel 2012。

16 參見較新的資料及詳盡說明：Kahn 2012。

17 資料來源：Edel 1961；參見 Bakry 1973。

18 Breasted 1906 (2001) 3:253.

19 資料來源：Breasted 1906 (2001) 3:241, 243, 249。

20 參見下列討論：Sandars 1985: 105–15; Cline and O'Connor 2003; Halpern 2006–7。

21 http://www.livescience.com/22267-severed-hands-ancient-egypt-palace.html 和 http://www.livescience.com/22266-grisly-ancient-practice-gold-of-valor.html.

22 資料來源：Edgerton and Wilson 1936: pls. 37–39。

23 Ben Dor Evian 2011: 11–22.

24 RS 20.238 (Ugaritica 5.24)；資料來源：Beckman 1996a: 27；最初於 Nougayrol 及其他出版社出版。1968: 87–89。也請參見 Sandars 1985: 142–43; Yon 1992: 116, 119; Lebrun 1995: 86; Huehnergard 1999: 376–77; Singer 1999: 720–21; Bryce 2005:333（泥板編號誤植）。關於這封信的精確解讀，學界仍有爭論，此信是否要尋求支援，或者信件主旨為何，目前仍沒有定論。

25 Schaeffer 1962: 31–37; also Nougayrol et al. 1968: 87–89; Sandars 1985: 142–43; Drews 1993: 13–14.

26 參見下列討論：Sandars 1985; Drews 1993; Cifola 1994；以及 Ward and Joukowsky (1992) and Oren (1997) 編纂的會議記錄。然而，Raban and Stieglitz 1991 及 Killebrew and Lehmann 2013 的報告都曾提出反駁。

27 參見 Monroe 2009; Yasur-Landau 2010a；以及 Bachhuber and Roberts (2009), Galil et al. (2012), and Killebrew and Lehmann (2013) 編纂的會議記錄；以及 Hitchcock and Maeir 2013 的局勢總結與 Strobel 2013 的摘要。

28 Bryce 2012: 13.

29 Roberts 2008: 1–19。並請參見 Roberts 2009; Drews 1992: 21–24; Drews 1993: 48–72; Silberman 1998; Killebrew and Lehmann 2013: 1–2。

第一章

1 Cline 1995b，附參考資料；較近年的可見 Cline, Yasur-Landau, and Goshen 2011，也附參考資料。

2 參見 Bietak 1996, 2005; Bietak, Marinatos, and Palyvou 2007。

3 參見更近年的 Kamrin 2013。

4 Oren 1997.

5 Wente 2003a: 69–71.

6 譯自 Pritchard 1969: 554–55; Habachi 1972: 37, 49; Redford, D. B. 1992: 120; Redford, D. B. 1997: 14。

7 Bietak 1996: 80.

8 Heimpel 2003: 3–4.

9 Dalley 1984: 89–93, esp. 91–92.

10 關於馬里與其他地方的相關要求，參見 Cline 1995a: 150; Zaccagnini 1983: 250–54; Liverani 1990: 227–29。關於邁諾安與美索不達米亞之間的交流，參見 Heltzer 1989 and now also Sørensen 2009。關於愛琴海地區與美索不達米亞之間更大的交流問題，參見 Cline 1994: 24–30。

11 參見 Cline 1994: 126–28 (D.3–12) 的物品清單。

12 譯自 Durard 1983: 454–55；並請參見 Cline 1994: 127 (D.7)。

13 參見以下討論：Cline 1994, 1995a, 1999a, 2007a, and 2010，附上進一步的參考資料。

14 參見 Cline 1994: 126 (D.2)，附較早的參考資料；並請參見 Heltzer 1989。

15 Evans 1921–35.

16 Momigliano 2009.

17 關於邁諾安人與／或其社會各層面，市面上有眾多書籍可供參考，例如：Castleden 1993 and Fitton 2002；更近期的 Cline (ed.) 2010 當中也有幾篇相關文章。

18 關於希安的蓋子，參見 Cline 1994: 210 (no. 680)，附參考資料。

19 關於圖特摩斯三世的瓶子，參見 Cline 1994: 217 (no. 742)，附參考資料。

20 Cline 1999a: 129–30，附早期的參考資料。

21 Pendlebury 1930。關於彭德里伯里其人，參見 Grundon 2007。彭德里伯里的著作如今已被兩冊研究報告取代，參見 Phillips 2008。

22 參見前面各條關於 Cline 的註釋，並請參見 Cline 1991。

23 Panagiotopoulos 2006: 379, 392–93.

24 譯自 Strange 1980: 45–46。並請參見 Wachsmann 1987: 35–37, 94; Cline 1994: 109–10 (A.12)，附其他資訊與參考資料；Rehak 1998; Panagiotopoulos 2006: 382–83。

25 Troy 2006: 146–50.

26 Panagiotopoulos 2006: 379–80.

27 Panagiotopoulos 2006: 380–87.

28 譯自 Strange 1980: 97–98。並請參見 Wachsmann 1987: 120–21; Cline 1994: 110 (A.13)。

29 Strange 1980: 74; Wachsmann 1987: 119–21; Cline 1994: 110 (A.14).

30 Panagiotopoulos 2006: 380–83.

31 我在美國考古研究所（Archaeological Institute of America）某屆年會的報告中首度指出這一點；參見 Cline 1995a: 146。並請參見 Cline 1994: 110–11 (A.16); Panagiotopoulos 2006: 381–82。

32 Panagiotopoulos 2006: 372–73, 394；也請參見反對意見：Liverani 2001: 176–82。另外，參見 Cline 1995a: 146–47; Cline 1994: 110 (A.15)。

33 Clayton 1994: 101–2; Allen 2005: 261; Dorman 2005a: 87–88; Keller 2005: 96–98.

34 Tyldesley 1998: 1; Dorman 2005a: 88。並請參見 http://www.drhawass.com/blog/press-release-identifying-hatshepsuts-mummy。

35 Clayton 1994: 105; Dorman 2005b: 107–9.

36 Tyldesley 1998: 144.

37 Clayton 1994: 106–7; Tyldesley 1998: 145–53; Liverani 2001: 166–69; Keller 2005: 96–98; Roth 2005: 149; Panagiotopoulos 2006: 379–80.

38 Panagiotopoulos 2006: 373.

39 譯自 Strange 1980: 16–20, no. 1；參見 Cline 1997a: 193。

40 Cline 1997a: 194–96，附參考資料。

41 Ryan 2010: 277，並請參見 5–28, 260–81，探討 Ryan 二度開挖 KV 60。並請參見新聞報導：http://www.guardians.net/hawass/hatshepsut/search_for_hatshepsut.htm，以及 http://www.drhawass.com/blog/press-release-identifying-hatshepsuts-mummy。

42 關於圖特摩斯三世發動的戰役與攻陷米吉多等事蹟，參見 Cline 2000: chap. 1，附參考資料；也請參考一段很短的敘述：Allen 2005: 261–62。

43 Cline 2000: 28.

44 Darnell and Manassa 2007: 139–42; Podany 2010: 131–34.

45 Podany 2010: 134.

46 經典的權威翻譯於一九六一年由德國 Kammenhuber 出版，若欲了解馴馬師如何運用基庫里教導的現代範例，參見 Nyland 2009。

47 Redford, D. B. 2006: 333–34; Darnell and Manassa 2007: 141; Amanda Podany, personal communication, May 23, 2013.

48 Bryce 2005: 140.

49 我曾在 Cline 1997a: 196 中提出這個看法。關於亞蘇瓦盟的叛亂與亞細亞瓦，我曾提出討論，類似的細節和用詞參見下列幾個段落及更後面的行文，並請參

見 Cline 2013: 54–68；Cline 1996，附參考資料；Cline 1997a。並請參見 Bryce 2005: 124–27，附參考資料，以及 Beckman, Bryce, and Cline 2011 的相關篇章。

50 譯自 Unal, Ertekin, and Ediz 1991: 51; Ertekin and Ediz 1993: 721; Cline 1996: 137–38; Cline 1997a: 189–90。

51 關於西臺人及以下各段落的資料，參見 Bryce 2002, 2005, 2012; Collins 2007。

52 現今關於西臺人和《聖經》的討論，參見 Bryce 2012: 64–75。

53 參見 Bryce 2012: 47–49 以及書中多處關於新西臺人與其世界的討論。

54 參見 Bryce 2012: 13–14; Bryce 2005。

55 西臺法第十三條；譯自 Hoffner 2007: 219。

56 如前文所述，關於這個主題，我曾提出討論，細節請參見後面幾個段落及更後面的行文，並請參見 Cline 2013: 54–68；Cline 1996，附參考資料，Cline 1997a 與 Beckman, Bryce, and Cline 2011 的相關篇章。

57 完整譯文參見 Carruba 1977: 158–61；並請參見 Cline 1996: 141 的進一步討論與參考資料。

58 譯自 Houwink ten Cate 1970: 62 (cf. also 72 n. 99, 81)；並請參見 Cline 1996: 143，附參考資料。

59 參見 Cline 1996: 145–46; Cline 1997a: 192。

60 參見 Cline 2010: 177–79 的參考資料。

61 參見 Cline 1994, 1996, and 1997a 的參考資料，關於亞細亞瓦確切地點的論證；並請參見 Beckman, Bryce, and Cline 2011，以及 Kelder 2010 and Kelder 2012 提出的另一種意見。

62 關於施里曼的簡介與附加參考書目，參見 Rubalcaba and Cline 2011。

63 參見 Schliemann 1878; Tsountas and Manatt 1897。

64 Blegen and Rawson 1966: 5–6; Blegen and Kourouniotis 1939: 563–64.

65 關於邁錫尼人較近的探討，參見 Cline (ed.) 2010 著作中的文章。

66 關於在埃及與近東地區其他地方發現的邁錫尼物品，參見 Cline 1994 (republished 2009)，附參考資料。

67 Cline 1996: 149; see now Cline 2013: 54–68.

68 參見 Cline 1997a: 197–98 and Cline 2013: 43–49，附參考資料。

69 譯自 Fagles 1990: 185。

70 如前所述，參見 Cline 1997a: 202–3。

71 Kantor 1947: 73。

72 在 Panagiotopoulos 2006: 406 n. 1 中提到：「我們沒有理由相信，哈特謝普蘇特是和平主義者，因為有可靠證據指出，她在位期間至少打過四次甚至六次仗，當中至少有一次由她率軍親征。參見 Redford, D. B. 1967: 57–62。

第二章

1 Cline 1998: 236–37; Sourouzian 2004. 參見劍橋大學古典學者 Mary Beard 對這些雕像的看法，相關內容可至以下網頁瀏覽：http://timesonline.typepad.com/dons_life/2011/01/the-colossi-of-memnon.html。

2 自二〇〇〇年開始修復愛琴名單，到了二〇〇五年春天，整個基座終於重整完畢，共由八百塊碎片拼湊而成。參見以下討論：Sourouzian et al. 2006: 405–6, 433–35, pls. XXIIa, c。

3 Kitchen 1965: 5–6；並請參見 Kitchen 1966。

4 關於首次出版的名單，參見 Edel 1966; Edel and Görg 2005。關於其他學者的想法、評論與假設，參見 Hankey 1981; Cline 1987 and 1998。

5 Cline and Stannish 2011.

6 Cline 1987, 1990, 1994, and 1998; Phillips and Cline 2005.

7 Cline 1987: 10；並請參見 Cline 1990。

8 Cline 1994: xvii–xviii, 9–11, 35, 106; Cline 1999a.

9 Cline 1998: 248；並請參見 Cline 1987 and Cline and Stannish 2011: 11.

10 Mynářová 2007: 11–39.

11 參見 Amarna Letters EA 41–44; Moran 1992: 114–17。

12 參見 Cohen and Westbrook 2000。

13 參見 Moran 1992 為所有信件做的英文翻譯。

14 Amarna Letter EA 17；譯自 Moran 1992: 41–42。

15 阿瑪納信函 EA 14; Moran 1992: 27–37。

16 阿瑪納信函 EA 22, 24, and 25; Moran 1992: 51–61, 63–84。

17 Liverani 1990; Liverani 2001: 135–37. Mynářová 2007: 125–31 特別著重於阿瑪納信函。

18 關於這方面的人類學家研究報告，參見以下討論：Cline 1995a: 143, 附參考資料與參考書目。

19 烏加里特信函 RS 17.166，在 Cline 1995a: 144 當中引述，譯文參見 Liverani 1990: 200。

20 西臺信函 KUB XXIII 102: I 10–19，於 Cline 1995a: 144 引述，由 Liverani 1990: 200 翻譯。

21 關於這個議題，參見 Cline 1995a 的完整討論。

22 阿瑪納信函 EA 24；譯自 Moran 1992: 63。圖什拉塔與阿蒙霍特普三世之間的親戚關係，參見以下討論：Kahn 2011。

23 參見 Moran 1992: 47–50 當中寄給阿蒙霍特普三世的阿瑪納信函 EA 20，接著參見 Moran 1992: 86–99 當中，後來寄給阿肯那頓的阿瑪納信函 EA 27–29。

24 阿瑪納信函 EA 22, lines 43–49；譯自 Moran 1992: 51–61，特別是第 57 頁。在古代近東地區，這種皇室聯姻並不罕見，參見 Liverani 1990。

25 Cline 1998: 248.

26 阿瑪納信函 EA 4；譯自 Moran 1992: 8–10。

27 阿瑪納信函 EA 1；譯自 Moran 1992: 1–5。

28 阿瑪納信函 EA 2–3；譯自 Moran 1992: 6–8, 10–11。

29 阿瑪納信函 EA 19；譯自 Moran 1992: 4。

30 阿瑪納信函 EA 3；譯自 Moran 1992: 7。

31 阿瑪納信函 EA 7 and 10；譯自 Moran 1992: 12–16, 19–20。並請參見 Podany 2010: 249–52。

32 阿瑪納信函 EA 7；譯自 Moran 1992: 14。

33 阿瑪納信函 EA 7; Moran 1992: 14。並請參阿瑪納信函 8，布爾那－布里亞什在此信中對阿肯那頓抱怨商隊再度遭到攻擊且全員遇害；Moran 1992: 16–17。

34 Malinowski 1922; Uberoi 1962; Leach and Leach 1983; Mauss 1990: 27–29; Cline 1995a.

35 這一點早年在別的書中曾經提及，參見 Cline 1995a: 149–50，附進一步參考資料與參考書目。

36 這一點也曾在別的書中提及，參見 Cline 1995a: 150。書中進一步的參考資料與參考書目包括：Zaccagnini 1983: 250–54; Liverani 1990: 227–29; Niemeier 1991; Bietak 1992: 26–28。也請參考 Niemeier and Niemeier 1998; Pfälzner 2008a, 2008b; Hitchcock 2005, 2008; Cline and Yasur-Landau 2013。

37 阿瑪納信函 EA 33–40。賽普勒斯與阿拉什亞之間的相似處在學術界有著漫長又複雜的爭論，關於兩者的相似處，參見以下短篇討論：Cline 2005。

38 阿瑪納信函 EA 35; Moran 1992: 107–9。「塔蘭特」一詞是修復信函後推想出來的，但用在這裡看來最合理。

39 參見 Moran 1992: 39 的簡短註解。

40 阿瑪納信函 EA 15；譯自 Moran 1992: 37–38。

41 阿瑪納信函 EA 1；譯自 Moran 1992: 37–38。

42 Van De Mieroop 2007: 131, 138, 175; Bryce 2012: 182–83.

43 這座半身像被《時代》雜誌評選為十大戰利品排行榜的其中一名，參見網址：http://www.time.com/time/specials/packages/article/0,28804,1883142_1883129_1883119,00.html。並請參見《時代》雜誌報導：http://www.nytimes.com/2009/10/19/world/europe/19iht-germany.html?_r=2。

44 一九七〇年代晚期，美國掀起一股研究圖坦卡門的熱潮，稱為「圖坦卡門熱」（Tutmania）。參見喜劇演員史提夫・馬丁當時在「週六夜現場」唱的歌。他唱歌的片段如今在網路上可以找到大量相關影片，包括下列網址：http://www.hulu.com/watch/55342 與 http://www.nbc.com/saturday-night-live/digital-shorts/video/king-tut/1037261/。

45 Hawass 2005: 263–72.

46 Hawass 2010; Hawass et al. 2010.

47 Reeves 1990: 44.

48 Reeves 1990: 40–46.

49 Reeves 1990: 48–51.

50 Reeves 1990: 10.

51 參見 Reeves 1990: 52–53 的圖片。

52 Bryce 2005: 148–59; Podany 2010: 267–71.

53 Cline 1998: 248–49。關於阿蒙霍特普三世與各王朝的聯姻，參見 Schulman 1979: 183–85, 189–90; Schulman 1988: 59–60; Moran 1992: 101–3。

54 譯自 Singer 2002: 62；引用及討論：Bryce 2005: 154–55（並請參見 188）。

55 參見 Yener 2013a，附參考資料。

56 參見 Bryce 2005: 155–59, 161–63, 175–80; Bryce 2012: 14。

57 Richter 2005; Merola 2007; Pfälzner 2008a, 2008b。關於完整的檔案，參見 Richter and Lange 2012。關於阿肯那頓的泥印，參見 Ahrens, Dohmann-Pfälzner, and Pfälzner 2012。關於公元前一三四〇年的最後危機，參見 Morandi Bonacossi 2013。

58 參見 Beckman, Bryce, and Cline 2011: 158–61 的討論。

59 譯自 Bryce 2005: 178。多虧了 Bryce 2005: 178–83 的詳盡說明。也請參見 Cline 2006 為兒童撰寫的說明。

60 譯自 Bryce 2005: 180–81；信件編號 KBo xxviii 51。

61 譯自 Bryce 2005: 181。

62 譯自 Bryce 2005: 182。

63 關於學術界不同的意見，參見 Bryce 2005: 179，作者認為守寡的王后應是安卡蘇納蒙。但是在 Reeves 1990: 23 中，作者認為這位王后應是娜芙蒂蒂。並請參見 Podany 2010: 285–89，這位作者也認為應是安卡蘇納蒙。

64 參見 Bryce 2005: 183 and n. 130，附參考資料。

65 參見下列討論：Cline 1991a: 133–43; Cline 1991b: 1–9; Cline 1994: 68–74。

66 Cline 1998: 249.

67 參見 Bryce 1989a: 1–21; Bryce 1989b: 297–310。

第三章

1 此事有各種資料來源以及後續大量細節探討，其中特別值得查考的是下列各人的著作： Bass 1986, 1987, 1997, 1998; Pulak 1988, 1998, 1999, 2005; Bachhuber 2006; Cline and Yasur-Landau 2007;Podany 2010: 256–58。

2 Bass 1967; Bass 1973.

3 Pulak 1998: 188.

4 Pulak 1998: 213.

5 除了普拉克、巴斯與包賀伯（Bachhuber），參見 Monroe 2009: 11–12 的列表，以及 13–15、234–38 的討論；並請參見 Monroe 2010。二〇一二年五月，在德國弗萊堡（Freiburg）舉辦的學術會議中，普拉克提出了較新的資料。

6 Weinstein 1989.

7 參見 Manning 等人於 2009 年的著作。

8 Payton 1991.

9 RS 16.238+254；譯自 Heltzer 1988: 12。在眾多討論中，參見 Caubet and Matoian 1995: 100; Monroe 2009: 165–66。

10 RS 16.386；譯自 Monroe 2009: 164–65。

11 Singer 1999: 634–35。這時期雙方之間的交流，參見 Nougayrol 1956。

12 Bryce 2005: 234.

13 Bryce 2005: 277.

14 Bryce 2005: 236，附參考資料。

15 Bryce 2005: 236–37.

16 譯自 Bryce 2005: 237–38 與 Gardiner。

17 Bryce 2005: 235.

18 Bryce 2005: 238–39.

19 Bryce 2005: 277–78.

20 譯自 Bryce 2005: 277 與 Kitchen。

21 Bryce 2005: 277, 282, 284–85.

22 譯自 Bryce 2005: 283 與 Kitchen。

23 關於本節與下一章的特洛伊與特洛伊戰爭主題，長篇討論請見 Cline 2013，此書是與本書同時撰寫，當中包含一些相同的資料和文字，只是在書中編排順序各不同；另外，該書也有一些討論比本書更為詳盡。在這兩本書中，相關討論都以一個附參考資料的初版教材為基礎，作者是課程指導委員。本教材包含十四課有聲書，書名是《考古學與伊利亞德：荷馬筆下與歷史中的特洛伊戰爭》（*Archaeology and the Iliad: The Trojan War in Homer and History*）（有聲書／現代學者〔The Modern Scholar〕公司，二〇〇六），此處的引用經出版商正式授權。

24 參見 Beckman、Bryce 與 Cline 2011: 140–44 的討論。

25 Beckman, Bryce, and Cline 2011: 101–22.

26 Beckman, Bryce, and Cline 2011: 101–22.

27 Beckman, Bryce, and Cline 2011: 101–22.

28 Beckman, Bryce, and Cline 2011: 101–22.

29 參見較新的討論（附參考資料）：Cline 2013。並請參見 Strauss 2006。

30 可參見以下各個討論：Wood 1996; Allen 1999; Cline 2013。

31 Mountjoy 1999a: 254–56, 258; Mountjoy 1999b: 298–99; Mountjoy 2006: 244–45; Cline 2013: 90.

32 參見較近的討論：Cline 2013: 87–90。

33 參見 Loader 1998; Shelmerdine 1998b: 87; Deger-Jalkotzy 2008: 388; Maran 2009: 248–50; Kostoula and Maran 2012: 217, citing Maran 2004。

34 Hirschfeld 1990, 1992, 1996, 1999, 2010; Cline 1994: 54, 61; Cline 1999b; Cline 2007a: 195; Maran 2004; Maran 2009: 246–47.

35 Cline 1994: 50, 128–30。並請參見 Monroe 2009: 196–97, 226–27。

36 Cline 1994: 60, 130 (Cat. nos. E13–14); Palaima 1991: 280–81, 291–95; Shelmerdine 1998b.

37 Cline 1994: 60, 130；並請參見 Palaima 1991: 280–81, 291–95；Knapp 1991。參見現今的 Yasur-Landau 2010a: 40，表 2.1，以一張表格條列此處及下文的各名稱，一目瞭然，並請參見 fig. 2.3 的地圖。

38 Cline 1994: 50, 68–69, 128–31 (Cat. nos. E3, E7, E15–18)；參見較近的資料：Latacz 2004: 280–81，作者引述 Niemeier 1999: 154 的內容，表明皮洛斯泥板也提到其他地區的女子，分別來自希臘的蘭諾斯島（Lemnos）、希俄斯島（Chios），以及特洛伊或特洛亞德。

39 Cline 1994: 50, 129 (Cat. nos. E8–11)；較早的資料：Astour 1964: 194, 1967: 336–44；最近的資料還有：Bell 2009: 32。

40 Cline 1994: 35, 128 (Cat. nos. E1–2); Shelmerdine 1998a.

41 Zivie 1987.

42 以下關於出埃及的討論是經過編纂的初版資料，並附參考資料，由當代作者出版（Cline 2007b），本書在此引用乃經作者正式授權。

43 Diodorus Siculus 1.47；由 Oldfather 於一九六一年翻譯。

44 參見以下討論：Cline 2007b: 61–92，附參考資料；並請參見 Miller and Hayes 2006: 39–41; Bryce 2012: 187–88。

45 譯自 Pritchard 1969: 378。

46 參見以下討論：Cline 2007b: 83–85，附參考資料；並請參見 Hoffmeier 2005、Ben-Tor 與 Rubiato 1999。

47 參見以下討論：Cline 2007b: 85–87，附參考資料。

48 這種言論最常出現在網路上，而且很容易找到，以下便是一例：http://www.discoverynews.us/DISCOVERY%20MUSEUM/BibleLandsDisplay/Red_Sea_Chariot_Wheels/Red_Sea_Chariot_Wheels_1.html。

49 數十年來，學界對於火山噴發時間點的判定問題始終爭執不下，參見 Manning 1999, 2010，附參考資料。

50 Cline 2007b, 2009a, 2009b，附參考資料。

51 Zuckerman 2007a: 17，書中內容引用 Garstang、Yadin 與 Ben-Tor 合著的出版品。並請參見較新的著作：Ben-Tor 2013。

52 Zuckerman 2007a: 24.

53 Ben-Tor and Zuckerman 2008: 3–4, 6.

54 Ben-Tor 1998, 2006, 2013; Ben-Tor and Rubiato 1999; Zuckerman 2006, 2007a,

2007b, 2009, 2010; Ben-Tor and Zuckerman 2008; Ashkenazi 2012; Zeiger 2012; Marom and Zuckerman 2012.

55 參見以下的討論與參考資料：Cline 2007b: 86–92; Cline 2009a: 76–78；並請參見 Cline 2009b。

56 Bryce 2009: 85.

57 Kuhrt 1995: 353–54; Bryce 2012: 182–83.

58 Bryce 2005: 314.

59 Porada 1992: 182–83; Kuhrt 1995: 355–58; Singer 1999: 688–90; Potts 1999: 231; Bryce 2005: 314–19; Bryce 2009: 86; Bryce 2012: 182–85。請留意，Singer 將圖庫爾蒂－尼努爾塔政權的起始定為公元前一二三三年，而非公元前一二四四年。

60 關於亞述在美索不達米亞北方的尼利亞（Nihriya）與西臺作戰，參見 Bryce 2012: 54, 183–84。關於將禮物送去比奧西亞的底比斯，參見以下討論：Porada 1981。此外，在 Cline 1994: 25–26 當中也有簡短討論。

61 譯自 Beckman, Bryce, and Cline 2011: 61；較早的版本參見：Bryce 2005: 315–19。

62 譯自 Beckman, Bryce, and Cline 2011: 63。

63 我曾在諸多前作探討這一點，最新的看法參見 Cline 2007a: 197，附參考資料。

64 譯自 Beckman, Bryce, and Cline 2011: 61；並請參見較早的資料：Bryce 2005: 309–10。

65 參見以下討論：Beckman, Bryce, and Cline 2011: 101–22；並請參見較早的討論：Bryce 1985, 2005: 306–8。

66 Bryce 2005: 321–22; Demand 2011: 195。並請參見 Kaniewski et al. 2013：探討這個時期賽普勒斯可能發生過乾旱，詳情見後文。

67 譯自 Bryce 2005: 321，繼 Güterbock 之後，此外也請參見 321–22 與 333 等頁面的討論；並請參見 Beckman 1996b: 32 的譯文，以及 Hoffner 1992: 48–49 的討論。

68 譯自 Beckman 1996b: 33；並請參見 Bryce 2005: 332; Singer 2000: 27; Singer 1999: 719, 721–22; Hoffner 1992: 48–49; Sandars 1985: 141–42。

69 Bryce 2005: 323, 327–33; Singer 2000: 25–27; Hoffner 1992: 48–49.

70 Singer 2000: 27.

71 Phelps, Lolos, and Vichos 1999; Lolos 2003.

72 Bass 1967; Bass 1973.

73 Bass 1988; Bass 2013.

74 Cline 1994: 100–101.

第四章

1 Yon 2006: 7。大量學術文獻都曾探討這些遺址，其中 Yon 2006 篇幅較小，而且很容易理解，Curtis 1999 也是如此。關於烏加里特的政治與經濟史，也請參考 Singer 1999 精闢的概述與總論，並請參考 Podany 2010: 273–75。

2 Caubet 2000; Yon 2003, 2006: 7–8.

3 參見 Yon 2006: 142–43，書中有原址的迦南儲物罐照片，並有簡短討論與進一步的參考資料。

4 Dietrich and Loretz 1999; Yon 2006: 7–8, 44，附進一步參考資料。

5 Yon 2006: 7–8, 19, 24; Lackenbacher 1995a: 72; Singer 1999: 623–27, 641–42, 680–81, 701–4。阿瑪納信函中，由烏加里特諸王寄出的是 EA 45 與 49，EA 46–48 也有可能；參見 Moran 1992。

6 Van Soldt 1991; Lackenbacher 1995a: 69–70; Millard 1995: 121; Huehnergard 1999: 375; Singer 1999: 704。最新的資料參見 Singer 2006: esp. 256–58; Bell 2006: 17; McGeough 2007: 325–32。

7 Singer 1999: 657–60, 668–73; Pitard 1999: 48–51; Bell 2006: 2, 17; McGeough 2007; Bell 2012: 180.

8 Yon 2006: 20–21, 在 129–72 頁則有特定物件的圖片與討論，包括討論那把銅劍的 168–69 頁； Singer 1999: 625, 676; McGeough 2007: 297–305。

9 記錄於 RS 17.382 + RS 17.380 泥板；參見 Singer 1999: 635; McGeough 2007: 325。

10 Lackenbacher 1995a; Bordreuil and Malbran-Labat 1995; Malbran-Labat 1995。關

於烏加里特滅亡的較早討論，參見 Astour 1965 與 Sandars 1985。

11 Yon 2006: 51, 54; McGeough 2007: 183–84, 254–55, 333–35; Bell 2012: 182–83。關於賽普－邁諾安文，參見 Hirschfeld 2010，附參考資料。

12 Yon 2006: 73–77，附參考資料；van Soldt 1999: 33–34; Bell 2006: 65; McGeough 2007: 247–49; Bell 2012: 182。

13 烏加里特文本 RS 20.168；參見 Singer 1999: 719–20；最初於 Nougayrol 出版。1968: 80–83。

14 Malbran-Labat 1995; Bordreuil and Malbran-Labat 1995; Singer 1999: 605; van Soldt 1999: 35–36; Yon 2006: 22, 87–88; Bell 2006: 67; McGeough 2007: 257–59; Bell 2012: 183–84。並請參見 Bordreuil, Pardee, and Hawley 2012。

15 RS 34.165. Lackenbacher in Bordreuil 1991: 90–100; Hoffner 1992: 48; Singer 1999: 689–90.

16 Singer 1999: 658–59；並請參見 Cohen and Singer 2006; McGeough 2007: 184, 335。

17 Singer 1999: 719–20，總結前人的報告；Bordreuil and Malbran-Labat 1995: 445。

18 Lackenbacher and Malbran-Labat 2005: 237–38 and nn. 69, 76; Singer 2006: 256–58; Cline and Yasur-Landau 2007: 130; Bryce 2010; Bell 2012: 184。西臺國王（或許是蘇庇路里烏瑪二世）寄出的信編號是 RS 94.2530；西臺高級官員寄出的信編號則是 RS 94.2523。

19 RS 88.2158. Lackenbacher 1995b: 77–83; Lackenbacher in Yon and Arnaud 2001: 239–47; 參見以下討論：Singer 1999: 708–712; Singer 2000: 22。

20 RS 34.153; Bordreuil 1991: 75–76; 譯自 Monroe 2009: 188–89。

21 RS 17.450A; 參見以下討論：Monroe 2009: 180, 188–89。

22 Malbran-Labat 1995: 107.

23 Millard 1995: 121.

24 Singer 1999: 729–30 and n. 427; Caubet 1992: 123; Yon 2006: 22; Kaniewski et al. 2011: 4–5.

25 Yon 1992: 111, 117, 120; Singer 1999: 730; Bell 2006: 12, 101–2.

26 烏加里特文本 RS 86.2230。參見 Yon 1992: 119; Hoffner 1992: 49; Drews 1993: 13; Singer 1999: 713–15; Arnaud in Yon and Arnaud 2001: 278–79 Yasur-Landau 2003d: 236; Bell 2006: 12; Yon 2006: 127; Yasur-Landau 2010a: 187; Kaniewski et al. 2010: 212; Kaniewski et al. 2011: 5。

27 KTU 1.78 (RS 12.061). Kaniewski et al. 2010: 212 and Kaniewski et al. 2011: 5，以上兩處引用 Dietrich and Loretz 2002。Contra Demand 2011: 199，此處引用 Lipinski 早年的著作，認為烏加里特城滅亡的時間點不可能晚於公元前一一六〇年。

28 參見 Sandars 1985。

29 參見 Millard 1995: 119 and Singer 1999: 705，附較早的參考資料；並請參見 Soldt 1999: 32; Yon 2006: 44; Van De Mieroop 2007: 245; McGeough 2007: 236–37; McGeough 2011: 225。

30 Yon 1992: 117; Caubet 1992: 129; McClellan 1992: 165–67; Drews 1993: 15, 17; Singer 2000: 25.

31 Courbin 1990，引用 Caubet 1992: 127；並請參見 Lagarce and Lagarce 1978。

32 Bounni, Lagarce, and Saliby 1976; Bounni, Lagarce, and Saliby 1978， 由 Caubet 1992: 124 引用；並請參見 Drews 1993: 14; Singer 2000: 24; Yasur-Landau 2010a: 165–66; Killebrew and Lehmann 2013: 12。

33 Kaniewski et al. 2011: 1，並請參見圖 2。關於這個遺址的探勘情況，請參考下列討論： Maqdissi et al. 2008; Bretschneider and Van Lerberghe 2008, 2011; Vansteenhuyse 2010; Bretschneider, Van Vyve, and Jans 2011。

34 Kaniewski et al. 2011: 1–2.

35 Kaniewski et al. 2011: 1.

36 參見 Badre 2003 與後文的討論；並請參見 Badre et al. 2005; Badre 2006, 2011; Jung 2009; Jung 2010: 177–78。

37 Jung 2012: 115–16.

38 Drews 1993: 7 n. 11, 15–16；參見較早的出版品：Franken 1961; Dothan, T. 1983: 101, 104; Dever 1992: 104。並請參見最近的出版品：Gilmour and Kitchen

2012。

39 參見 Weinstein 1992: 143 的簡短討論，附較早的參考資料。

40 參見 Dever 1992: 101–2 的簡短概論與討論。

41 Loud 1948: 29 and figs 70–71；並請參見 Kempinski 1989: 10, 76–77, 160; Finkelstein 1996: 171–72; Nur and Ron 1997: 537–39; Nur and Cline 2000: 59。

42 Ussishkin 1995；並請參見他在二〇一三年五月的私人訊息。

43 Weinstein 1992: 144–45; Ussishkin 1995: 214; Finkelstein 1996: 171; cf. Loud 1939: pl. 62 no. 377.

44 參見最近的評論：Feldman 2002, 2006, and 2009; Steel 2013: 162–69。並請參見早期的評論：Loud 1939; Kantor 1947。

45 Weinstein 1992: 144–45; Ussishkin 1995: 214; Finkelstein 1996: 171；並請參見最近的 Yasur-Landau 2003d: 237–38; Zwickel 2012: 599–600。

46 資料來源：Israel Finkelstein, Eran Arie, and Michael Toffolo；感謝他們容我在此提及各項正在進行的研究，當時這些研究內容尚未公諸於世。

47 Ussishkin 1995: 215.

48 Ussishkin 2004b：表 2.1 和 3.3。

49 Ussishkin 2004b: 60–69.

50 Ussishkin 2004b: 60–62.

51 Ussishkin 2004b: 62, 65–68.

52 Ussishkin 2004b: 71; Barkay and Ussishkin 2004: 357.

53 Zuckerman 2007a: 10，引用 Barkay and Ussishkin 2004: 353, 358–61 and Smith 2004: 2504–7。

54 Barkay and Ussishkin 2004: 361; Zuckerman 2007a: 10.

55 Ussishkin 2004b: 70；並請參見 Ussishkin 1987。

56 Ussishkin 2004b: 69–70，附早期的出版品參考資料。

57 Ussishkin 1987; Ussishkin 2004b: 64 與 136 頁的彩圖；並請參見 Weinstein 1992: 143–44; Giveon, Sweeney, and Lalkin. 2004: 1626–28; Ussishkin 2004d，附圖。較近的資料參見：Zwickel 2012: 597–98。

58 Ussishkin 1987.

59 Carmi and Ussishkin 2004: 2508–13 以及表 35.1；Barkay and Ussishkin 2004: 361; Ussishkin 2004b: 70; Giveon, Sweeney, and Lalkin 2004: 1627–28，附較早的參考資料。烏西什金於二〇一三年五月十四日的私人訊息中寫道：「關於將拉吉 VI 層毀滅時間定於公元前一一三〇年，我並不是以碳十四鑑定的時間為依據，而是假定埃及人控制拉吉的時間，必然和他們控制北方的米吉多與伯珊一樣久。另一個根據則是拉美西斯六世在米吉多的雕像，這些城市想必都留存到公元前一一三〇年，我到現在依然持這樣的觀點。」

60 Zwickel 2012: 598，附較早的參考資料。

61 Ussishkin 2004b: 70.

62 Ussishkin 2004b: 70.

63 Ussishkin 2004b: 69–72，附較早的出版品參考資料。

64 Ussishkin 1987; Ussishkin 2004b: 71–72; Zuckerman 2007a: 10。並請參見 Zwickel 2012: 597–98。

65 Ussishkin 2004b: 71 與 127 頁彩圖；並請參見 Barkay and Ussishkin 2004: 358, 363; Smith 2004: 2504–7。

66 參見較早的討論：Nur and Ron 1997; Nur and Cline 2000, 2001; Nur and Burgess 2008; Cline 2011。

67 Ussishkin 2004c: 216, 267, 270–71.

68 Weinstein 1992: 147.

69 Master, Stager, and Yasur-Landau 2011: 276；參見先前的討論：Dothan, M. 1971: 25; Dothan, T. 1982: 36–37; Dever 1992: 102–3; Dothan and Dothan 1992: 160–61; Dothan, M. 1993: 96; Dothan and Porath 1993: 47; Dothan, T. 1990, 2000; Stager 1995; Killebrew 1998: 381–82; Killebrew 2000; Gitin 2005; Barako 2013: 41。並請參見最近的簡短討論：Demand 2011: 208–10。針對非利士人的文化屬性，以及他們和當地迦南人如何互相影響，也有詳細的辯論與討論，並附完整參考資料：Killebrew 2005: 197–245; Killebrew 2006–7; Killebrew 2013; Yasur-Landau 2010a: esp. 216–334; Faust and Lev-Tov 2011; Yasur-Landau 2012a; Killebrew and

Lehmann 2013: 16; Sherratt 2013; and Maeir, Hitchcock, and Horwitz 2013。

70 Dothan, T. 2000: 147; 並請參見相似的論述：Dothan, T. 1998: 151。也請參見 Yasur-Landau 2010a: 223–24。

71 Master, Stager, and Yasur-Landau 2011: 261, 274–76, and passim；並請參見較早的資料：Dothan, T. 1982: 36。

72 Stager 1995: 348，由 Yasur-Landau 2012a: 192 引用。並請參見 Middleton 2010: 85, 87。

73 Potts 1999: 206, 233，以及表 7.5–7.6。並請參見 Zettler 1992: 174–76 的討論。

74 譯自 Potts 1999: 233 與表 7.6。

75 Potts 1999: 188, 233 與表 7.9；Bryce 2012: 185–87。

76 Yener 2013a; Yener 2013b: 144.

77 Drews 1993: 9.

78 參見針對此事的評論：Güterbock 1992: 55，附較早的參考資料：Kurt Bittel, Heinrich Otten 及其他。並請參見以下討論：Bryce 2012: 14–15。

79 Neve 1989: 9; Hoffner 1992: 48; Güterbock 1992: 53; Bryce 2005: 269–71, 319–21; Genz 2013: 469–72.

80 Hoffner 1992: 49, 51.

81 Hoffner 1992: 46–47，附較早的參考資料：Kurt Bittel, Heinrich Otten 及其他；並請參考較近的資料：Singer 2001; Middleton 2010: 56。

82 Muhly 1984: 40–41.

83 Bryce 2012: 12; Genz 2013: 472.

84 Seeher 2001; Bryce 2005: 345–46; Van De Mieroop 2007: 240–41; Demand 2011: 195; Bryce 2012: 11; Genz 2013: 469–72.

85 Drews 1993: 9, 11，附參考資料；Yasur-Landau 2010a: 159–61, 186–87，附參考資料。關於塔爾蘇斯，參見 Yalçin 2013。

86 Drews 1993: 9，附參考資料。

87 Bryce 2005: 347–48。在布萊斯之前也有人提過這一點，比如：Güterbock 1992: 53，引用 Bittel；並請參見最新資料：Genz 2013。

88 本章對於特洛伊城 VIIa 層的毀滅所進行的簡短討論，和前一章探討特洛伊城與特洛伊戰爭的小節一樣，都是重複運用 Cline 2013 的資料，該書與本書在同一時期撰寫。再次聲明，本篇討論源自經過編纂的初版教材，附額外參考資料，作者是課程指導委員。本教材包含十四課有聲書，書名是《考古學與伊利亞德：荷馬筆下與歷史中的特洛伊戰爭》（有聲書／現代學者公司，二〇〇六），此處的引用經出版商正式授權。

89 Mountjoy 1999b: 300–301 及 298 頁的表 1；Mountjoy 2006: 245–48；參見最近的資料：Cline 2013: 91。

90 Mountjoy 1999b: 296–97；參見較近的資料：Cline 2013: 93–94。

91 參見 Blegen et al. 1958: 11–12。

92 英國廣播公司（BBC）紀錄片「特洛伊的真相」（The Truth of Troy）文字記錄：http://www.bbc.co.uk/science/horizon/2004/troytrans.shtml；並請參見最近的討論：Cline 2013: 94–101。

93 參見 Mountjoy 1999b: 333–34 及近年的 Cline 2013: 94。

94 參見 Deger-Jalkotzy 2008: 387, 390 及 Shelmerdine 2001: 373 n. 275 列出的毀滅地點表。

95 Middleton 2010: 14–15。參見較新且更進一步的討論：Middleton 2012: 283–85。

96 Blegen and Lang 1960: 159–60.

97 Rutter 1992: 70；並請參見最近的資料：Deger-Jalkotzy 2008: 387。

98 參見 Blegen and Rawson 1966: 421–22。關於重新推算皮洛斯被毀的時間，參見 Mountjoy 1997; Shelmerdine 2001: 381。

99 Blegen and Kourouniotis 1939: 561.

100 Davis 2010: 687。並請參見以下討論：Davis 1998: 88, 97。

101 Blegen 1955: 32，並請參見 Blegen and Rawson 1966 全書各處的討論。

102 參見最近的討論：Deger-Jalkotzy 2008: 389,，附正反兩方參考資料，包括 Hooker 1982, Baumbach 1983, and Palaima 1995；並請參見 Shelmerdine 1999 and Maran 2009: 245，附參考資料。

103 Iakovidis 1986: 259.

104 Taylour 1969: 91–92, 95; Iakovidis 1986: 244–45，由Nur and Cline 2000: 50引用。

105 Wardle, Crouwel, and French. 1973: 302.

106 French 2009: 108；並請參見 French 2010: 676–77。

107 Iakovidis 1986: 259；並請參見 Middleton 2010: 100。

108 Iakovidis 1986: 260.

109 參見 Yasur-Landau 2010a: 69–71；並請參見 Murray 2013 發表的博士論文，以及 Enverova 2012 發表的碩士論文。

110 Maran 2009: 246–47; Cohen, Maran, and Vetters 2010; Kostoula and Maran 2012.

111 Maran 2010: 729，引用 Kilian 1996。

112 參見 Nur and Cline 2000: 51–52 完整的參考資料，這份資料首度透過此書公開；並請參見 Nur and Cline 2001。

113 Kilian 1996: 63，由 Nur and Cline 2000: 52 引用。

114 參見 Yasur-Landau 2010a: 58–59, 66–69，附進一步參考資料；Maran 2010; Middleton 2010: 97–99; Middleton 2012: 284。

115 Karageorghis 1982: 82.

116 Karageorghis 1982: 82–87，後來由 Karageorghis 1992: 79–86 更新資料；並請參見最近的討論：Karageorghis 2011。也請參見下列討論：Sandars 1985: 144–48; Drews 1993: 11–12; Bunimovitz 1998; Yasur-Landau 2010a: 150–51; Middleton 2010: 83; Jung 2011。

117 Karageorghis 1982: 86–88, 91.

118 Karageorghis 1982: 88；參見簡短的討論：Demand 2011: 205–6。

119 Karageorghis 1982: 89.

120 關於恩科米的破壞情形，參見 Steel 2004: 188，引用較早的考古報告；並請參見 Mountjoy 2005。關於烏加里特的文件—— RS 20.18（Ugaritica 5.22），參見 Karageorghis 1982: 83；原始版本：Nougayrol et al. 1968: 83–85，Bryce 2005: 334 重新翻譯並節錄；並請參見 Sandars 1985: 142。

121 Drews 1993: 11–12; Muhly 1984; Karageorghis 1992.

122 Steel 2004: 187。並請參見 Iacovou 2008 and Iacovou 2013（於二〇〇一撰寫／發表，並於二〇〇八更新，但根據作者表示，此後便沒有新作品問世。）

123 Steel 2004: 188.

124 Steel 2004: 188–90；關於這些地點出土的陶器，參見最新的討論：Jung 2011。

125 Voskos and Knapp 2008; Middleton 2010: 84; Knapp 2012；並請參見最近關於這個主題的討論：Karageorghis 2011。

126 Åström 1998: 83.

127 Kaniewski et al. 2013.

128 Karageorghis 1982: 89–90。關於《溫阿蒙歷險記》的翻譯，參見 Wente 2003b。

129 Steel 2004: 186–87, 208–13；並請參見以下討論：Iacovou 2008。

130 Kitchen 2012: 7–11.

131 Snape 2012: 412–13；參見較早的討論：Clayton 1994: 164–65。完整故事參見：Redford, S. 2002。

132 Clayton 1994: 165; Redford, S. 2002: 131.

133 參見 Zink et al. 2012，附《洛杉磯時報》（Los Angeles Times）、《今日美國》（USA Today）及其他媒體報導，可進入下列網站瀏覽：http://articles.latimes.com/2012/dec/18/science/la-sci-sn-egypt-mummy-pharoah-ramses-murder-throat-slit-20121218, http://www.usatoday.com/story/tech/sciencefair/2012/12/17/ramses-ramesses-murdered-bmj/1775159/, http://www.pasthorizonspr.com/index.php/archives/12/2012/ramesses-iii-and-the-harem-conspiracy-murder。

134 參見 Zink et al. 2012，附《洛杉磯時報》（Los Angeles Times）、《今日美國》（USA Today）及其他媒體報導，可進入下列網站瀏覽：http://articles.latimes.com/2012/dec/18/science/la-sci-sn-egypt-mummy-pharoah-ramses-murder-throat-slit-20121218, http://www.usatoday.com/story/tech/sciencefair/2012/12/17/ramses-ramesses-murdered-bmj/1775159/, http://www.pasthorizonspr.com/index.php/archives/12/2012/ramesses-iii-and-the-harem-conspiracy-murder。

135 關於人們在諸如伊賓漢尼岬之類的新居住地製造並使用 LH IIIC1 陶器，參見 Singer 2000: 24 and Caubet 1992: 124。並請參見最近的討論：Sherratt 2013:

627–28。

136 Caubet 1992: 127；並請參見最近的討論：Yasur-Landau 2010a: 166; Killebrew and Lehmann 2013: 12，附參考資料。

137 Steel 2004: 188–208，引用許多早期研究；並請參見 Yasur-Landau 2010a 書中各處討論。

第五章

1 摘自亞瑟・柯南・道爾爵士（Sir Arthur Conan Doyle）《巴斯克維爾的獵犬》（*The Hound of the Baskervilles*）。

2 參見 Sandars 1985; Drews 1993；並請參見以下各人編纂的會議記錄：Ward and Joukowsky (1992)（特別是 Muhly [1992] 的評論），Oren (1997)。

3 參見 Monroe 2009; Middleton 2010; Yasur-Landau 2010a；並請參見以下各人編纂的會議記錄： Bachhuber and Roberts (2009), Galil et al. (2012), and Killebrew and Lehmann (2013)；也請參見 Killebrew 2005: 33–37 的短篇總結與長篇討論；Bell 2006: 12–17; Dickinson 2006: 46–57; Friedman 2008: 163–202; Dickinson 2010; Jung 2010; Wallace 2010: 13, 49–51; Kaniewski et al. 2011: 1; and Strobel 2013。

4 Davis 2010: 687.

5 Deger-Jalkotzy 2008: 390–91; Maran 2009: 242。並請參見 Shelmerdine 2001: 374–76, 381，尤其是 Middleton 2010 與 2012、Murray 2013 及 Enverova 2012，關於青銅時代愛琴海地區崩壞的可能因素，以上均有詳盡論述。

6 Schaeffer 1948: 2; Schaeffer 1968: 756, 761, 763–765, 766, 768; Drews 1993: 33–34; Nur and Cline 2000: 58; Bryce 2005: 340–41; Bell 2006: 12.

7 Callot 1994: 203; Callot and Yon 1995: 167; Singer 1999: 730.

8 參見 Nur and Cline 2001，完整討論與參考資料參見 Nur and Cline 2000。

9 Kochavi 1977: 8，由 Nur and Cline 2001: 34 描述並引用；Nur and Cline 2000: 60。並請參見最近的討論：Cline 2011。

10 參見 Nur and Cline 2000; Nur and Cline 2001，以及最近的討論：Nur and Burgess

2008。

11 參見 Nur and Cline 2001: 33–35，完整討論參見：Nur and Cline 2000，更深入的討論與反面意見，參見 Drews 1993: 33–47；並請參見最近的討論：Middleton 2010: 38–41; Middleton 2012: 283–84; Demand 2011: 198。關於恩科米的其他討論，參見：Steel 2004: 188 and n. 13，附較早的參考資料。

12 關於所有案例，參見 Nur and Cline 2000: 50–53 及圖 12–13，附參考資料。

13 Stiros and Jones 1996；並請參見 Nur and Cline 2000; Nur and Cline 2001; Shelmerdine 2001: 374–77; Nur and Burgess 2008。關於梯林斯後續的居住情形，參見 Muhlenbruch 2007, 2009；並請參見以下評論：Dickinson 2010: 486–87 and Jung 2010: 171–73, 175。

14 參見 Anthony 1990, 1997; Yakar 2003: 13; Yasur-Landau 2007: 610–11; Yasur-Landau 2010a: 30–32; Middleton 2010: 73。

15 參見 Carpenter 1968。

16 參見 Drews 1992: 14–16 與 Drews 1993: 77–84；但也請參見最近的討論：Drake 2012，此書從不同的觀點探討，或許可以為卡本特的說法增添新義。關於近年再次審視青銅時代結束對鐵器時代的希臘人口和貿易造成的影響，參見 Murray 2013 與 Enverova 2012。

17 參見 Singer 1999: 661–62; Demand 2011: 195; Kahn 2012: 262–63。

18 西臺文獻 KUB 21.38；譯自 Singer 1999: 715；並請參見 Demand 2011: 195。

19 埃及文獻 KRI VI 5, 3；譯自 Singer 1999: 707–8；並請參見 Hoffner 1992: 49; Bryce 2005: 331; Kaniewski et al. 2010: 213。

20 西臺文獻 KBo 2810；譯自 Singer 1999: 717–18。

21 RS 20.212；譯自 Monroe 2009: 83; McGeough 2007: 331–32；參見先前的討論：Nougayrol et al. 1968: 105–7, 731；並請參見以下討論：Hoffner 1992: 49; Singer 1999: 716–17，附進一步參考資料；Bryce 2005: 331–32; Kaniewski et al. 2010: 213。

22 RS 26.158；參見以下討論：Nougayrol et al. 1968: 731–33；並請參見：Lebrun 1995: 86; Singer 1999: 717 n. 381。

23 這封信被譯為烏加里特文：KTU 2.39/RS 18.038；Singer 1999: 707–8, 717; Pardee 2003: 94–95。關於最初的評論，參見 Nougayrol et al. 1968: 722。最近的評論參見：Kaniewski et al. 2010: 213。

24 Singer 1999: 717.

25 烏加里特文獻 RS 34.152；Bordreuil 1991: 84–86；譯自 Cohen and Singer 2006: 135。參見 Cohen and Singer 2006: 123, 134–35，附較早的原始版本：Lackenbacher 1995a；並請參見：Singer 1999: 719, 727; Singer 2000: 24; Kaniewski et al. 2010: 213。

26 關於烏爾特努宅的信函（RS 94.2002+2003），參見 Singer 1999: 711–12；並請參見 Hoffner 1992: 49。

27 RS 18.147；譯自 Pardee 2003: 97。原始信件以及此處的敘述從未被人發現，只是在這封回信中被逐字引述。

28 KTU 2.38/RS 18.031；譯自 Monroe 2009: 98 and Pardee 2003: 93–94；並請參見 Singer 1999: 672–73, 716，附較早的參考資料。

29 參見 Carpenter 1968；並請參見 Shrimpton 1987; Drews 1992; Drews 1993: 58；最近的討論：Dickinson 2006: 54–56; Middleton 2010: 36–38; Demand 2011: 197–98; Kahn 2012: 262–63; Drake 2012。

30 參見 Weiss 2012。

31 參見 Kaniewski et al. 2010 and Kaniewski, Van Campo, and Weiss 2012；並請參見 Kaniewski et al. 2013。

32 參見 Kaniewski et al. 2010: 207。先前還有其他研究採取冰芯與沉積物岩芯鑑定法；參見： Rohling et al. 2009 以及 Drake 2012 列舉的其他方法。

33 Kaniewski et al. 2013.

34 Kaniewski et al. 2013: 6.

35 Kaniewski et al. 2013: 9.

36 Drake 2012: 1862–65.

37 Drake 2012: 1868；他特別指出：「透過貝氏變點分析法（Bayesian change-point analysis），從溝鞭藻囊孢（dinocyst）記錄得到高後驗機率（posterior probability），

可知此次氣候變化發生於公元前一二五〇至一一九七年之前。」

38 Drake 2012: 1862, 1866, 1868.

39 相關新聞稿參見：http://www.imra.org.il/story.php3?id=62135，以及 Langgut, Finkelstein, and Litt 2013 的正式出版品。約同一時期的埃及可能也遭遇類似乾旱；參見 Bernhardt, Horton, and Stanley 2012。

40 Drake 2012: 1866, 1868.

41 Carpenter 1968: 53；並請參見先前的討論：Andronikos 1954，以及最近的討論：Drake 2012: 1867。

42 Zuckerman 2007a: 25–26.

43 Zuckerman 2007a: 26。但 Ben-Tor 2013 並不贊同。

44 Bell 2012: 180.

45 參見以下討論：Carpenter 1968: 40–53; Drews 1993: 62–65; Dickinson 2006: 44–45; Middleton 2010: 41–45。

46 Carpenter 1968: 52–53; Sandars 1985: 184–86.

47 參見最近的討論：Murray 2013。

48 Singer 1999: 733; Monroe 2009: 361–63；以上兩者均引用 Bell 2006: 1。

49 RS L 1 (Ugaritica 5.23)；譯自 Singer 1999: 728 and Bryce 2005: 334；並請參見 Sandars 1985: 142–43 及原始版本：Nougayrol et al. 1968: 85–86；也請參見 Yon 1992: 119。請注意，van Soldt 1999: 33 n. 40 當中提到，這份文件是在古董市場購得。

50 RS 20.18 (Ugaritica 5.22)，譯自 Bryce 2005: 334 的引文與 Singer 1999: 721 的討論；並請參見 Sandars 1985: 142 及原始版本：Nougayrol et al. 1968: 83–85。

51 RS 88.2009; publication by Malbran-Labat in Yon and Arnaud 2001: 249–50；參見進一步討論：Singer 1999: 729。

52 RS 19.011；譯自 Singer 1999: 726。

53 Singer 1999: 730.

54 關於儲藏地點，參見 Singer 1999: 731 的列表。

55 Singer 1999: 733.

56 RS 34.137；參見 Monroe 2009: 147。

57 Sherratt 1998: 294.

58 Sherratt 1998: 307；並請參見相關討論：Middleton 2010: 32–36。

59 Kilian 1990: 467.

60 Artzy 1998。並請參見最近的討論：Killebrew and Lehmann 2013: 12，以及 Artzy 2013，刊登在 Killebrew 與 Lehmann 編纂的刊物上。

61 Bell 2006: 112.

62 Routledge and McGeough 2009: 22，並引用 Artzy 1998 and Liverani 2003。

63 Routledge and McGeough 2009: 22, 29.

64 Muhly 1992: 10, 19.

65 Liverani 1995: 114–15.

66 RS 34.129; Bordreuil 1991: 38–39；參見 Yon 1992: 116; Singer 1999: 722, 728，附較早的參考資料；並請參見：Sandars 1985: 142; Singer 2000: 24; Strobel 2013: 511。

67 參見 Singer 2000: 27，引用 Hoffner 1992: 48–51。

68 Yasur-Landau 2003a; Yasur-Landau 2010a: 114–18; Yasur-Landau 2012b。並請參見最近的討論：Singer 2012，以及 Strobel 2013: 512–13 的反面觀點。

69 Genz 2013: 477.

70 Kaniewski et al. 2011.

71 Kaniewski et al. 2011: 1.

72 Kaniewski et al. 2011: 4.

73 Kaniewski et al. 2011: 4.

74 Harrison 2009, 2010; Hawkins 2009, 2011; Yasur-Landau 2010a: 162–63; Bryce 2012: 128–29; Singer 2012; Killebrew and Lehmann 2013: 11。並請參見先前關於塔伊納特古城與愛琴海的討論：Janeway 2006–7。

75 Yasur-Landau 2003a；並請參見 Yasur-Landau 2003b, 2003c, and 2010a，附較早的參考資料；Bauer 1998; Barako 2000, 2001; Gilboa 2005; Ben-Shlomo et al. 2008; Maeir, Hitchcock, and Horwitz 2013。

76 參見最近的討論：Demand 2011: 210–12, Stern 2012, Artzy 2013, and Strobel 2013: 526–27。並請參見：Gilboa 1998, 2005, and 2006–7，附參考書目；Dothan, T. 1982: 3–4; Dever 1992: 102–3; Stern 1994, 1998, 2000; Cline and O' Connor 2003, esp. 112–16, 138; Killebrew 2005: 204–5; Killebrew and Lehmann 2013: 13; Barakao 2013; Sharon and Gilboa 2013; Mountjoy 2013; Killebrew 2013; Lehmann 2013; Sherratt 2013。Zertal 聲稱已經發現和施爾登相關的遺址，此地位於在以色列的，鄰近米吉多附近已經發現和施爾登相關的遺址，但是這個說法已被芬克斯坦徹底駁倒；參見 Zertal 2002 與 Finkelstein 2002。關於《溫阿蒙歷險記》的翻譯，參見 Wente 2003b。

77 Bell 2006: 110–11.

78 Finkelstein 2000: 165；並請參見類似論述：Finkelstein 1998，以及最近的討論：Finkelstein 2007。Weinstein 1992: 147 也提到相同情形，他認為埃及帝國在迦南地區失勢分為兩階段，第一階段發生於拉美西斯三世在位期間，第二階段發生於拉美西斯六世在位期間。並請參見 Yasur-Landau 2007: 612–13, 616 and Yasur-Landau 2010a: 340–41，當中也有相同結論。

79 關於早期觀點的總結，參見 Killebrew 2005: 230–31。

80 Yasur-Landau 2003a；參見最近的討論：Yasur-Landau 2010a: 335–45; Yasur-Landau 2012b; Bryce 2012: 33; Killebrew and Lehmann 2013: 17。

81 參見 Yasur-Landau 於二〇一二年七月的私人通訊。

82 Yasur-Landau 2012a: 193–94；並請參見最近的討論：Yasur-Landau 2012b，以及較早的討論：Yasur-Landau 2007: 615–16。

83 Yasur-Landau 2012a: 195.

84 Hitchcock and Maeir 2013: 51–56, esp. 53; Maeir, Hitchcock, and Horwitz 2013.

85 Hitchcock and Maeir 2013: 51–56, esp. 53; Maeir, Hitchcock, and Horwitz 2013.

86 參見 Strobel 2013: 525–26 的相關討論。

87 Sandars 1985: 11, 19。桑達斯被認為是這個議題的專家，除了她以外就只有少數學者嘗試寫書，專門探討海上民族與青銅時代的崩壞，包括 Nibbi 1975 與 Robbins 2003。然而，也請參見 Roberts 2008 的論文，和 Nibbi 早期的著作有

相同標題。

88 Sandars 1985: 11.

89 Demand 2011: 193，引用 Renfrew 1979。

90 參見 Lorenz 1969, 1972。並請參見最近的評論：Yasur-Landau 2010a: 334，這位作者也以蝴蝶效應解釋青銅時代晚期終末發生的各種事件。

91 Renfrew 1979: 482–87.

92 Diamond 2005；並請參見最近的討論：Middleton 2010 and 2012，以及先前由 Tainter（一九八八年）撰寫的刊物，還有先前由 Yoffee 與 Cowgill（一九八八年）撰寫與編輯的刊物，此外還包括序當中的參考資料。

93 Drews 1993: 85–90, esp. 88；並請參見 Deger-Jalkotzy 2008: 391。

94 關於這個時期迦南地區的體制崩壞，參見以下簡短討論：Dever 1992: 106–7。關於愛琴海地區體制崩壞的諸多因素，參見：Middleton 2010: 118–21 與 Drake 2012: 1866–68。

95 Liverani 1987: 69；並請參見：Drews 1993: 86 and Monroe 2009: 293，兩者均引用 Liverani 的論述。

96 Liverani 1987: 69；針對 Liverani 的主張所提出的論述，參見：Monroe 2009: 292–96。

97 Monroe 2009: 294–96.

98 Monroe 2009: 297.

99 Monroe 2009: 297.

100 Monroe 2009: 297.

101 Drake 2012: 1866–68; Kaniewski et al. 2013.

102 Drews 1993；參見我對 Drews 著作的看法：Cline 1997b。

103 關於崩壞和可能的因素，參見最近的討論：Middleton 2012。

104 Johnson 2007: 3–5.

105 Bell 2006: 14–15.

106 Johnson 2007: 13.

107 Johnson 2007: 13–16.

108 Johnson 2007: 14–15; Sherratt 2003: 53–54.

109 Johnson 2007: 15.

110 Johnson 2007: 17.

111 Bell 2006: 15，引用 Dark 1998: 65, 106, and 120。

112 Dark 1998: 120.

113 Dark 1998: 120–21.

114 Bell 2006: 15。並請參見最近的討論：Killebrew and Lehmann 2013: 16–17。

115 參見最近的討論：Langgut, Finkelstein, and Litt 2013: 166。

終曲

1 參見 Murray 2013 的論文。

2 Davis 2010: 687.

3 Maran 2009: 242.

4 參見Millard 1995: 122–24; Bryce 2012: 56–57; Millard 2012; Lemaire 2012; Killebrew 與 Lehmann 2013: 5–6。

5 Van De Mieroop 2007: 252–53.

6 Sherratt 2003: 53–54; Bryce 2012: 195.

7 參見由 Schwartz、Nichols (2006)、McAnany 與 Yoffee (2010) 編纂的期刊，至少部分回應了 Diamond's 2005 的著作。二〇一三年三月，南伊利諾大學（Southern Illinois University）舉辦相關議題的討論會：「崩壞之後：從考古觀點論複雜社會的恢復、復興與再造」（Beyond Collapse: Archaeological Perspectives on Resilience, Revitalization and Reorganization in Complex Societies）。

8 Dever 1992: 108.

9 Monroe 2009: 292.

10 Cho and Appelbaum 2008, A1.

參考資料

Abt, J. 2011. *American Egyptologist: The Life of James Henry Breasted and the Creation of His Oriental Institute.* Chicago: University of Chicago Press.

Adams, M. J., and M. E. Cohen. 2013. Appendix: The "Sea Peoples" in Primary Sources. In *The Philistines and Other "Sea Peoples" in Text and Archaeology*, ed. A. E. Killebrew and G. Lehmann, 645–64. Atlanta: Society of Biblical Literature.

Ahrens, A., H. Dohmann-Pfälzner,and P. Pfälzner. 2012. New Light on the Amarna Period from the Northern Levant. A Clay Sealing with the Throne Name of Amenhotep IV/Akhenaten from the Royal Palace at Tall Misrife/Qatna. *Zeitschrift für Orient-Archäologie 5: 232–48.*

Allen, J. P. 2005. After Hatshepsut: The Military Campaigns of Thutmose III. In *Hatshepsut: From Queen to Pharaoh*, ed. C. Roehrig, 261–62. New Haven: Yale University Press.

Allen, S. H. 1999. *Finding the Walls of Troy: Frank Calvert and Heinrich Schliemann at Hisarlik.* Berkeley: University of California Press.

Andronikos, M. 1954. E 'dorike Eisvole' kai ta archaiologika Euremata. *Hellenika* 13:221–40. (in Greek)

Anthony, D. W. 1990. Migration in Archaeology: The Baby and the Bathwater. *American Anthropologist* 92: 895–914.

Anthony, D. W. 1997. Prehistoric Migrations as a Social Process. In *Migrations and Invasions in Archaeological Explanation*, ed. J. Chapman and H. Hamerow, 21–32. Oxford: Tempus Reparatum.

Artzy, M. 1998. Routes, Trade, Boats and "Nomads of the Sea." In *Mediterranean Peoples in Transition: Thirteenth to Early Tenth Centuries BCE,* ed. S. Gitin, A. Mazar, and E. Stern, 439–48. Jerusalem: Israel Exploration Society.

Artzy, M. 2013. On the Other "Sea Peoples." In *The Philistines and Other "Sea Peoples" in Text and Archaeology*, ed. A. E. Killebrew and G. Lehmann, 329–44. Atlanta: Society of Biblical Literature.

Aruz, J., ed. 2008. *Beyond Babylon: Art, Trade, and Diplomacy in the Second Millennium B.C. Catalogue of an Exhibition at the Metropolitan Museum of Art*, New York. New York: Metropolitan Museum of Art.

Ashkenazi, E. 2012. A 3,400-Year-Old Mystery: Who Burned the Palace of Canaanite Hatzor? Archaeologists Take on the Bible during Tel Hatzor Excavations, When Disagreements Arise over the Destroyer of the City. *Haaretz*, July 23, 2012, http://www.haaretz.com/news/national/a-3-400-year-old-mystery-who-burned-the-palace-of-canaanite-hatzor.premium-1.453095 (last accessed August 6, 2012).

Astour, M. C. 1964. Greek Names in the Semitic World and Semitic Names in the Greek World. *Journal of Near Eastern Studies* 23: 193–201.

Astour, M. C. 1965. New Evidence on the Last Days of Ugarit. *American Journal of Archaeology* 69: 253–58.

Astour, M. C. 1967. *HellenoSemitica*. 2nd Edition. Leiden: E. J. Brill.

Åström, P. 1998. Continuity or Discontinuity: Indigenous and Foreign Elements in Cyprus around 1200 BCE. In *Mediterranean Peoples in Transition: Thirteenth to EarlyTenth Centuries BCE*, ed. S. Gitin, A. Mazar, and E. Stern, 80–86. Jerusalem: Israel Exploration Society.

Bachhuber, C. 2006. Aegean Interest on the Uluburun Ship. *American Journal of Archaeology* 110: 345–63.

Bachhuber, C., and R. G. Roberts. 2009. *Forces of Transformation: The End of the Bronze Age in the Mediterranean*. Oxford: Oxbow Books.

Badre, L. 2003. Handmade Burnished Ware and Contemporary Imported Pottery from Tell Kazel. In *Sea Routes . . . : Interconnections in the Mediterranean 16th–6th c. BC. Proceedings of the International Symposium Held at Rethymnon, Crete in September 29th–October 2nd 2002*, ed. N. Chr. Stampolidis and V. Karageorghis, 83–99. Athens: University of Crete and the A. G. Leventis Foundation.

Badre, L. 2006. Tell Kazel-Simyra: A Contribution to a Relative Chronological History in the Eastern Mediterranean during the Late Bronze Age. *Bulletin of the American Schools of Oriental Research* 343: 63–95.

Badre, L. 2011. Cultural Interconnections in the Eastern Mediterranean: Evidence from Tell Kazel in the Late Bronze Age. In *Intercultural Contacts in the Ancient Mediterranean. Proceedings of the International Conference at the Netherlands-Flemish Institute in Cairo, 25th to 29th October 2008*, ed. K. Duistermaat and I. Regulski, 205–23. Leuven: Uitgeveru Peeters.

Badre, L., M.-C. Boileau, R. Jung, and H. Mommsen. 2005. The Provenance of Aegean- and Surian-type Pottery Found at Tell Kazel (Syria). *Egypt and the Levant* 15: 15–47.

Bakry, H. 1973. The Discovery of a Temple of Mernptah at On. *Aegyptus* 53: 3–21.

Barako, T. J. 2000. The Philistine Settlement as Mercantile Phenomenon? *American Journal of Archaeology* 104/3: 513–30. Barako, T. J. 2001. The Seaborne Migration of the Philistines. Ph.D. Dissertation, Harvard University.

Barako, T. J. 2003a. One If by Sea . . . Two If by Land: How Did the Philistines Get to Canaan? One: by Sea—A Hundred Penteconters Could Have Carried 5,000 People Per Trip. *Biblical Archaeology Review* 29/2: 26–33, 64–66.

Barako, T. J. 2003b. The Changing Perception of the Sea Peoples Phenomenon: Migration, Invasion or Cultural Diffusion? In *Sea Routes . . . : Interconnections in the Mediterranean 16th–6th c. BC. Proceedings of the International Symposium Held at Rethymnon, Crete in September 29th–October 2nd 2002*, ed. N. Chr. Stampolidis and V. Karageorghis, 163–69. Athens: University of Crete and the A. G. Leventis Foundation.

Barako, T. J. 2013. Philistines and Egyptians in Southern Coastal Canaan during the Early Iron Age. In *The Philistines and Other "Sea Peoples" in Text and Archaeology*, ed. A. E. Killebrew and G. Lehmann, 37–51. Atlanta: Society of Biblical Literature.

Barkay, G., and D. Ussishkin. 2004. Area S: The Late Bronze Age Strata. In *The Renewed Archaeological Excavations at Lachish (1973–1994)*, ed. D. Ussishkin, 316–407. Tel Aviv: Tel Aviv University.

Bass, G. F. 1967. *Cape Gelidonya*. Transactions of the American Philosophical Society, vol. 57, pt. 8. Philadelphia: American Philosophical Society.

Bass, G. F. 1973. Cape Gelidonya and Bronze Age Maritime Trade. In *Orient and Occident*, ed. H. A. Hoffner, Jr., 29–38. Neukirchener-Vluyn: Neukirchener Verlag.

Bass, G. F. 1986. A Bronze Age Shipwreck at Ulu Burun (Kas): 1984 Campaign. *American Journal of Archaeology* 90/3: 269–96.

Bass, G. F. 1987. Oldest Known Shipwreck Reveals Splendors of the Bronze Age. *National Geographic* 172/6: 693–733.

Bass, G. F. 1988. Return to Cape Gelidonya. *INA Newsletter* 15/2: 3–5.

Bass, G. F. 1997. Prolegomena to a Study of Maritime Traffic in Raw Materials to the Aegean during the Fourteenth and Thirteenth Centuries B.C. In *Techne: Craftsmen, Craftswomen and Craftsmanship in the Aegean Bronze Age. Proceedings of the 6th International Aegean Conference, Philadelphia, Temple University, 18–21 April 1996*, ed. R. Laffineur and P. P. Betancourt, 153–70. Liège: Université de Liège.

Bass, G. F. 1998. Sailing between the Aegean and the Orient in the Second Millennium BC. In *The Aegean and the Orient in the Second Millennium. Proceedings of the 50th Anniversary Symposium, Cincinnati, 18−20 April 1997, ed. E. H. Cline and D. H. Cline*, 183–91. Liege: Universite de Liege.

Bass, G. F. 2013. Cape Gelidonya Redux. In *Cultures in Contact: From Mesopotamia to the Mediterranean in the Second Millennium B.C.*, ed. J. Aruz, S. B. Graff, and Y. Rakic, 62–71. New York: Metropolitan Museum of Art.

Bauer, A. A. 1998. Cities of the Sea: Maritime Trade and the Origin of Philistine Settlement in the Early Iron Age Southern Levant. *Oxford Journal of Archaeology* 17/2: 149–68.

Baumbach, L. 1983. An Examination of the Evidence for a State of Emergency at Pylos c. 1200 BC from the Linear B Tablets. In *Res Mycenaeae*, ed. A. Heubeck and G. Neumann, 28–40. Göttingen: Vandenhoeck and Ruprecht.

Beckman, G. 1996a. Akkadian Documents from Ugarit. In *Sources for the History of Cyprus, vol. 2, Near Eastern and Aegean Texts from the Third to the First Millennia BC*, ed. A. B. Knapp, 26–28. Altamont, NY: Greece and Cyprus Research Center.

Beckman, G. 1996b. Hittite Documents from Hattusa. In Sources for the History of Cyprus, vol. 2, Near Eastern and Aegean Texts from the Third to the First Millennia BC, ed. A. B. Knapp, 31–35. Altamont, NY: Greece and Cyprus Research Center.

Beckman, G., T. Bryce, and E. H. Cline. 2011. *The Ahhiyawa Texts*. Atlanta: Society of Biblical Literature. Reissued in hardcopy, Leiden: Brill, 2012.

Bell, C. 2006. *The Evolution of Long Distance Trading Relationships across the LBA/Iron*

Age Transition on the Northern Levantine Coast: Crisis, Continuity and Change. BAR International Series 1574. Oxford: Archaeopress.
Bell, C. 2009. Continuity and Change: The Divergent Destinies of Late Bronze Age Ports in Syria and Lebanon across the LBA/Iron Age Transition. In *Forces of Transformation: The End of the Bronze Age in the Mediterranean*, ed. C. Bachhuber and R. G. Roberts, 30–38.Oxford: Oxbow Books.
Bell, C. 2012. The Merchants of Ugarit: Oligarchs of the Late Bronze Age Trade in Metals? In *Eastern Mediterranean Metallurgy and Metalwork in the Second Millennium BC: A Conference in Honour of James D. Muhly; Nicosia, 10th–11th October 2009*, ed. V. Kassianidou and G. Papasavvas, 180–87. Oxford: Oxbow Books.
Ben Dor Evian, S. 2011. Shishak's Karnak Relief—More Than Just Name-Rings. In *Egypt, Canaan and Israel: History, Imperialism, Ideology and Literature: Proceedings of a Conference at the University of Haifa, 3–7 May 2009*, ed. S. Bar, D. Kahn, and J. J. Shirley, 11–22. Leiden: Brill.
Ben-Shlomo, D., I. Shai, A. Zukerman, and A. M. Maeir. 2008. Cooking Identities: Aegean-Style Cooking Jugs and Cultural Interaction in Iron Age Philistia and Neighboring Regions. *American Journal of Archaeology* 112/2: 225–46.
Ben-Tor, A. 1998. The Fall of Canaanite Hazor—The "Who" and "When" Questions. In *Mediterranean Peoples in Transition: Thirteenth to Early Tenth Centuries BCE*, ed. S. Gitin, A. Mazar, and E. Stern, 456–68. Jerusalem: Israel Exploration Society.
Ben-Tor, A. 2006. The Sad Fate of Statues and the Mutilated Statues of Hazor. In *Confronting the Past: Archaeological and Historical Essays on Ancient Israel in Honor of William G. Dever*, ed. S. Gitin, J. E. Wright, and J. P. Dessel, 3–16. Winona Lake, IN: Eisenbrauns.
Ben-Tor, A. 2013. Who Destroyed Canaanite Hazor? *Biblical Archaeology Review* 39/4: 26–36, 58–60.
Ben-Tor, A., and M. T. Rubiato. 1999. Excavating Hazor, Part Two: Did the Israelites Destroy the Canaanite City? *Biblical Archaeology Review* 25/3: 22–39.
Ben-Tor, A., and S. Zuckerman. 2008. Hazor at the End of the Late Bronze Age: Back to Basics. *Bulletin of the American Schools of Oriental Research* 350: 1–6.
Bernhardt, C. E., B. P. Horton, and J.-D. Stanley. 2012. Nile Delta Vegetation Response to Holocene Climate Variability. *Geology* 40/7: 615–18.
Bietak, M. 1992. Minoan Wall-Paintings Unearthed at Ancient Avaris. *Egyptian Archaeology* 2: 26–28
Bietak, M. 1996. *Avaris: The Capital of the Hyksos. Recent Excavations at Tell el-Dab'a.* London: British Museum Press.
Bietak, M. 2005. Egypt and the Aegean: Cultural Convergence in a Thutmoside Palace at Avaris. In *Hatshepsut: From Queen to Pharaoh*, ed. C. Roehrig, 75–81. New Haven: Yale University Press.

Bietak, M., N. Marinatos, and C. Palyvou. 2007. *Taureador Scenes in Tell El-Dab'a (Avaris) and Knossos*. Vienna: Austrian Academy of Sciences.

Blegen, C. W. 1955. The Palace of Nestor Excavations of 1954. *American Journal of Archaeology* 59/1: 31–37.

Blegen, C. W., C. G. Boulter, J. L. Caskey, and M. Rawson. 1958. *Troy IV: Settlements VIIa, VIIb and VIII. Princeton*, NJ: Princeton University Press.

Blegen, C. W., and K. Kourouniotis. 1939. Excavations at Pylos, 1939. *American Journal of Archaeology* 43/4: 557–76.

Blegen, C. W., and M. Lang. 1960. The Palace of Nestor Excavations of 1959. *American Journal of Archaeology* 64/2: 153–64.

Blegen, C. W., and M. Rawson. 1966. *The Palace of Nestor at Pylos in Western Messenia. Vol. 1, The Buildings and Their Contents*. Pt. 1, *Text*. Princeton, NJ: Princeton University Press.

Bordreuil, P., ed. 1991. *Une bibliothèque au sud de la ville: Les textes de la 34e campagne (1973)*. Ras Shamra-Ougarit VII. Paris: Éditions Recherche sur les Civilisations.

Bordreuil, P., and F. Malbran-Labat. 1995. Les archives de la maison d'Ourtenou. *Comptes-rendus des séances de l'Académie des Inscriptions et Belles-Lettres* 139/2: 443–51.

Bordreuil, P., D. Pardee, and R. Hawley. 2012. *Une bibliothèque au sud de la ville***. Textes 1994–2002 en cunéiforme alphabétique de la maison d'Ourtenou Ras Shamra-Ougarit XVIII*. RSO 18. Lyon: Maison de l'Orient et de la Méditerranée–Jean Pouilloux.

Bounni, A., A. and J. Lagarce, and N. Saliby. 1976. Rapport préliminaire sur la première campagne de fouilles (1975) à Ibn Hani (Syrie). *Syria* 55: 233–79.

Bounni, A., A. and J. Lagarce, and N. Saliby. 1978. Rapport préliminaire sur la deuxième campagne de fouilles (1976) à Ibn Hani (Syrie). *Syria* 56: 218–91.

Bouzek, J. 2011. Bird-Shaped Prows of Boats, Sea Peoples and the Pelasgians. In *Exotica in the Prehistoric Mediterranean*, ed. A. Vianello, 188–93. Oxford: Oxbow Books.

Braudel, F. 2001. *The Mediterranean in the Ancient World*. London: Allen Lane, Penguin Books.

Breasted, J. H. 1906. *Ancient Records of Egypt*. Urbana: University of Illinois Press. Reprinted 2001.

Breasted, J. H. 1930. Foreword. In *Medinet Habu*, vol. 1, *Earlier Historical Records of Ramses III*, ed. The Epigraphic Survey, ix–xi. Chicago: University of Chicago Press.

Bretschneider J., and K. Van Lerberghe, eds. 2008. In Search of Gibala: An Archaeological and *Historical Study Based on Eight Seasons of Excavations at Tell Tweini (Syria) in the A and C Fields (1999–2007)*. Aula Orientalis–Supplementa 24. Barcelona: Sabadell.

Bretschneider, J., and K. Van Lerberghe. 2011. The Jebleh Plain through History: Tell Tweini and Its Intercultural Contacts in the Bronze and Early Iron Age. In *Intercultural*

Contacts in the Ancient Mediterranean. Proceedings of the International Conference at the Netherlands-Flemish Institute in Cairo, 25th to 29th October 2008, ed. K. Duistermaat and I. Regulski, 183–203. Leuven: Uitgeveru Peeters.

Bretschneider, J., A.-S. Van Vyve,, and G. Jans. 2011. Tell Tweini: A Multi-Period Harbour Town at the Syrian Coast. In *Egypt and the Near East—the Crossroads: Proceedings of an International Conference on the Relations of Egypt and the Near East in the Bronze Age, Prague, September 1–3, 2010*, ed. J. Mynářová, 73–87. Prague: Charles University in Prague.

Bryce, T. R. 1985. A Reinterpretation of the Milawata Letter in the Light of the New Join Piece. *Anatolian Studies* 35: 13–23.

Bryce, T. R. 1989a. The Nature of Mycenaean Involvement in Western Anatolia. *Historia* 38: 1–21.

Bryce, T. R. 1989b. Ahhiyawans and Mycenaeans—An Anatolian Viewpoint. *Oxford Journal of Archaeology* 8: 297–310.

Bryce, T. R. 2002. *Life and Society in the Hittite World*. Oxford: Oxford University Press.

Bryce, T. R. 2005. *The Kingdom of the Hittites*. New Edition. Oxford: Oxford University Press.

Bryce, T. R. 2009. *The Routledge Handbook of the Peoples and Places of Ancient Western Asia: From the Early Bronze Age to the Fall of the Persian Empire*. London: Routledge.

Bryce, T. R. 2010. The Hittite Deal with the Hiyawa-Men. In *Pax Hethitica: Studies on the Hittites and Their Neighbours in Honor of Itamar Singer*, ed. Y. Cohen, A. Gilan, and J. L. Miller, 47–53. Wiesbaden: Harrassowitz Verlag.

Bryce, T. R. 2012. *The World of the Neo-Hittite Kingdoms*. Oxford: Oxford University Press.

Bunimovitz, S. 1998. Sea Peoples in Cyprus and Israel: A Comparative Study of Immigration Processes. In *Mediterranean Peoples in Transition: Thirteenth to Early Tenth Centuries BCE*, ed. S. Gitin, A. Mazar, and E. Stern, 103–13. Jerusalem: Israel Exploration Society.

Butzer, K. W. 2012. Collapse, Environment, and Society. *Proceedings of the National Academy of Sciences* 109/10: 3632–39.

Butzer, K. W., and G. H. Endfield. 2012. Critical Perspectives on Historical Collapse. *Proceedings of the National Academy of Sciences* 109/10: 3628–31.

Callot, O. 1994. *Ras Shamra-Ougarit X: La tranchée. «Ville sud » Études d'architecture domestique*. Paris: Éditions Recherche sur les Civilisations.

Callot, O., and M. Yon. 1995. Urbanisme et architecture. In *Le Pays d'Ougarit autour de 1200 av. J.-C.: Historie et archéologie. Actes du Colloque International; Paris, 28 juin–1er juillet 1993*, ed. M. Yon, M. Sznycer, and P. Bordreuil, 155–68. Paris: Éditions Recherche sur les Civilisations.

Carmi, I., and D. Ussishkin. 2004. ^{14}C Dates. In The Renewed Archaeological Excavations

at Lachish (1973–1994), ed. D. Ussishkin, 2508–13. Tel Aviv: Tel Aviv University.
Carpenter, R. 1968. *Discontinuity in Greek Civilization*. New York: W. W. Norton & Co.
Carruba, O. 1977. Beitrage zur mittelhethitischen Geschichtc, I: Die Tuthalijas und die Arnuwandas. *Studi micenei ed egeo-anatolici* 18: 137–74.
Castleden, R. 1993. *Minoan Life in Bronze Age Crete*. London: Routledge.
Caubet, A. 1992. Reoccupation of the Syrian Coast after the Destruction of the "Crisis Years." In *The Crisis Years: The 12th Century B.C.*, ed. W. A. Ward and M. S. Joukowsky, 123–30. Dubuque, IA: Kendall/Hunt Publishing Co.
Caubet, A. 2000. Ras Shamra-Ugarit before the Sea Peoples. In *The Sea Peoples and Their World: A Reassessment*, ed. E. D. Oren, 35–49. Philadelphia: University of Pennsylvania.
Caubet, A., and V. Matoian. 1995. Ougarit et l'Égee. In *Le Pays d'Ougarit autour de 1200 av. J.-C.: Historié et archeologie. Actes du Colloque International; Paris, 28 juin–1er juillet 1993*, ed. M. Yon, M. Sznycer, and P. Bordreuil, 99–112. Paris: Éditions Recherche sur les Civilisations.
Cho, D., and B. Appelbaum. 2008. Unfolding Worldwide Turmoil Could Reverse Years of Prosperity. *Washington Post*, October 7, 2008, A1.
Cifola, B. 1991. The Terminology of Ramses III's Historical Records with a Formal Analysis of the War Scenes. *Orientalia* 60: 9–57.
Cifola, B. 1994. The Role of the Sea Peoples at the End of the Late Bronze Age: A Reassessment of Textual and Archaeological Evidence. *Oriens Antiqvi Miscellanea* 1: 1–57.
Clayton, P. A. 1994. *Chronicle of the Pharaohs: The Reign-by-Reign Record of the Rulers and Dynasties of Ancient Egypt*. London: Thames and Hudson.
Cline, E. H. 1987. Amenhotep III and the Aegean: A Reassessment of Egypto-Aegean Relations in the 14th Century BC. *Orientalia* 56/1: 1–36.
Cline, E. H. 1990. An Unpublished Amenhotep III Faience Plaque from Mycenae. *Journal of the American Oriental Society* 110/2: 200–212.
Cline, E. H. 1991a. Hittite Objects in the Bronze Age Aegean. *Anatolian Studies* 41: 133–43.
Cline, E. H. 1991b. A Possible Hittite Embargo against the Mycenaeans. Historia 40/1: 1–9.
Cline, E. H. 1994. *Sailing the Wine-Dark Sea: International Trade and the Late Bronze Age Aegean. Oxford*: Tempus Reparatum. Republished 2009.
Cline, E. H. 1995a. 'My Brother, My Son': Rulership and Trade between the LBA Aegean, Egypt and the Near East. In *The Role of the Ruler in the Prehistoric Aegean*, ed. P. Rehak, 143–50. Aegaeum 11. Liege: Universite de Liege.
Cline, E. H. 1995b. Tinker, Tailor, Soldier, Sailor: Minoans and Mycenaeans Abroad. In *Politeia: Society and State in the Aegean Bronze Age*, ed. W.-D. Niemeier and R. Laffineur, 265–87. Aegaeum 12. Liège: Université de Liège.

Cline, E. H. 1996. Aššuwa and the Achaeans: The 'Mycenaean' Sword at Hattušas and Its Possible Implications. *Annual of the British School at Athens* 91: 137–51.
Cline, E. H. 1997a. Achilles in Anatolia: Myth, History, and the Aššuwa Rebellion. In *Crossing Boundaries and Linking Horizons: Studies in Honor of Michael Astour on His 80th Birthday*, ed. G. D. Young, M. W. Chavalas, and R. E. Averbeck, 189–210. Bethesda, MD: CDL Press.
Cline, E. H. 1997b. Review of R. Drews, *The End of the Bronze Age* (Princeton 1993). *Journal of Near Eastern Studies* 56/2: 127–29.
Cline, E. H. 1998. Amenhotep III, the Aegean and Anatolia. In *Amenhotep III: Perspectives on His Reign*, ed. D. O'Connor and E. H. Cline, 236–50. Ann Arbor: University of Michigan Press.
Cline, E. H. 1999a. The Nature of the Economic Relations of Crete with Egypt and the Near East during the Bronze Age. In *From Minoan Farmers to Roman Traders: Sidelights on the Economy of Ancient Crete*, ed. A. Chaniotis. 115–43. Munich: G. B. Steiner.
Cline, E. H. 1999b. Coals to Newcastle, Wallbrackets to Tiryns: Irrationality, Gift Exchange, and Distance Value. In *Meletemata: Studies in Aegean Archaeology Presented to Malcolm H. Wiener As He Enters His 65th Year*, ed. P. P. Betancourt, V. Karageorghis, R. Laffineur, and W.-D. Niemeier, 119–23. Aegaeum 20. Liège: Université de Liège.
Cline, E. H. 2000. *The Battles of Armageddon: Megiddo and the Jezreel Valley from the Bronze Age to the Nuclear Age*. Ann Arbor: University of Michigan Press.
Cline, E. H. 2005. Cyprus and Alashiya: One and the Same! *Archaeology Odyssey* 8/5: 41–44.
Cline, E. H. 2006. A Widow's Plea and a Murder Mystery. *Dig* magazine, January 2006, 28–30.
Cline, E. H. 2007a. Rethinking Mycenaean International Trade. In *Rethinking Mycenaean Palaces*, ed. W. Parkinson and M. Galaty, 190–200. 2nd Edition. Los Angeles: Cotsen Institute of Archaeology.
Cline, E. H. 2007b. *From Eden to Exile: Unraveling Mysteries of the Bible*. Washington, DC: National Geographic Books.
Cline, E. H. 2009a. *Biblical Archaeology: A Very Short Introduction*. New York: Oxford University Press.
Cline, E. H. 2009b. The Sea Peoples' Possible Role in the Israelite Conquest of Canaan. In *Doron: Festschrift for Spyros E. Iakovidis*, ed. D. Danielidou, 191–98. Athens: Athens Academy.
Cline, E. H. 2010. Bronze Age Interactions between the Aegean and the Eastern Mediterranean Revisited: Mainstream, Margin, or Periphery? In *Archaic State Interaction: The Eastern Mediterranean in the Bronze Age*, ed. W. Parkinson and M.

Galaty, 161–80. Santa Fe, NM: School for Advanced Research.
Cline, E. H., ed. 2010. *The Oxford Handbook of the Bronze Age Aegean*. New York: Oxford University Press.
Cline, E. H. 2011. Whole Lotta Shakin' Going On: The Possible Destruction by Earthquake of Megiddo Stratum VIA. In *The Fire Signals of Lachish: Studies in the Archaeology and History of Israel in the Late Bronze Age, Iron Age, and Persian Period in Honor of David Ussishkin*, ed. I. Finkelstein and N. Na'aman, 55–70. Tel Aviv: Tel Aviv University.
Cline, E. H. 2013. *The Trojan War: A Very Short Introduction*. Oxford: Oxford University Press.
Cline, E. H., and M. J. Cline. 1991. Of Shoes and Ships and Sealing Wax: International Trade and the Late Bronze Age Aegean. *Expedition* 33/3: 46–54.
Cline, E. H., and D. Harris-Cline, eds. 1998. *The Aegean and the Orient in the Second Millennium. Proceedings of the 50th Anniversary Symposium, Cincinnati, 18–20 April 1997*. Aegaeum 18. Liège: Université de Liège.
Cline, E. H., and D. O'Connor. 2003. The Mystery of the 'Sea Peoples'. In *Mysterious Lands*, ed. D. O'Connor and S. Quirke, 107–38. London: UCL Press.
Cline, E. H., and D. O'Connor, eds. 2006. *Thutmose III: A New Biography*. Ann Arbor: University of Michigan Press.
Cline, E. H., and D. O'Connor, eds. 2012. *Ramesses III: The Life and Times of Egypt's Last Hero*. Ann Arbor: University of Michigan Press.
Cline, E. H., and S. M. Stannish. 2011. Sailing the Great Green Sea: Amenhotep III's "Aegean List" from Kom el-Hetan, Once More. *Journal of Ancient Egyptian Interconnections* 3/2: 6–16.
Cline, E. H., and A. Yasur-Landau. 2007. Musings from a Distant Shore: The Nature and Destination of the Uluburun Ship and Its Cargo. *Tel Aviv* 34/2: 125–41.
Cline, E. H., and A. Yasur-Landau. 2013. Aegeans in Israel: Minoan Frescoes at Tel Kabri. *Biblical Archaeology Review* 39/4 (July/August 2013) 37–44, 64, 66.
Cline, E. H., A. Yasur-Landau, and N. Goshen. 2011. New Fragments of Aegean-Style Painted Plaster from Tel Kabri, Israel. *American Journal of Archaeology* 115/2: 245–61.
Cohen, C., J. Maran, and M. Vetters, 2010. An Ivory Rod with a Cuneiform Inscription, Most Probably Ugaritic, from a Final Palatial Workshop in the Lower Citadel of Tiryns. *Archäologischer Anzeiger* 2010/2: 1–22.
Cohen, R., and R. Westbrook., eds. 2000. *Amarna Diplomacy: The Beginnings of International Relations*. Baltimore: Johns Hopkins University Press.
Cohen, Y., and I. Singer. 2006. A Late Synchronism between Ugarit and Emar. In *Essays on Ancient Israel in Its Near Eastern Context: A Tribute to Nadav Na'aman*: 123–39, ed. Y. Amit, E. Ben Zvi, I. Finkelstein, and O. Lipschits. Winona Lake, IN: Eisenbrauns.
Collins, B. J. 2007. *The Hittites and Their World*. Atlanta: Society of Biblical Literature.

Courbin, P. 1990. Bassit Poidaeion in the Early Iron Age. In *Greek Colonists and Native Populations. First Australian Congress of Classical Archaeology in Honour of A. D. Trendall*, ed. J.-P. Descoeudres, 504–9. Oxford: Clarendon Press.

Curtis, A.H.W. 1999. Ras Shamra, Minet el-Beida and Ras Ibn Hani: The Material Sources. In *Handbook of Ugaritic Studies*, ed. W.G.E. Watson and N. Wyatt, 5–27. Leiden: Brill.

Dalley, S. 1984. *Mari and Karana: Two Old Babylonian Cities*. London: Longman.

Dark, K. R. 1998. *Waves of Time: Long Term Change and International Relations*. New York: Continuum.

Darnell, J. C., and C. Manassa. 2007. *Tutankhamun's Armies: Battle and Conquest during Ancient Egypt's Late Eighteenth Dynasty*. Hoboken, NJ: John Wiley & Sons.

Davies, N. de G. 1943. *The Tombs of Rekh-mi-Re'at Thebes* (= PMMA, 11). New York: Metropolitan Museum of Art.

Davis, J. L., ed. 1998. *Sandy Pylos. An Archaeological History from Nestor to Navarino*. Austin: University of Texas Press.

Davis, J. L. 2010. Pylos. In *The Oxford Handbook of the Bronze Age Aegean*, ed. E. H. Cline, 680–89. New York: Oxford University Press.

Deger-Jalkotzy, S. 2008. Decline, Destruction, Aftermath. In *The Cambridge Companion to the Aegean Bronze Age*, ed. C. W. Shelmerdine, 387–415. Cambridge: Cambridge University Press.

Demand, N. H. 2011. *The Mediterranean Context of Early Greek History*. Oxford: Wiley-Blackwell.

Dever, W. G. 1992. The Late Bronze–Early Iron I Horizon in Syria-Palestine: Egyptians, Canaanites, 'Sea Peoples,' and Proto-Israelites. In *The Crisis Years: The 12th Century B.C.*, ed. W. A. Ward and M. S. Joukowsky, 99–110. Dubuque, IA: Kendall/Hunt Publishing Co.

Diamond, J. 2005. *Collapse: How Societies Choose to Fail or Succeed*. New York: Viking.

Dickinson, O. 2006. *The Aegean from Bronze Age to Iron Age. Continuity and Change between the Twelfth and Eighth Centuries BC*. New York: Routledge.

Dickinson, O. 2010. The Collapse at the End of the Bronze Age. In *The Oxford Handbook of the Bronze Age Aegean*, ed. E. H. Cline, 483–90.New York: Oxford University Press.

Dietrich, M., and O. Loretz. 1999. Ugarit, Home of the Oldest Alphabets. In *Handbook of Ugaritic Studies*, ed. W.G.E. Watson and N. Wyatt, 81–90. Leiden: Brill.

Dietrich, M., and O. Loretz. 2002. Der Untergang von Ugarit am 21. Januar 1192 v. Chn? Der astronomisch-hepatoskopische Bericht KTU 1.78 (RS 12.061). *Ugarit Forschungen* 34: 53–74.

Dorman, P. F. 2005a. Hatshepsut: Princess to Queen to Co-Ruler. In *Hatshepsut: From Queen to Pharaoh*, ed. C. Roehrig, 87–89. New Haven: Yale University Press.

Dorman, P. F. 2005b. The Career of Senenmut. In *Hatshepsut: From Queen to Pharaoh*,

ed. C. Roehrig, 107–9. New Haven: Yale University Press.
Dothan, M. 1971. *Ashdod II–III. The Second and Third Season of Excavations 1963, 1965, Sounding in 1967. Text and Plates*. 'Atiqot 9–10. Jerusalem: Israel Antiquities Authority.
Dothan, M. 1993. Ashdod. In *The New Encyclopedia of Archaeological Excavations in the Holy Land*, ed. E. Stern, 93–102. Jerusalem: Carta.
Dothan, M., and Y. Porath. 1993. *Ashdod V. Excavations of Area G. The Fourth–Sixth Season of Excavations 1968–1970*. 'Atiqot 23. Jerusalem: Israel Antiquities Authority.
Dothan, T. 1982. *The Philistines and Their Material Culture*. New Haven: Yale University Press.
Dothan, T. 1983. Some Aspects of the Appearance of the Sea Peoples and Philistines in Canaan. In *Griechenland, die Ägäis und die Levante während der "Dark Ages,"* ed. S. Deger-Jalkotzy, 99–117. Vienna: Österreichische Akademie der Wissenschaft.
Dothan, T. 1990. Ekron of the Philistines, Part 1: Where They Came From, How They Settled Down and the Place They Worshiped In. *Biblical Archaeology Review* 18/1: 28–38.
Dothan, T. 1998. Initial Philistine Settlement: From Migration to Coexistence. In *Mediterranean Peoples in Transition: Thirteenth to Early Tenth Centuries BCE*, ed. S. Gitin, A. Mazar, and E. Stern, 148–61. Jerusalem: Israel Exploration Society.
Dothan, T. 2000. Reflections on the Initial Phase of Philistine Settlement. In *The Sea Peoples and Their World: A Reassessment*, ed. E. D. Oren, 146–58. Philadelphia: University of Pennsylvania.
Dothan, T., and M. Dothan. 1992. *People of the Sea: The Search for the Philistines*. New York: Macmillan Publishing Company.
Drake, B. L. 2012. The Influence of Climatic Change on the Late Bronze Age Collapse and the Greek Dark Ages. *Journal of Archaeological Science* 39: 1862–70.
Drews, R. 1992. Herodotus 1.94, the Drought ca. 1200 B.C., and the Origin of the Etruscans. *Historia* 41: 14–39.
Drews, R. 1993. *The End of the Bronze Age: Changes in Warfare and the Catastrophe ca. 1200 B.C.* Princeton, NJ: Princeton University Press.
Drews, R. 2000. Medinet Habu: Oxcarts, Ships, and Migration Theories. *Journal of Near Eastern Studies* 59: 161–90.
Durard, J.-M. 1983. *Textes administratifs des salles 134 et 160 du Palais de Mari*. ARMT XX. Paris: Librairie Orientaliste Paul Geuthner.
Edel, E. 1961. Ein kairener fragment mit einem Bericht uber den libyerkrieg Merneptahs, *Zeitschrift für Ägyptische Sprache und Altertumskunde* 86: 101–3.
Edel, E. 1966. *Die Ortsnamenlisten aus dem Totentempel Amenophis III*. Bonn: Peter Hanstein Verlag.
Edel, E., and M. Görg. 2005. *Die Ortsnamenlisten im nordlichen Saulenhof des*

Totentempels Amenophis' III. Wiesbaden: Harrassowitz Verlag.
Edgerton, W. F., and J. A. Wilson. 1936. *Historical Records of Ramses III: The Texts in Medinet Habu*. Vols. 1 and 2. Chicago: University of Chicago Press.
Emanuel, J. P. 2013. 'ŠRDN from the Sea': The Arrival, Integration, and Acculturation of a 'Sea People.' *Journal of Ancient Egyptian Interconnections* 5/1: 14–27.
Enverova, D. A. 2012. *The Transition from Bronze Age to Iron Age in the Aegean: An Heterarchical Approach*. M.A. Thesis, Bilkent University http://www.thesis.bilkent.edu.tr /0006047.pdf (last accessed September 11, 2013).
Ertekin, A., and I. Ediz. 1993. The Unique Sword from Bogazkoy/Hattusa. In *Aspects of Art and Iconography: Anatolia and Its Neighbors. Studies in Honor of Nonet Ozguc*, ed. M. J. Mellink, E. Porada, and T. Ozguc, 719–25. Ankara: Türk Tarih Kurumu Basimevi.
Evans, A. J. 1921–35. *The Palace of Minos at Knossos*. Vols. 1–4. London: Macmillan and Co.
Fagles, R. 1990. Homer: *The Iliad*. New York: Penguin.
Faust, A., and J. Lev-Tov. 2011. The Constitution of Philistine Identity: Ethnic Dynamics in Twelfth to Tenth Century Philistia. *Oxford Journal of Archaeology* 30: 13–31.
Feldman, M. 2002. Luxurious Forms: Redefining a Mediterranean "International Style," 1400–1200 B.C.E. *Art Bulletin* 84/1: 6–29.
Feldman, M. 2006. *Diplomacy by Design: Luxury Arts and an "International Style" in the Ancient Near East, 1400–1200 BCE*. Chicago: University of Chicago Press.
Feldman, M. 2009. Hoarded Treasures: The Megiddo Ivories and the End of the Bronze Age. *Levant* 41/2: 175–94.
Finkelstein, I. 1996. The Stratigraphy and Chronology of Megiddo and Beth-Shean In the 12th–11th Centuries BCE. *Tel Aviv* 23: 170–84.
Finkelstein, I. 1998. Philistine Chronology: High, Middle or Low? In *Mediterranean Peoples in Transition: Thirteenth to Early Tenth Centuries BCE*, ed. S. Gitin, A. Mazar, and E. Stern, 140–47. Jerusalem: Israel Exploration Society.
Finkelstein, I. 2000. The Philistine Settlements: When, Where and How Many? In *The Sea Peoples and Their World: A Reassessment*, ed. E. D. Oren, 159–80. Philadelphia: University of Pennsylvania.
Finkelstein, I. 2002. El-Ah. wat: A Fortified Sea People City? *Israel Exploration Journal* 52/2: 187–99.
Finkelstein, I. 2007. Is the Philistine Paradigm Still Viable? In *The Synchronisation of Civilisations in the Eastern Mediterranean in the Second Millennium B.C. III, Proceedings of the SCIEM 2000—2nd EuroConference, Vienna, 28th of May–1st of June 2003*, ed. M. Bietak and E. Czerny, 517–23. Vienna: Verlag der Osterreichischen Akademie der Wissenschaften.
Fitton, J. L. 2002. *Minoans*. London: British Museum Press.
Frank. A. G. 1993. Bronze Age World System and Its Cycles. *Current Anthropology*

34:383–429.
Frank, A. G., and B. K. Gillis. 1993. *The World System: Five Hundred Years or Five Thousand?* London: Routledge.
Frank, A. G., and W. R. Thompson. 2005. Afro-Eurasian Bronze Age Economic Expansion and Contraction Revisited. *Journal of World History* 16: 115–72.
Franken, H. J. 1961. The Excavations at Deir 'Alla, Jordan. *Vetus Testamentum* 11: 361–72.
French, E. 2009. The Significance of Changes in Spatial Usage at Mycenae. In Forces of Transformation: *The End of the Bronze Age in the Mediterranean*, ed. C. Bachhuber and R. G. Roberts, 108–10. Oxford: Oxbow Books.
French, E. 2010. Mycenae. In *The Oxford Handbook of the Bronze Age Aegean*, ed. E. H. Cline, 671–79. New York: Oxford University Press.
Friedman, K. E. 2008. Structure, Dynamics, and the Final Collapse of Bronze Age Civilizations in the Second Millennium. In *Historical Transformations: The Anthropology of Global Systems*, ed. K. E. Friedman and J. Friedman, 163–202. Lanham, MD: Altamira Press.
Galil, G., A. Gilboa, A. M. Maeir, and D. Kahn, eds. 2012. *The Ancient Near East in the 12th–10th Centuries BCE: Culture and History. Proceedings of the International Conference Held at the University of Haifa, 2–5 May, 2010*. AOAT 392. Munster: Ugarit-Verlag.
Genz, H. 2013. "No Land Could Stand before Their Arms, from Hatti . . . On . . ."? New Light on the End of the Hittite Empire and the Early Iron Age in Central Anatolia. In *The Philistines and Other "Sea Peoples" in Text and Archaeology*, ed. A. E. Killebrew and G. Lehmann, 469–77. Atlanta: Society of Biblical Literature.
Gilboa, A. 1998. Iron I-IIA Pottery Evolution at Dor—Regional Contexts and the Cypriot Connection. In *Mediterranean Peoples in Transition: Thirteenth to Early Tenth Centuries BCE*, ed. S. Gitin, A. Mazar, and E. Stern, 413–25. Jerusalem: Israel Exploration Society.
Gilboa, A. 2005. Sea Peoples and Phoenicians along the Southern Phoenician Coast—A Reconciliation: An Interpretation of Šikila (SKL) Material Culture. *Bulletin of the American Schools of Oriental Research* 337: 47–78. Gilboa, A. 2006–7.
Gilboa, A. 2006–7.Fragmenting the Sea Peoples, with an Emphasis on Cyprus, Syria and Egypt: A Tel Dor Perspective. *Scripta Mediterranea* 27–28: 209–44.
Gillis, C. 1995. Trade in the Late Bronze Age. In *Trade and Production in Premonetary Greece: Aspects of Trade*, ed. C. Gillis, C. Risberg, and B. Sjoberg, 61–86. Jonsered: Paul Åström Förlag.
Gilmour, G., and K. A. Kitchen. 2012. Pharaoh Sety II and Egyptian Political Relations with Canaan at the End of the Late Bronze Age. *Israel Exploration Journal* 62/1: 1–21.
Gitin, S. 2005. Excavating Ekron. Major Philistine City Survived by Absorbing Other

Cultures. *Biblical Archaeology Review* 31/6: 40–56, 66–67.
Giveon, R., D. Sweeney, and N. Lalkin. 2004. The Inscription of Ramesses III. In *The Renewed Archaeological Excavations at Lachish (1973–1994)*, ed. D. Ussishkin, 1626–28. Tel Aviv: Tel Aviv University.
Grundon, I. 2007. *The Rash Adventurer: A Life of John Pendlebury*. London: Libri Publications.
Guterbock, H. G. 1992. Survival of the Hittite Dynasty. In *The Crisis Years: The 12th Century B.C.*, ed. W. A. Ward and M. S. Joukowsky, 53–55. Dubuque, IA: Kendall/Hunt Publishing Co.
Habachi, L. 1972. *The Second Stele of Kamose*. Gluckstadt: J. J. Augustin. Halpern, B. 2006–7. The Sea-Peoples and Identity. *Scripta Mediterranea* 27–28: 15–32.
Hankey, V. 1981. The Aegean Interest in El Amarna. *Journal of Mediterranean Anthropology and Archaeology* 1: 38–49.
Harrison, T. P. 2009. Neo-Hittites in the "Land of Palistin." Renewed Investigations at Tell Ta'yinat on the Plain of Antioch. *Near Eastern Archaeology* 72/4: 174–89.
Harrison, T. P. 2010. The Late Bronze/Early Iron Age Transition in the North Orontes Valley. In *Societies in Transition: Evolutionary Processes in the Northern Levant between Late Bronze Age II and Early Iron Age. Papers Presented on the Occasion of the 20th Anniversary of the New Excavations in Tell Afis. Bologna, 15th November 2007*, ed. F. Venturi, 83–102. Bologna: Clueb.
Hawass, Z. 2005. *Tutankhamun and the Golden Age of the Pharaohs*. Washington, DC: National Geographic Society.
Hawass, Z. 2010. King Tut's Family Secrets. *National Geographic*, September 2010, 34–59.
Hawass, Z., et al. 2010. Ancestry and Pathology in King Tutankhamun's Family. *Journal of the American Medical Association* 303/7 (2010): 638–47.
Hawkins, J. D. 2009. Cilicia, the Amuq and Aleppo: New Light in a Dark Age. *Near Eastern Archaeology* 72/4: 164–73.
Hawkins, J. D. 2011. The Inscriptions of the Aleppo Temple. Anatolian Studies 61: 35–54.
Heimpel, W. 2003. *Letters to the King of Mari: A New Translation, with Historical Introduction, Notes, and Commentary*. Winona Lake, IN: Eisenbrauns.
Heltzer, M. 1988. Sinaranu, Son of Siginu, and the Trade Relations between Ugarit and Crete. *Minos* 23: 7–13.
Heltzer, M. 1989. The Trade of Crete and Cyprus with Syria and Mesopotamia and Their Eastern Tin-Sources in the XVIII–XVII Centuries B.C. *Minos* 24: 7–28.
Hirschfeld, N. 1990. *Incised Marks* on LH/LM III Pottery. M.A. Thesis, Institute of Nautical Archaeology, Texas A&M University.
Hirschfeld, N. 1992. Cypriot Marks on Mycenaean Pottery. In *Mykenaïka: Actes du IXe Colloque international sur les textes mycéniens et égéens, Athènes, 2–6 octobre 1990*,

ed. J.-P. Olivier, 315–19. Paris: Diffusion de Bocard.
Hirschfeld, N. 1996. Cypriots in the Mycenaean Aegean. In *Atti e Memorie del Secondo Congresso Internazionale di Micenologia, Roma-Napoli, 14–20 Ottobre 1991*, ed. E. De Miro, L. Godart, and A. Sacconi, 1:289–97. Rome/Naples: Gruppo Editoriale Internatzionale.
Hirschfeld, N. 1999. *Potmarks of the Late Bronze Age Eastern Mediterranean*. Ph.D. Dissertation, University of Texas at Austin. Hirschfeld, N. 2010. Cypro-Minoan. In *The Oxford Handbook of the Bronze Age Aegean*, ed. E. H. Cline, 373–84. New York: Oxford University Press.
Hitchcock, L. A. 2005. 'Who will personally invite a foreigner, unless he is a craftsman?': Exploring Interconnections in Aegean and Levantine Architecture. In *Emporia. Aegeans in the Central and Eastern Mediterranean. Proceedings of the 10th International Aegean Conference. Athens, Italian School of Archaeology, 14–18 April 2004*, ed. R. Laffineur and E. Greco, 691–99. Aegaeum 25. Liège: Université de Liège.
Hitchcock, L. A. 2008. 'Do you see a man skillful in his work? He will stand before kings': Interpreting Architectural Influences in the Bronze Age Mediterranean. *Ancient West and East* 7: 17–49.
Hitchcock, L. A. 2011. 'Transculturalism' as a Model for Examining Migration to Cyprus and Philistia at the End of the Bronze Age. *Ancient West and East* 10: 267–80.
Hitchcock, L. A. In press. 'All the Cherethites, and all the Pelethites, and all the Gittites': A Current Assessment of the Evidence for the Minoan Connection with the Philistines. To be published in the *Proceedings of the 11th International Congress of Cretan Studies, 21–27 October 2011, Rethymnon, Crete*.
Hitchcock, L. A., and A. M. Maeir. 2013. Beyond Creolization and Hybridity: Entangled and Transcultural Identities in Philistia. *Archaeological Review from Cambridge* 28/1: 51–74.
Hoffmeier, J. K. 2005. *Ancient Israel in Sinai: The Evidence for the Authenticity of the Wilderness Tradition*. Oxford: Oxford University Press.
Hoffner, H. A., Jr. 1992. The Last Days of Khattusha. In *The Crisis Years: The 12th Century B.C.*, ed. W. A. Ward and M. S. Joukowsky, 46–52. Dubuque, IA: Kendall/Hunt Publishing Co.
Hoffner, H. A., Jr. 2007. Hittite Laws. In *Law Collections from Mesopotamia and Asia Minor*, ed. M. T. Roth, 213–40. 2nd Edition. Atlanta: Scholars Press.
Hooker, J. T. 1982. The End of Pylos and the Linear B Evidence. *Studi micenei ed egeo-anatolici* 23: 209–17.
Houwink ten Cate, P.H.J. 1970. *The Records of the Early Hittite Empire (c. 1450–1380 B.C.)*. Istanbul: Nederlands Historisch-Archaeologisch Instituut in het Nabije Oosten.
Huehnergard, J. 1999. The Akkadian Letters. In *Handbook of Ugaritic Studies*, ed. W.G.E. Watson and N. Wyatt, 375–89. Leiden: Brill.

Iacovou, M. 2008. Cultural and Political Configurations in Iron Age Cyprus: The Sequel to a Protohistoric Episode. *American Journal of Archaeology* 112/4: 625–57.

Iacovou, M. 2013. Aegean-Style Material Culture in Late Cypriot III: Minimal Evidence, Maximal Interpretation. In *The Philistines and Other "Sea Peoples" in Text and Archaeology*, ed. A. E. Killebrew and G. Lehmann, 585–618. Atlanta: Society of Biblical Literature.

Iakovidis, Sp. E. 1986. Destruction Horizons at Late Bronze Age Mycenae. In *Philia Epi eis Georgion E. Mylonan, v. A*, 233–60. Athens: Library of the Archaeological Society of Athens.

Janeway, B. 2006–7. The Nature and Extent of Aegean Contact at Tell Ta'yinat and Vicinity in the Early Iron Age: Evidence of the Sea Peoples? *Scripta Mediterranea* 27–28: 123–46.

Jennings, J. 2011. *Globalizations and the Ancient World*. Cambridge: Cambridge University Press.

Johnson, N. 2007. *Simply Complexity: A Clear Guide to Complexity Theory*. Oxford: OneWorld Publications.

Jung, R. 2009. '"Sie vernichteten sie, als ob sie niemals existiert hätten"—Was blieb von den Zerstörungen der Seevölker?' In *Schlachtfeldarchäologie / Battlefield Archaeology. 1. Mitteldeutscher Archäologentag vom 09. Bis 11. Oktober 2008 in Halle (Saale) (Tagungen des Landesmuseums für Vorgeschichte Halle 2)*, ed. H. Meller, 31–48. Halle (Saale): Landesmuseum fur Vorgeschichte.

Jung, R. 2010. End of the Bronze Age. In *The Oxford Handbook of the Bronze Age Aegean*, ed. E. H. Cline, 171–84. New York: Oxford University Press.

Jung, R. 2011. Innovative Cooks and New Dishes: Cypriote Pottery in the 13th and 12th Centuries BC and Its Historical Interpretation. In *On Cooking Pots, Drinking Cups, Loomweights and Ethnicity in Bronze Age Cyprus and Neighbouring Regions. An International Archaeological Symposium Held in Nicosia, November 6th–7th 2010*, ed. V. Karageorghis and O. Kouka, 57–85. Nicosia: A. G. Leventis Foundation.

Jung, R. 2012. Can We Say, What's behind All Those Sherds? Ceramic Innovations in the Eastern Mediterranean at the End of the Second Millennium. In *Materiality and Social Practice: Transformative Capacities of Intercultural Encounters*, ed. J. Maran and P. W. Stockhammer, 104–20. Oxford: Oxbow Books.

Kahn, D. 2011. One Step Forward, Two Steps Backward: The Relations between Amenhotep III, King of Egypt and Tushratta, King of Mitanni. In *Egypt, Canaan and Israel: History, Imperialism, Ideology and Literature: Proceedings of a Conference at the University of Haifa, 3–7 May 2009*, ed. S. Bar, D. Kahn, and J. J. Shirley, 136–54. Leiden: Brill.

Kahn, D. 2012. A Geo-Political and Historical Perspective of Merneptah's Policy in Canaan. In *The Ancient Near East in the 12th–10th Centuries BCE: Culture and*

History. Proceedings of the International Conference Held at the University of Haifa, 2–5 May, 2010, ed. G. Galil, A. Gilboa, A. M. Maeir, and D. Kahn, 255–68. AOAT 392. Munster: Ugarit-Verlag.

Kammenhuber, A. 1961. *Hippologia hethitica.* Wiesbaden: O. Harrassowitz.

Kamrin, J. 2013. The Procession of "Asiatics" at Beni Hasan. In *Cultures in Contact: From Mesopotamia to the Mediterranean in the Second Millennium B.C.*, ed. J. Aruz, S. B. Graff, and Y. Rakic, 156–69. New York: Metropolitan Museum of Art.

Kaniewski, D., E. Paulissen, E. Van Campo, H. Weiss, T. Otto, J. Bretschneider, and K. Van Lerberghe. 2010. Late Second–Early First Millennium BC Abrupt Climate Changes in Coastal Syria and Their Possible Significance for the History of the Eastern Mediterranean. *Quaternary Research* 74: 207–15.

Kaniewski, D., E. Van Campo, K. Van Lerberghe, T. Boiy, K. Vansteenhuyse, G. Jans, K. Nys, H. Weiss,C. Morhange, T. Otto, and J. Bretschneider. 2011. The Sea Peoples, from Cuneiform Tablets to Carbon Dating. *PloS ONE* 6/6: e20232, http://www.plosone.org/article/info%3Adoi%2F10.1371%2Fjournal.pone.0020232 (last accessed August 25, 2013).

Kaniewski, D., E. Van Campo, J. Guiot, S. Le Burel, T. Otto, and C. Baeteman. 2013. Environmental Roots of the Late Bronze Age Crisis. *PloS ONE* 8/8: e71004, http://www.plosone.org/article/info%3Adoi%2F10.1371%2Fjournal.pone.0071004 (last accessed August 25, 2013).

Kaniewski, D., E. Van Campo, and H. Weiss. 2012. Drought Is a Recurring Challenge in the Middle East. *Proceedings of the National Academy of Sciences 109/10: 3862–67. Kantor, H. J. 1947. The Aegean and the Orient in the Second Millennium BC.* AIA Monograph no. 1. Bloomington, IN: Principia Press.

Kantor, H. J. 1947. *The Aegean and the Orient in the Second Millennium BC.* AIA Monograph no. 1. Bloomington, IN: Principia Press.

Karageorghis, V. 1982. *Cyprus: From the Stone Age to the Romans*. London: Thames and Hudson.

Karageorghis, V. 1992. The Crisis Years: Cyprus. In *The Crisis Years: The 12th Century B.C.*, ed. W. A. Ward and M. S. Joukowsky, 79–86. Dubuque, IA: Kendall/Hunt Publishing Co.

Karageorghis, V. 2011. What Happened in Cyprus c. 1200 BC: Hybridization, Creolization or Immigration? An Introduction. In *On Cooking Pots, Drinking Cups, Loomweights and Ethnicity in Bronze Age Cyprus and Neighbouring Regions. An International Archaeological Symposium Held in Nicosia, November 6th–7th 2010*, ed. V. Karageorghis and O. Kouka, 19–28. Nicosia: A. G. Leventis Foundation.

Kelder, J. M. 2010. *The Kingdom of Mycenae: A Great Kingdom in the Late Bronze Age Aegean*. Bethesda, MD: CDL Press.

Kelder, J. M. 2012. Ahhiyawa and the World of the Great Kings: A Re-evaluation of

Mycenaean Political Structures. *Talanta* 44: 1–12.
Keller, C. A. 2005. The Joint Reign of Hatshepsut and Thutmose III. In *Hatshepsut: From Queen to Pharaoh*, ed. C. Roehrig, 96–98. New Haven: Yale University Press.
Kempinski, A. 1989. *Megiddo: A City-State and Royal Centre in North Israel.* Munich: Verlag C. H. Beck.
Kilian, K. 1990. Mycenaean Colonization: Norm and Variety. In *Greek Colonists and Native Populations: Proceedings of the First Australian Congress of Classical Archaeology Held in Honour of Emeritus Professor A. D. Trendall*, ed. J.-P. Descoeudres, 445–67. Oxford: Clarendon Press.
Kilian, K. 1996. Earthquakes and Archaeological Context at 13th Century BC Tiryns. In *Archaeoseismology*, ed. S. Stiros and R. E. Jones, 63–68. Fitch Laboratory Occasional Papers 7. Athens: British School at Athens.
Killebrew, A. E. 1998. Ceramic Typology and Technology of Late Bronze II and Iron I Assemblages from Tel Miqne-Ekron: The Transition from Canaanite to Philistine Culture. In *Mediterranean Peoples in Transition: Thirteenth to Early Tenth Centuries BCE*, ed. S. Gitin, A. Mazar, and E. Stern, 379–405. Jerusalem: Israel Exploration Society.
Killebrew, A. E. 2000. Aegean-Style Early Philistine Pottery in Canaan during the Iron I Age: A Stylistic Analysis of Mycenaean IIIC:1b Pottery and Its Associated Wares. In *The Sea Peoples and Their World: A Reassessment*, ed. E. D. Oren, 233–53. Philadelphia: University of Pennsylvania.
Killebrew, A. E. 2005. *Biblical Peoples and Ethnicity. An Archaeological Study of Egyptians, Canaanites, Philistines, and Early Israel 1300–1100 B.C.E.* Atlanta: Society of Biblical Literature.
Killebrew, A. E. 2006–7. The Philistines in Context: The Transmission and Appropriation of Mycenaean-Style Culture in the East Aegean, Southeastern Coastal Anatolia, and the Levant. *Scripta Mediterranea* 27–28: 245–66.
Killebrew, A. E. 2013. Early Philistine Pottery Technology at Tel Miqne-Ekron: Implications for the Late Bronze–Early Iron Age Transition in the Eastern Mediterranean. In *The Philistines and Other "Sea Peoples" in Text and Archaeology*, ed. A. E. Killebrew and G. Lehmann, 77–129. Atlanta: Society of Biblical Literature.
Killebrew, A. E. and G. Lehmann. 2013. Introduction: The World of the Philistines and Other "Sea Peoples." In *The Philistines and Other "Sea Peoples" in Text and Archaeology*, ed. A. E. Killebrew and G. Lehmann, 1–17. Atlanta: Society of Biblical Literature.
Killebrew, A. E. and Lehmann, G., eds. 2013. *The Philistines and Other "Sea Peoples" in Text and Archaeology*. Atlanta: Society of Biblical Literature.
Kitchen, K. A. 1965. Theban Topographical Lists, Old and New. *Orientalia* 34: 5–6.
Kitchen, K. A. 1966. Aegean Place Names in a List of Amenophis III. *Bulletin of the*

American Schools of Oriental Research 191: 23–24.
Kitchen, K. A. 1982. *Pharaoh Triumphant: The Life and Times of Ramesses II.* Warminster: Aris & Phillips.
Kitchen, K. A. 2012. Ramesses III and the Ramesside Period. In *Ramesses III: The Life and Times of Egypt's Last Hero*, ed. E. H. Cline and D. O'Connor, 1–26. Ann Arbor: University of Michigan Press.
Knapp, A. B. 1991. Spice, Drugs, Grain and Grog: Organic Goods in Bronze Age East Mediterranean Trade. In *Bronze Age Trade in the Aegean*, ed. N. H. Gale, 21–68. Jonsered: Paul Åström Förlag.
Knapp, A. B. 2012. Matter of Fact: Transcultural Contacts in the Late Bronze Age Eastern Mediterranean. In *Materiality and Social Practice: Transformative Capacities of Intercultural Encounters*, ed. J. Maran and P. W. Stockhammer, 32–50. Oxford: Oxbow Books.
Kochavi, M. 1977. *Aphek-Antipatris: Five Seasons of Excavation at Tel Aphek-Antipatris (1972–1976)*. Tel Aviv: The Israel Exploration Society.
Kostoula, M., and J. Maran. 2012. A Group of Animal-Headed Faience Vessels from Tiryns. In *All the Wisdom of the East: Studies in Near Eastern Archaeology and History in Honor of Eliezer D. Oren*, ed. M. Gruber, S. Ahituv, G. Lehmann, and Z. Talshir, 193–234. Orbis Biblicus et Orientalis 255. Fribourg: Vandenhoeck & Ruprecht Göttingen.
Kuhrt, A. 1995. *The Ancient Near East c. 3000–330 BC.* Vol. 1. London: Routledge.
Lackenbacher, S. 1995a. La correspondence international dans les archives d'Ugarit. *Revue d'assyriologie et d'archéologie orientale* 89: 67–75.
Lackenbacher, S. 1995b. Une correspondance entre l'Administration du Pharaon Merneptah et le Roi d'Ougarit. In *Le Pays d'Ougarit autour de 1200 av. J.-C.: Historie et archéologie. Actes du Colloque International; Paris, 28 juin–1er juillet 1993*, ed. M. Yon, M. Sznycer, and P. Bordreuil, 77–83. Paris: Éditions Recherche sur les Civilisations.
Lackenbacher, S., and F. Malbran-Labat. 2005. Ugarit et les Hittites dans les archives de la "Maison d'Urtenu." *Studi micenei ed egeo-anatolici* 47: 227–40.
Lagarce, J., and E. Lagarce. 1978. Découvertes archéologiques à Ras Ibn Hani près de Ras Shamra: un palais du roi d'Ugarit, des tablettes inscrites en caractères cuneiforms, un petit établissement des peoples de la mer et une ville hellénistique. *Comptes rendus de l'Académie des inscriptions et belles-lettres* 1978: 45–64.
Langgut, D., I. Finkelstein, and T. Litt. 2013. Climate and the Late Bronze Collapse: New Evidence from the Southern Levant. Tel Aviv 40: 149–75.
Latacz, J. 2004. *Troy and Homer: Towards a Solution of an Old Mystery*. Oxford: Oxford University Press.
Leach, J. W., and E. Leach, eds. 1983. *The Kula: New Perspectives on Massim Exchange.*

Cambridge: Cambridge University Press.
Lebrun, R. 1995. Ougarit et le Hatti a la fin du XIIIe siecle av. J.-C. In *Le Pays d'Ougarit autour de 1200 av. J.-C.: Historie et archeologie. Actes du Colloque International; Paris, 28 juin–1er juillet 1993*, ed. M. Yon, M. Sznycer, and P. Bordreuil, 85–88. Paris: Éditions Recherche sur les Civilisations.
Lehmann, G. 2013. Aegean-Style Pottery in Syria and Lebanon during Iron Age I. In *The Philistines and Other "Sea Peoples" in Text and Archaeology*, ed. A. E. Killebrew and G. Lehmann, 265–328. Atlanta: Society of Biblical Literature.
Lemaire, A. 2012. West Semitic Epigraphy and the History of the Levant during the 12th–10th Centuries BCE. In *The Ancient Near East in the 12th–10th Centuries BCE: Culture and History. Proceedings of the International Conference Held at the University of Haifa, 2–5 May, 2010*, ed. G. Galil, A. Gilboa, A. M. Maeir, and D. Kahn, 291–307. AOAT 392. Münster: Ugarit-Verlag.
Liverani, M. 1987. The Collapse of the Near Eastern Regional System at the End of the Bronze Age: The Case of Syria. In *Centre and Periphery in the Ancient World*, ed. M. Rowlands, M. Larsen, and K. Kristiansen, 66–73. Cambridge: Cambridge University Press.
Liverani, M. 1990. *Prestige and Interest: International Relations in the Near East ca. 1600–1100 B.C.*. Padua: Sargon Press.
Liverani, M. 1995. La Fin d'Ougarit: Quand? Pourquoi? Comment? In *Le Pays d'Ougarit autour de 1200 av. J.-C.: Historie et archeologie. Actes du Colloque International; Paris, 28 juin–1[er] juillet 1993*, ed. M. Yon, M. Sznycer, and P. Bordreuil, 113–17. Paris: Editions Recherche sur les Civilisations.
Liverani, M. 2001. *International Relations in the Ancient Near East, 1600–1100 BC.* London: Palgrave.
Liverani, M. 2003. The Influence of Political Institutions on Trade in the Ancient NearEast (Late Bronze to Early Iron Ages). In *Mercanti e politica nel Mondo Antico*, ed. C. Zaccagnini, 119–37. Rome: L'Erma di Bretschneider.
Liverani, M. 2009. Exploring Collapse. In *Scienze dell'antichita: Storia Archeologia Antropologia* 15: 15–22.
Loader, N. C. 1998. *Building in Cyclopean Masonry: With Special Reference to the Mycenaean Fortifications on Mainland Greece*. Jonsered: Paul Åströms Förlag.
Lolos, Y. G. 2003. Cypro-Mycenaean Relations ca. 1200 BC: Point Iria in the Gulf of Argos and Old Salamis in the Saronic Gulf. In *Sea Routes . . . : Interconnections in the Mediterranean 16th–6th c. BC. Proceedings of the International Symposium Held at Rethymnon, Crete in September 29th–October 2nd 2002*, ed. N. Chr. Stampolidis and V. Karageorghis, 101–16. Athens: University of Crete and the A. G. Leventis Foundation.
Lorenz, E. N. 1969. Atmospheric Predictability as Revealed by Naturally Occurring Analogues. *Journal of the Atmospheric Sciences* 26/4: 636–46.

Lorenz, E. N. 1972. Predictability: Does the Flap of a Butterfly's Wings in Brazil Set Off a Tornado in Texas? Paper presented at the annual meeting of the American Association for the Advancement of Science.

Loud, G. 1939. *Megiddo Ivories*. Chicago: University of Chicago Press.

Loud, G. 1948. *Megiddo II: Season of 1935–39*. Chicago: University of Chicago Press.

Maeir, A. M., L. A. Hitchcock, and L. K. Horwitz. 2013. On the Constitution and Transformation of Philistine Identity. *Oxford Journal of Archaeology* 32/1: 1–38.

Malbran-Labat, F. 1995. La découverte épigraphique de 1994 a Ougarit (Les textes Akkadiens). *Studi micenei ed egeo-anatolici* 36: 103–11.

Malinowski, B. 1922. *Argonauts of the Western Pacific*. New York: Dutton.

Mallowan, A. C. (Agatha Christie). 1976. Come, *Tell Me How You Live*. New York: HarperCollins. Manning, S. W. 1999. *A Test of Time: The Volcano of Thera and the Chronology and History of the Aegean and East Mediterranean in the Mid-second Millennium BC.* Oxford: Oxbow Books.

Manning, S. W. 2010. Eruption of Thera/Santorini. In *The Oxford Handbook of the Bronze Age Aegean*, ed. E. H. Cline, 457–74. New York: Oxford University Press.

Manning S. W., C. Pulak, B. Kromer, S. Talamo, C. Bronk Ramsey, and M. Dee. 2009. Absolute Age of the Uluburun Shipwreck: A Key Late Bronze Age Time-Capsule for the East Mediterranean. In *Tree-Rings, Kings, and Old World Archaeology and Environment*, ed. S. W. Manning and M. J. Bruce, 163–87. Oxford: Oxbow Books.

Maqdissi, al-, M., M. Badawy, J. Bretschneider, H. Hameeuw, G. Jans, K. Vansteenhuyse, G. Voet, and K. Van Lerberghe. 2008. The Occupation Levels of Tell Tweini and Their Historical Implications. In *Proceedings of the 51st Rencontre Assyriologique Internationale Held at the Oriental Institute of the University of Chicago, July 18–22, 2005*, ed. R. D. Biggs, J. Myers, and M. T. Roth, 341–50. Chicago: University of Chicago Press.

Maran, J. 2004. The Spreading of Objects and Ideas in the Late Bronze Age Eastern
Mediterranean: Two Case Examples from the Argolid of the 13th and 12th Centuries B.C. *Bulletin of the American Schools of Oriental Research* 336: 11–30.

Maran, J. 2009. The Crisis Years? Reflections on Signs of Instability in the Last Decades of the Mycenaean Palaces. In *Scienze dell'antichita: Storia Archeologia Antropologia* 15: 241–62.

Maran, J. 2010. Tiryns. In *The Oxford Handbook of the Bronze Age Aegean*, ed. E. H. Cline, 722–34. New York: Oxford University Press.

Marom, N., and S. Zuckerman. 2012. The Zooarchaeology of Exclusion and Expropriation: Looking Up from the Lower City in Late Bronze Age Hazor. *Journal of Anthropological Archaeology* 31: 573–85.

Master, D. M., L. E. Stager, and A. Yasur-Landau. 2011. Chronological Observations at the Dawn of the Iron Age in Ashkelon. *Egypt and the Levant* 21: 261–80.

Mauss, M. 1990. *The Gift: The Form and Reason for Exchange in Archaic Societies.* New York: W. W. Norton.

McAnany, P. A., and N. Yoffee. 2010. *Questioning Collapse: Human Resilience, Ecological Vulnerability, and the Aftermath of Empire.* Cambridge: Cambridge University Press.

McCall, H. 2001. *The Life of Max Mallowan: Archaeology and Agatha Christie.* London: British Museum Press.

McClellan, T. L. 1992. Twelfth Century B.C. Syria: Comments on H. Sader's Paper. In *The Crisis Years: The 12th Century B.C., ed. W. A.* Ward and M. S. Joukowsky, 164–73. Dubuque, IA: Kendall/Hunt Publishing Co.

McGeough, K. M. 2007. *Exchange Relationships at Ugarit.* Leuven: Peeters.

McGeough, K. M. 2011. *Ugaritic Economic Tablets: Text, Translation and Notes.* Edited by Mark S. Smith. Leuven: Peeters.

Merola, M. 2007. Messages from the Dead. *Archaeology* 60/1: 20–27.

Middleton, G. D. 2010. *The Collapse of Palatial Society in LBA Greece and the Postpalatial Period.* BAR International Series 2110. Oxford: Archaeopress.

Middleton, G. D. 2012. Nothing Lasts Forever: Environmental Discourses on the Collapse of Past Societies. *Journal of Archaeological Research* 20: 257–307.

Millard, A. 1995. The Last Tablets of Ugarit. In *Le Pays d'Ougarit autour de 1200 av. J.-C.: Historie et archéologie. Actes du Colloque International; Paris, 28 juin–1er juillet 1993*, ed. M. Yon, M. Sznycer, and P. Bordreuil, 119–24. Paris: Editions Recherche sur les Civilisations.

Millard, A. 2012. Scripts and Their Uses in the 12th–10th Centuries BCE. In *The Ancient Near East in the 12th–10th Centuries BCE: Culture and History. Proceedings of the International Conference Held at the University of Haifa, 2–5 May, 2010*, ed. G. Galil, A. Gilboa, A. M. Maeir, and D. Kahn, 405–12. AOAT 392. Munster: Ugarit-Verlag.

Miller, J. M., and J. H. Hayes. 2006. *A History of Ancient Israel and Judah.* 2nd Edition. Louisville, KY: Westminster John Knox Press.

Momigliano, N. 2009. *Duncan Mackenzie: A Cautious Canny Highlander and the Palace of Minos at Knossos.* Bulletin of the Institute of Classical Studies Supplement no. 72. London: University of London.

Monroe, C. M. 2009. *Scales of Fate: Trade, Tradition, and Transformation in the Eastern Mediterranean ca. 1350–1175 BCE.* Munster: Ugarit-Verlag.

Monroe, C. M. 2010. *Sunk Costs at Late Bronze Age Uluburun. Bulletin of the American Schools of Oriental Research* 357: 19–33.

Moran, W. L. 1992. *The Amarna Letters.* Baltimore: Johns Hopkins University Press.

Morandi Bonacossi, D. 2013. The Crisis of Qatna at the Beginning of the Late Bronze Age II and the Iron Age II Settlement Revival Towards the Collapse of the Late Bronze Age Palace System in the Northern Levant. In *Across the Border: Late Bronze–Iron*

Age Relations between Syria and Anatolia. Proceedings of a Symposium Held at the Research Center of Anatolian Studies, Koc University, Istanbul May 31–June 1, 2010, ed. K.A. Yener, 113–46. Leuven: Peeters.

Mountjoy, P. A. 1997. The Destruction of the Palace at Pylos Reconsidered. *Annual of the British School at Athens* 92: 109–37.

Mountjoy, P.A. 1999a. The Destruction of Troia VIh. *Studia Troica* 9: 253–93.

Mountjoy, P. A. 1999b. Troia VII Reconsidered. *Studia Troica* 9: 295–346.

Mountjoy, P. A. 2005. The End of the Bronze Age at Enkomi, Cyprus: The Problem of Level IIIB. *Annual of the British School at Athens* 100: 125–214.

Mountjoy, P. A. 2006. Mykenische Keramik in Troia—Ein Überblick. In *Troia: Archaologie eines Siedlungshügels und seiner Landschaft*, ed. M. O. Korfman, 241–52. Mainz am Rhein: Philipp von Zabern.

Mountjoy, P. A. 2013. The Mycenaean IIIC Pottery at Tel Miqne-Ekron. In *The Philistines and Other "Sea Peoples" in Text and Archaeology*, ed. A. E. Killebrew and G. Lehmann, 53–75. Atlanta: Society of Biblical Literature.

Muhlenbruch, T. 2007. The Post-Palatial Settlement in the Lower Citadel of Tiryns. In *LH IIIC Chronology and Synchronisms II: LH IIIC Middle. Proceedings of the International Workshop Held at the Austrian Academy of Sciences at Vienna, October 29th and 30th, 2004*, ed. S. Deger-Jalkotzy and M. Zavadil, 243–51. Vienna: Verlag der Österreichischen Akademie der Wissenschaften.

Muhlenbruch, T. 2009. Tiryns—The Settlement and Its History in *LH IIIC. In LH IIIC Chronology and Synchronisms III: LH IIIC Late and the Transition to the Early Iron Age. Proceedings of the International Workshop Held at the Austrian Academy of Sciences at Vienna, February 23rd and 24th, 2007*, ed. S. Deger-Jalkotzy and E. Bächle, 313–26. Vienna: Verlag der Österreichischen Akademie der Wissenschaften.

Muhly, J. D. 1984. The Role of the Sea Peoples in Cyprus during the LC III Period. In *Cyprus at the Close of the Late Bronze Age*, ed. V. Karageorghis and J. D. Muhly, 39–56. Nicosia: Leventis.

Muhly, J. D. 1992. The Crisis Years in the Mediterranean World: Transition or Cultural Disintegration? In *The Crisis Years: The 12th Century B.C.*, ed. W. A. Ward and M. S. Joukowsky, 10–22. Dubuque, IA: Kendall/Hunt Publishing Co.

Muhly, J. D. 1992. The Crisis Years in the Mediterranean World: Transition or Cultural Disintegration? In *The Crisis Years: The 12th Century B.C.*, ed. W. A. Ward and M. S. Joukowsky, 10–22. Dubuque, IA: Kendall/Hunt Publishing Co.

Murray, Sarah C. 2013. *Trade, Imports and Society in Early Greece*. Ph.D. Dissertation, Stanford University.

Mynářová, J. 2007. *Language of Amarna—Language of Diplomacy: Perspectives on the Amarna Letters*. Prague: Czech Institute of Egyptology.

Neve, P. J. 1989. Bogazkoy-Hattusha. New Results of the Excavations in the Upper City.

Anatolica 16: 7–19.
Newberry, P. E. 1893. *Beni Hasan*, vol. 1. *Archaeological Survey of Egypt* 1. London: Egypt Exploration Fund.
Nibbi, A. 1975. *The Sea Peoples and Egypt*. Park Ridge, NJ: Noyes Press.
Niemeier, W.-D. 1991. Minoan Artisans Travelling Overseas: The Alalakh Frescoes and the Painted Plaster Floor at Tel Kabri (Western Galilee). In *Thalassa: L'Égée prehistorique et la mer*, ed. R. Laffineur and L. Basch, 189–201. Aegaeum 7. Liège: Université de Liège.
Niemeier, W.-D. 1999. Mycenaeans and Hittites in War in Western Asia Minor. In *Polemos: Le contexte guerrier en Égée a l'âge du Bronze*, ed. R. Laffineur, 141–55. Liège: Université de Liège.
Niemeier, W.-D., and B. Niemeier. 1998. "Minoan Frescoes in the Eastern Mediterranean." In *The Aegean and the Orient in the Second Millennium*, ed. E. H. Cline and D. Harris-Cline, 69–97. Aegaeum 18. Liège: Université de Liège; Austin: University of Texas at Austin.
Nougayrol, J. 1956. *Textes accadiens des archives Sud*. Le Palais Royal d'Ugarit 4. Paris: Librairie C. Klincksieck.
Nougayrol, J., E. Laroche, C. Virolleaud, and C.F.A. Schaeffer. 1968. *Ugaritica* 5. Mission de Ras Shamra 16. Paris: Geuthner.
Nur, A., and D. Burgess. 2008. *Apocalypse: Earthquakes, Archaeology, and the Wrath of God*. Princeton, NJ: Princeton University Press.
Nur, A., and E. H. Cline. 2000. Poseidon's Horses: Plate Tectonics and Earthquake Storms in the Late Bronze Age Aegean and Eastern Mediterranean. *Journal of Archaeological Science* 27: 43–63.
Nur, A., and E. H. Cline. 2001. What Triggered the Collapse? Earthquake Storms. *Archaeology Odyssey* 4/5: 31–36, 62–63.
Nur, A., and H. Ron. 1997. Armageddon's Earthquakes. *International Geology Review* 39: 532–41.
Nyland, A. 2009. *The Kikkuli Method of Horse Training.* 2009 Revised Edition. Sydney: Maryannu Press.
O'Connor, D., and E. H. Cline, eds. 1998. *Amenhotep III: Perspectives on His Reign*. Ann Arbor: University of Michigan Press.
Oldfather, C. H. 1961. *Diodorus Siculus: Library of History*. Loeb Classical Library, vol. 303. Cambridge, MA: Harvard University Press.
Oren, E. D., ed. 1997. *The Hyksos: New Historical and Archaeological Perspectives*. Philadelphia: University of Pennsylvania.
Oren, E. D., ed. 2000. *The Sea Peoples and Their World: A Reassessment*. Philadelphia: University of Pennsylvania.
Palaima, T. G. 1991. Maritime Matters in the Linear B Tablets. In *Thalassa: L'Égée*

prehistorique et la mer, ed. R. Laffineur and L. Basch, 273–310. Aegaeum 7. Liège: Université de Liège

Palaima, T. G. 1995. The Last Days of the Pylos Polity. In *Politeia: Society and State in the Aegean Bronze Age*, ed. W.-D. Niemeier and R. Laffineur, 265–87. Aegaeum 12. Liège: Université de Liège.

Panagiotopoulos, D. 2006. Foreigners in Egypt in the Time of Hatshepsut and Thutmose III. In *Thutmose III: A New Biography*, ed. E. H. Cline and D. O'Connor, 370–412. Ann Arbor: University of Michigan Press.

Pardee, D. 2003. Ugaritic Letters. In *The Context of Scripture, vol. 3, Archival Documents from the Biblical World*, ed. W. W. Hallo, 87–116. Leiden: E. J. Brill.

Paul, K. A. 2011. *Bronze Age Aegean Influence in the Mediterranean: Dissecting Reflections of Globalization in Prehistory*. MA Thesis, George Washington University.

Payton, R. 1991. The Ulu Burun Writing-Board Set. *Anatolian Studies* 41: 99–106.

Pendlebury, J.D.S. 1930. *Aegyptiaca: A Catalogue of Egyptian Objects in the Aegean Area.* Cambridge: Cambridge University Press.

Pfälzner, P. 2008a. Between the Aegean and Syria: The Wall Paintings from the Royal Palace of Qatna. In *Fundstellen Gesammelte Schriften zur Archaologie und Geschichte Altvorderasiens ad honorem Hartmut Kuhne*, ed. D. Bonatz, R. M. Czichon, and F. J. Kreppner, 95–118. Wiesbaden: Harrassowitz.

Pfälzner, P. 2008b. The Royal Palace at Qatna: Power and Prestige in the Late Bronze Age. In *Beyond Babylon: Art, Trade, and Diplomacy in the Second Millennium B.C. Catalogue of an Exhibition at the Metropolitan Museum of Art, New York*, ed. J. Aruz, 219–21. New York: Metropolitan Museum of Art.

Phelps, W., Y. Lolos, and Y. Vichos, eds. 1999. *The Point Iria Wreck: Interconnections in the Mediterranean ca. 1200 BC*. Athens: Hellenic Institute of Marine Archaeology.

Phillips, J. 2008. *Aegyptiaca on the Island of Crete in Their Chronological Context: A Critical Review*. Vols.1 and 2. Vienna: Verlag der Österreichischen Akademie der Wissenschaften/Austrian Academy of Sciences Press.

Phillips, J., and E. H. Cline. 2005. Amenhotep III and Mycenae: New Evidence. In *Autochthon: Papers Presented to O.T.P.K. Dickinson on the Occasion of His Retirement*, ed. A. Dakouri-Hild and E. S. Sherratt, 317–28. BAR International Series 1432. Oxford: Archaeopress.

Pitard, W. T. 1999. The Written Sources: 2. The Alphabetic Ugaritic Tablets. In *Handbook of Ugaritic Studies*, ed. W.G.E. Watson and N. Wyatt, 46–57. Leiden: Brill. Podany, A. H. 2010. Brotherhood of Kings: How International Relations Shaped the Ancient Near East. New York: Oxford University Press.

Porada, E. 1981. The Cylinder Seals Found at Thebes in Boeotia. *Archiv für Orientforschung* 28: 1–70, 77.

Porada, E. 1992. Sidelights on Life in the 13th and 12th Centuries B.C. in Assyria. In *The*

Crisis Years: The 12th Century B.C., ed. W. A. Ward and M. S. Joukowsky, 182–87. Dubuque, IA: Kendall/Hunt Publishing Co.
Potts, D. T. 1999. *The Archaeology of Elam: Formation and Transformation of an Ancient Iranian State*. Cambridge: Cambridge University Press.
Pritchard, J. B., ed. 1969. *Ancient Near Eastern Texts Relating to the Old Testament.* Princeton, NJ: Princeton University Press.
Pulak, C. 1988. The Bronze Age Shipwreck at Ulu Burun, Turkey: 1985 Campaign. *American Journal of Archaeology* 92: 1–37.
Pulak, C. 1998. The Uluburun Shipwreck: An Overview. *International Journal of Nautical Archaeology* 27/3: 188–224.
Pulak, C. 1999. Shipwreck! Recovering 3,000-Year-Old Cargo. *Archaeology Odyssey* 2/4: 18–29, 59.
Pulak, C. 2005. Who Were the Mycenaeans Aboard the Uluburun Ship? In *Emporia. Aegeans in the Central and Eastern Mediterranean. Proceedings of the 10th International Aegean Conference. Athens, Italian School of Archaeology, 14–18 April 2004*, ed. R. Laffineur and E. Greco, 295–310. Aegaeum 25. Liège: Université de Liège.
Raban, A., and R. R. Stieglitz. 1991. The Sea Peoples and Their Contributions to Civilization. *Biblical Archaeology Review* 17/6: 35–42, 92–93.
Redford, D. B. 1967. *History and Chronology of the Eighteenth Dynasty of Egypt: Seven Studies.* Toronto: University of Toronto Press.
Redford, D. B. 1992. *Egypt, Canaan, and Israel in Ancient Times*. Princeton, NJ: Princeton University Press.
Redford, D. B. 1997. Textual Sources for the Hyksos Period. In *The Hyksos: New Historical and Archaeological Perspectives*, ed. E. Oren, 1–44. Philadelphia: University of Pennsylvania.
Redford, D. B. 2006. The Northern Wars of Thutmose III. In *Thutmose III: A New Biography*, ed. E. H. Cline and D. O'Connor, 325–41. Ann Arbor: University of Michigan Press.
Redford, S. 2002. *The Harem Conspiracy: The Murder of Ramesses III*. DeKalb: Northern Illinois University Press.
Reeves, N. 1990. *The Complete Tutankhamun*. London: Thames and Hudson.
Rehak, P. 1998. Aegean Natives in the Theban Tomb Paintings: The Keftiu Revisited. In *The Aegean and the Orient in the Second Millennium*, ed. E. H. Cline and D. Harris-Cline, 39–49. Aegaeum 18. Liège: Université de Liège.
Renfrew, C. 1979. Systems Collapse as Social Transformation. In *Transformations, Mathematical Approaches to Culture Change*, ed. C. Renfrew and K. L. Cooke, 481–506. New York: Academic Press.
Richter, T. 2005. Qatna in the Late Bronze Age: Preliminary Remarks. In *Studies on the Civilization and Culture of Nuzi and the Hurrians*, vol. 15, ed. D. L. Owen and G.

Wilhelm, 109–26. Bethesda, MD: CDL Press.
Richter, T., and S. Lange. 2012. *Das Archiv des Idadda: Die Keilschrifttexte aus den deutsch-syrischen Ausgrabungen 2001–2003 im Konigspalast von Qat≥na.* Qatna-Studien. Ergebnisse der Ausgrabungen 3. Wiesbaden: Harrassowitz.
Robbins, M. 2003. *Collapse of the Bronze Age: The Story of Greece, Troy, Israel, Egypt, and the Peoples of the Sea.* San Jose, CA: Authors Choice Press.
Roberts, R. G. 2008. *The Sea Peoples and Egypt.* Ph.D. Dissertation, University of Oxford.
Roberts, R. G. 2009. Identity, Choice, and the Year 8 Reliefs of Ramesses III at Medinet Habu. In *Forces of Transformation: The End of the Bronze Age in the Mediterranean*, ed. C. Bachhuber and R. G. Roberts, 60–68. Oxford: Oxbow Books.
Roehrig, C., ed. 2005. *Hatshepsut: From Queen to Pharaoh*, 75–81. New Haven: Yale University Press.
Rohling, E. J., A. Hayes, P. A. Mayewski, and M. Kucera. 2009. Holocene Climate Variability in the Eastern Mediterranean, and the End of the Bronze Age. In *Forces of Transformation: The End of the Bronze Age in the Mediterranean*, ed. C. Bachhuber and R. G. Roberts, 2–5. Oxford: Oxbow Books.
Roth, A. M. 2005. Hatshepsut's Mortuary Temple at Deir el-Bahri. In *Hatshepsut: From Queen to Pharaoh*, ed. C. Roehrig, 147–51. New Haven: Yale University Press.
Routledge, B., and K. McGeough. 2009. Just What Collapsed? A Network Perspective on 'Palatial' and 'Private' Trade at Ugarit. In *Forces of Transformation: The End of the Bronze Age in the Mediterranean*, ed. C. Bachhuber and R. G. Roberts, 22–29. Oxford: Oxbow Books.
Rubalcaba, J., and E. H. Cline. 2011. *Digging for Troy: From Homer to Hisarlik.* Watertown, MA: Charlesbridge.
Rutter, J. B. 1992. Cultural Novelties in the Post-Palatial Aegean: Indices of Vitality or Decline? In *The Crisis Years: The 12th Century B.C.*, ed. W. A. Ward and M. S. Joukowsky, 61–78. Dubuque, IA: Kendall/Hunt Publishing Co.
Ryan, D. P. 2010. *Beneath the Sands of Egypt: Adventures of an Unconventional Archaeologist.* New York: HarperCollins Publishers.
Sandars, N. K. 1985. *The Sea Peoples: Warriors of the Ancient Mediterranean.* Revised Edition. London: Thames and Hudson.
Schaeffer, C.F.A. 1948. *Stratigraphie comparee et chronologie de l'Asie occidentale.* London: Oxford University Press.
Schaeffer, C.F.A. 1962. *Ugaritica* 4. Mission de Ras Shamra 15. Paris: Geuthner.
Schaeffer, C.F.A. 1968. Commentaires sur les lettres et documents trouvés dans les bibliothèques privées d'Ugarit. In *Ugaritica* 5, 607–768. Paris: Geuthner.
Schliemann, H. 1878. *Mycenae*. Leipzig: F. A. Brockhaus.
Schulman, A. R. 1979. Diplomatic Marriage in the Egyptian New Kingdom. *Journal of*

Near Eastern Studies 38: 177–93.

Schulman, A. R. 1988. Hittites, Helmets and Amarna: Akhenaten's First Hittite War. In *The Akhenaten Temple Project*, vol. 2, *Rwd-Mnw, Foreigners and Inscriptions*, ed. D. B. Redford, 54–79. Toronto: Akhenaten Temple Project.

Schwartz, G. M., and J. J. Nichols. 2006. *After Collapse: The Regeneration of Complex Societies*. Tucson: University of Arizona Press.

Seeher, J. 2001. Die Zerstörung der Stadt Hattusa. In *Akten IV. Internationalen Kongresses für Hethitologie. Würzburg, 4.–8. Oktober 1999*, ed. G. Wilhelm, 623–34. Wiesbaden: Harrassowitz.

Sharon, I., and A. Gilboa. 2013. The SKL Town: Dor in the Early Iron Age. In *The Philistines and Other "Sea Peoples" in Text and Archaeology*, ed. A. E. Killebrew and G. Lehmann, 393–468. Atlanta: Society of Biblical Literature.

Shelmerdine, C. W. 1998a. Where Do We Go from Here? And How Can the Linear B Tablets Help Us Get There? In *The Aegean and the Orient in the Second Millennium. Proceedings of the 50th Anniversary Symposium, Cincinnati, 18–20 April 1997*, ed. E. H. Cline and D. Harris-Cline, 291–99. Aegaeum 18. Liège: Université de Liège.

Shelmerdine, C. W. 1998b. The Palace and Its Operations. In *Sandy Pylos. An Archaeological History from Nestor to Navarino*, ed. J. L. Davis, 81–96. Austin: University of Texas Press.

Shelmerdine, C. W. 1999. Pylian Polemics: the Latest Evidence on Military Matters. In *Polemos: Le contexte en Égée a l'âge du Bronze. Actes la 7e Rencontre égéenne international (Liège 1998)*, ed. R. Laffineur, 403–8. Aegaeum 19. Liège: Université de Liège.

Shelmerdine, C. W. 2001. The Palatial Bronze Age of the Southern and Central Greek Mainland. In *Aegean Prehistory: A Review*, ed. T. Cullen, 329–82. Boston: Archaeological Institute of America.

Shelmerdine, C. W., ed. 2008. *The Cambridge Companion to the Aegean Bronze Age.* Cambridge: Cambridge University Press.

Sherratt, S. 1998. "Sea Peoples" and the Economic Structure of the Late Second Millennium in the Eastern Mediterranean. In *Mediterranean Peoples in Transition: Thirteenth to Early Tenth Centuries BCE*, ed. S. Gitin, A. Mazar, and E. Stern, 292–313. Jerusalem: Israel Exploration Society.

Sherratt, S. 2003. The Mediterranean Economy: "Globalization" at the End of the Second Millennium B.C.E. In *Symbiosis, Symbolism, and the Power of the Past: Canaan, Ancient Israel, and Their Neighbors from the Late Bronze Age through Roman Palaestina. Proceedings of the Centennial Symposium W. F. Albright Institute of Archaeological Research and American Schools of Oriental Research, Jerusalem, May 29–31, 2000*, ed. W. G. Dever and S. Gitin, 37–54. Winona Lake, IN: Eisenbrauns.

Sherratt, S. 2013. The Ceramic Phenomenon of the "Sea Peoples": An Overview. In *The*

Philistines and Other "Sea Peoples" in Text and Archaeology, ed. A. E. Killebrew and G. Lehmann, 619–44. Atlanta: Society of Biblical Literature.
Shrimpton, G. 1987. Regional Drought and the Economic Decline of Mycenae. *Echos du monde classique* 31: 133–77.
Silberman, N. A. 1998. The Sea Peoples, the Victorians, and Us: Modern Social Ideology and Changing Archaeological Interpretations of the Late Bronze Age Collapse. In *Mediterranean Peoples in Transition: Thirteenth to Early Tenth Centuries BCE*, ed. S. Gitin, A. Mazar, and E. Stern, 268–75. Jerusalem: Israel Exploration Society.
Singer, I. 1999. A Political History of Ugarit. In *Handbook of Ugaritic Studies*, ed. W.G.E. Watson and N. Wyatt, 603–733. Leiden: Brill.
Singer, I. 2000. New Evidence on the End of the Hittite Empire. In *The Sea Peoples and Their World: A Reassessment*, ed. E. D. Oren, 21–33. Philadelphia: University of Pennsylvania.
Singer, I. 2001. The Fate of Hattusa during the Period of Tarhuntassa's Supremacy. In *Kulturgeschichten: altorientalistische Studien für Volkert Haas zum 65. Geburtstag*, 395–403. Saarbrücken: Saarbücker Druckerei und Verlag.
Singer, I. 2002. *Hittite Prayers*. Atlanta: Society of Biblical Literature.
Singer, I. 2006. Ships Bound for Lukka: A New Interpretation of the Companion Letters RS 94.2530 and RS 94.2523. *Altorientalische Forschungen* 33: 242–62.
Singer, I. 2012. The Philistines in the North and the Kingdom of Taita. In *The Ancient Near East in the 12th–10th Centuries BCE: Culture and History. Proceedings of the International Conference Held at the University of Haifa, 2–5 May, 2010*, ed. G. Galil, A. Gilboa, A. M. Maeir, and D. Kahn, 451–72. AOAT 392. Munster: Ugarit-Verlag.
Smith, P. 2004. Skeletal Remains from Level VI. In *The Renewed Archaeological Excavations at Lachish (1973–1994)*, ed. D. Ussishkin, 2504–7. Tel Aviv: Tel Aviv University.
Snape, S. R. 2012. The Legacy of Ramesses III and the Libyan Ascendancy. In *Ramesses III: The Life and Times of Egypt's Last Hero*, ed. E. H. Cline and D. O'Connor, 404–41. Ann Arbor: University of Michigan Press.
Sørensen, A. H. 2009. Approaching Levantine Shores. Aspects of Cretan Contacts with Western Asia during the MM–LM I Periods. In *Proceedings of the Danish Institute at Athens* 6, ed. E. Hallager and S. Riisager, 9–55. Athens: Danish Institute at Athens.
Sourouzian, H. 2004. Beyond Memnon: Buried for More Than 3,300 Years, Remnants of Amenhotep III's Extraordinary Mortuary Temple at Kom el-Hettan Rise from beneath the Earth. *ICON* magazine, Summer 2004, 10–17.
Sourouzian, H., R. Stadelmann, N. Hampikian, M. Seco Alvarez, I. Noureddine, M. Elesawy, M. A. Lopez Marcos, and C. Perzlmeier. 2006. Three Seasons of Work at the Temple of Amenhotep III at Kom El Hettan. Part III: Works in the Dewatered Area of the Peristyle Court and the Hypostyle Hall. *Annales du Service des antiquites de l'Egypte*

80: 401–88.

Stager, L. E. 1995. The Impact of the Sea Peoples in Canaan. In *The Archaeology of Society in the Holy Land*, ed. T. E. Levy, 332–48. London: Leicester University Press.

Steel, L. 2004. *Cyprus before History: From the Earliest Settlers to the End of the Bronze Age*. London: Gerald Duckworth & Co.

Steel, L. 2013. *Materiality and Consumption in the Bronze Age Mediterranean*. New York: Routledge.

Stern, E. 1994. *Dor, Ruler of the Seas: Twelve Years of Excavations at the Israelite-Phoenician Harbor Town on the Carmel Coast.* Jerusalem: Israel Exploration Society.

Stern, E. 1998. The Relations between the Sea Peoples and the Phoenicians in the Twelfth and Eleventh Centuries BCE. In *Mediterranean Peoples in Transition: Thirteenth to Early Tenth Centuries BCE*, ed. S. Gitin, A. Mazar, and E. Stern, 345–52. Jerusalem: Israel Exploration Society.

Stern, E. 2000. The Settlement of the Sea Peoples in Northern Israel. In *The Sea Peoples and Their World: A Reassessment*, ed. E. D. Oren, 197–212. Philadelphia: University of Pennsylvania.

Stern, E. 2012. Archaeological Remains of the Northern Sea People along the Sharon and Carmel Coasts and the Acco and Jezreel Valleys. In *The Ancient Near East in the 12th–10th Centuries BCE: Culture and History. Proceedings of the International Conference Held at the University of Haifa, 2–5 May, 2010*, ed. G. Galil, A. Gilboa, A. M. Maeir, and D. Kahn, 473–507. AOAT 392. Munster: Ugarit-Verlag.

Stiros, S. C., and R. E. Jones, eds. 1996. *Archaeoseismology*. Fitch Laboratory Occasional Paper no. 7. Athens: British School at Athens.

Stockhammer, P. W. 2013. From Hybridity to Entanglement, from Essentialism to Practice. *Archaeological Review from Cambridge* 28/1: 11–28.

Strange, J. 1980. *Caphtor/Keftiu*. Leiden: E. J. Brill.

Strauss, B. 2006. *The Trojan War: A New History*. New York : Simon & Schuster.

Strobel, K. 2013. Qadesh, Sea Peoples, and Anatolian-Levantine Interactions. In *Across the Border: Late Bronze–Iron Age Relations between Syria and Anatolia. Proceedings of a Symposium Held at the Research Center of Anatolian Studies, Koç University, Istanbul May 31–June 1, 2010*, ed. K. A. Yener, 501–38.Leuven: Peeters.

Tainter, J. A. 1988. *The Collapse of Complex Societies*. Cambridge: Cambridge University Press.

Taylour, W. D. 1969. Mycenae, 1968. *Antiquity* 43: 91–97.

Troy, L. 2006. Religion and Cult during the Time of Thutmose III. In *Thutmose III: A New Biography*, ed. E. H. Cline and D. O'Connor, 123–82. Ann Arbor: University of Michigan Press.

Trumpler, C. 2001. *Agatha Christie and Archaeology*. London: British Museum Press.

Tsountas, C., and J. I. Manatt. 1897. *The Mycenaean Age*. London: Macmillan and Co.

Tyldesley, J. 1998. *Hatchepsut: The Female Pharaoh*. London: Penguin Books.
Uberoi, J. P. Singh. 1962. *Politics of the Kula Ring*. Manchester: Manchester University Press.
Unal, A., A. Ertekin, and I. Ediz. 1991. The Hittite Sword from Bogazkoy—Hattusa, Found 1991, and Its Akkadian Inscription. *Muze* 4: 46–52.
Ussishkin, D. 1987. Lachish: Key to the Israelite Conquest of Canaan? *Biblical Archaeology Review* 13/1: 18–39.
Ussishkin, D. 1995. The Destruction of Megiddo at the End of the Late Bronze Age and Its Historical Significance. In *Mediterranean Peoples in Transition: Thirteenth to Early Tenth Centuries BCE*, ed. S. Gitin, A. Mazar, and E. Stern, 197–219. Jerusalem: Israel Exploration Society.
Ussishkin, D. 2004a. *The Renewed Archaeological Excavations at Lachish (1973–1994)*. Tel Aviv: Tel Aviv University.
Ussishkin, D. 2004b. A Synopsis of the Stratigraphical, Chronological and Historical Issues. In *The Renewed Archaeological Excavations at Lachish (1973–1994)*, ed. D. Ussishkin, 50–119. Tel Aviv: Tel Aviv University.
Ussishkin, D. 2004c. Area P: The Level VI Temple. In *The Renewed Archaeological Excavations at Lachish (1973–1994)*, ed. D. Ussishkin, 215–81. Tel Aviv: Tel Aviv University.
Ussishkin, D. 2004d. A Cache of Bronze Artefacts from Level VI. In *The Renewed Archaeological Excavations at Lachish (1973–1994)*, ed. D. Ussishkin, 1584–88. Tel Aviv: Tel Aviv University.
Vagnetti, L. 2000. Western Mediterranean Overview: Peninsular Italy, Sicily and Sardinia at the Time of the Sea Peoples. In *The Sea Peoples and Their World: A Reassessment*, ed. E. D. Oren, 305–26. Philadelphia: University of Pennsylvania.
Van De Mieroop, Marc. 2007. *A History of the Ancient Near East ca. 3000–323 BC*. 2nd Edition. Malden, MA: Blackwell Publishing.
van Soldt, W. 1991. *Studies in the Akkadian of Ugarit: Dating and Grammar*. Neukirchen: Neukirchener Verlag.
van Soldt, W. 1999. The Written Sources: 1. The Syllabic Akkadian Texts. In *Handbook of Ugaritic Studies*, ed. W.G.E. Watson and N. Wyatt, 28–45. Leiden: Brill.
Vansteenhuyse, K. 2010. The Bronze to Iron Age Transition at Tell Tweini (Syria). In *Societies in Transition: Evolutionary Processes in the Northern Levant between Late Bronze Age II and Early Iron Age. Papers Presented on the Occasion of the 20th Anniversary of the New Excavations in Tell Afis. Bologna, 15th November 2007*, ed. F. Venturi, 39–52. Bologna: Clueb.
Voskos, I., and A. B. Knapp. 2008. Cyprus at the End of the Late Bronze Age: Crisis and Colonization, or Continuity and Hybridization? *American Journal of Archaeology* 112: 659–84.

Wachsmann, S. 1987. *Aegeans in the Theban Tombs*. Orientalia Lovaniensia Analecta 20. Leuven: Uitgeverij Peeters.
Wachsmann, S. 1998. *Seagoing Ships & Seamanship in the Bronze Age Levant*. College Station: Texas A&M University Press.
Wallace, S. 2010. *Ancient Crete. From Successful Collapse to Democracy's Alternatives, Twelfth to Fifth Centuries BC.* Cambridge: Cambridge University Press.
Ward, W. A., and M. S. Joukowsky, eds. 1992. *The Crisis Years: The 12th century B.C. from beyond the Danube to the Tigris*. Dubuque, IA: Kendall/Hunt Publishing Co.
Wardle, K. A., J. Crouwel, and E. French. 1973. A Group of Late Helladic IIIB 2 Pottery from within the Citadel at Mycenae: 'The Causeway Deposit.' *Annual of the British School at Athens* 68: 297–348.
Weinstein, J. 1989. The Gold Scarab of Nefertiti from Ulu Burun: Its Implications for Egyptian History and Egyptian-Aegean Relations. *American Journal of Archaeology* 93: 17–29.
Weinstein, J. 1992. The Collapse of the Egyptian Empire in the Southern Levant. In *The Crisis Years: The 12th Century B.C.*, ed. W. A. Ward and M. S. Joukowsky, 142–50. Dubuque, IA: Kendall/Hunt Publishing Co.
Weiss, H. 2012. Quantifying Collapse: The Late Third Millennium BC. In *Seven Generations since the Fall of Akkad*, ed. H. Weiss, vii–24. Wiesbaden: Harrassowitz.
Wente, E. F. 2003a. The Quarrel of Apophis and Seknenre. In The Literature of Ancient Egypt, ed. W. K. Simpson, 69–71. New Haven: Yale University Press.
Wente, E. F. 2003b. The Report of Wenamun. In *The Literature of Ancient Egypt*, ed. W. K. Simpson, 116–24. New Haven: Yale University Press.
Wilson, J. 1969. The War against the Peoples of the Sea. In *Ancient Near Eastern Texts Relating to the Old Testament*, 3rd Edition with Supplement, ed. J. Pritchard, 262–63. Princeton, NJ: Princeton University Press.
Wood, M. 1996. In *Search of the Trojan War*. 2nd Edition. Berkeley: University of California Press.
Yakar, J. 2003. Identifying Migrations in the Archaeological Records of Anatolia. In *Identifying Changes: The Transition from Bronze to Iron Ages in Anatolia and Its Neighbouring Regions. Proceedings of the International Workshop, Istanbul, November 8–9, 2002*, ed. B. Fischer, H. Genz, E. Jean, and K. Köroğlu, 11–19. Istanbul: Türk Eskiçağ˙ Bilimleri Enstitüsü Yayınları.
Yalçin, S. 2013. A Re-evaluation of the Late Bronze to Early Iron Age Transitional Period: Stratigraphic Sequence and Plain Ware of Tarsus-Gözlükule. In *Across the Border: Late Bronze–Iron Age Relations between Syria and Anatolia. Proceedings of a Symposium held at the Research Center of Anatolian Studies, Koç University, Istanbul May 31–June 1, 2010*, ed. K. A. Yener, 195–211. Leuven: Peeters.
Yasur-Landau, A. 2003a. One If by Sea . . . Two If by Land: How Did the Philistines Get

to Canaan? Two: By Land—the Trek through Anatolia Followed a Well-Trod Route. *Biblical Archaeology Review* 29/2: 34–39, 66–67.

Yasur-Landau, A. 2003b. The Many Faces of Colonization: 12th Century Aegean Settlements in Cyprus and the Levant. *Mediterranean Archaeology and Archaeometry* 3/1: 45–54.

Yasur-Landau, A. 2003c. Why Can't We Find the Origin of the Philistines? In Search of the Source of a Peripheral Aegean Culture. In *The 2nd International Interdisciplinary Colloquium: The Periphery of the Mycenaean World. 26–30 September, Lamia 1999*, ed. N. Kyparissi-Apostolika and M. Papakonstantinou, 578–98. Athens: Ministry of Culture.

Yasur-Landau, A. 2003d. The Absolute Chronology of the Late Helladic IIIC Period: A View from the Levant. In *LH IIIC Chronology and Synchronisms. Proceedings of the International Workshop Held at the Austrian Academy of Sciences at Vienna, May 7th and 8th, 2001*, ed. S. Deger-Jalkotzy and M. Zavadil, 235–44. Vienna: Verlag der Osterreichischen Akademie der Wissenschaften.

Yasur-Landau, A. 2007. Let's Do the Time Warp Again: Migration Processes and the Absolute Chronology of the Philistine Settlement. In *The Synchronisation of Civilisations in the Eastern Mediterranean in the Second Millennium B.C. III, Proceedings of the SCIEM 2000—2nd EuroConference, Vienna, 28th of May–1st of June 2003*, ed. M. Bietak and E. Czerny, 610–17. Vienna: Verlag der Österreichischen Akademie der Wissenschaften.

Yasur-Landau, A. 2010a. *The Philistines and Aegean Migration at the End of the Late Bronze Age*. Cambridge: Cambridge University Press.

Yasur-Landau, A. 2010b. On Birds and Dragons: A Note on the Sea Peoples and Mycenaean Ships. In *Pax Hethitica. Studies on the Hittites and Their Neighbours in Honor of Itamar Singer*, ed. Y. Cohen, A. Gilan, and J. L. Miller, 399–410. Wiesbaden: Harrassowitz Verlag.

Yasur-Landau, A. 2012a. The Role of the Canaanite Population in the Aegean Migration to the Southern Levant in the Late Second Millennium BCE. In *Materiality and Social Practice: Transformative Capacities of Intercultural Encounters*, ed. J. Maran and P. W. Stockhammer, 191–97. Oxford: Oxbow Books.

Yasur-Landau, A. 2012b. Chariots, Spears and Wagons: Anatolian and Aegean Elements in the Medinet Habu Land Battle Relief. In *The Ancient Near East in the 12th–10th Centuries BCE: Culture and History. Proceedings of the International Conference Held at the University of Haifa, 2–5 May, 2010*, ed. G. Galil, A. Gilboa, A. M. Maeir, and D. Kahn, 549–67. AOAT 392. Münster: Ugarit-Verlag.

Yener, K. A. 2013a. New Excavations at Alalakh: the 14th–12th Centuries BC. In *Across the Border: Late Bronze–Iron Age Relations between Syria and Anatolia. Proceedings of a Symposium held at the Research Center of Anatolian Studies, Koç University,*

Istanbul May 31–June 1, 2010, ed. K.A. Yener, 11-35. Leuven: Peeters.

Yener, K. A. 2013b. Recent Excavations at Alalakh: Throne Embellishments in Middle Bronze Age Level VII. In *Cultures in Contact: From Mesopotamia to the Mediterranean in the Second Millennium B.C.*, ed. J. Aruz, S. B. Graff, and Y. Rakic, 142–53. New York: Metropolitan Museum of Art.

Yoffee, N., and G. L. Cowgill, eds. 1988. *The Collapse of Ancient States and Civilization.* Tucson: University of Arizona.

Yon, M. 1992. The End of the Kingdom of Ugarit. In *The Crisis Years: The 12th Century B.C.*, ed. W. A. Ward and M. S. Joukowsky, 111–22. Dubuque, IA: Kendall/Hunt Publishing Co.

Yon, M. 2003. The Foreign Relations of Ugarit. In *Sea Routes . . . : Interconnections in the Mediterranean 16th–6th c. BC. Proceedings of the International Symposium Held at Rethymnon, Crete in September 29th–October 2nd 2002*, ed. N. Chr. Stampolidis and V. Karageorghis, 41–51. Athens: University of Crete and the A. G. Leventis Foundation.

Yon, M. 2006. *The City of Ugarit at Tell Ras Shamra.* Winona Lake, IN: Eisenbrauns.

Yon, M., and D. Arnaud. 2001. *Études Ougaritiques I: Travaux 1985–1995*. Paris: Éditions Recherche sur les Civilisations.

Yon, M., M. Sznycer, and P. Bordreuil. 1955. *Le Pays d'Ougarit autour de 1200 av. J.-C.: Historie et archeologie. Actes du Colloque International; Paris, 28 juin–1er juillet 1993.* Paris: Éditions Recherche sur les Civilisations.

Zaccagnini, C. 1983. Patterns of Mobility among Ancient Near Eastern Craftsmen. *Journal of Near Eastern Studies* 42: 250–54.

Zeiger, A. 2012. 3,000-Year-Old Wheat Traces Said to Support Biblical Account of Israelite Conquest; Archaeologist Amnon Ben-Tor Claims Find at Tel Hazor Is a Remnant of Joshua's Military Campaign in 13th Century BCE. *Times of Israel*, July 23, 2012, http://www.timesofisrael.com/3000-year-old-wheat-corroborates-biblical-narrative-archaeologist-claims/ (last accessed August 6, 2012).

Zertal, A. 2002. Philistine Kin Found in Early Israel. *Biblical Archaeology Review* 28/3: 18–31, 60–61.

Zettler, R. L. 1992. 12th Century B.C. Babylonia: Continuity and Change. In *The Crisis Years: The 12th Century B.C.*, ed. W. A. Ward and M. S. Joukowsky, 174–81. Dubuque, IA: Kendall/Hunt Publishing Co.

Zink, A. R., et al. 2012. Revisiting the Harem Conspiracy and Death of Ramesses III: Anthropological, Forensic, Radiological, and Genetic Study. *British Medical Journal* 345 (2012): 345:e8268, http://www.bmj.com/content/345/bmj.e8268 (last accessed August 25, 2013).

Zivie, A. 1987. *The Lost Tombs of Saqqara*. Cairo: American University in Cairo Press.

Zuckerman, S. 2006. Where Is the Hazor Archive Buried? *Biblical Archaeology Review* 32/2 (2006): 28–37.

Zuckerman, S. 2007a. Anatomy of a Destruction: Crisis Architecture, Termination Rituals and the Fall of Canaanite Hazor. *Journal of Mediterranean Archaeology* 20/1: 3–32.
Zuckerman, S. 2007b. Dating the Destruction of Canaanite Hazor without Mycenaean Pottery? In *The Synchronisation of Civilisations in the Eastern Mediterranean in the Second Millennium B.C. III, Proceedings of the SCIEM 2000—2nd EuroConference, Vienna, 28th of May–1st of June 2003*, ed. M. Bietak and E. Czerny, 621–29. Vienna: Verlag der Österreichischen Akademie der Wissenschaften.
Zuckerman, S. 2009. The Last Days of a Canaanite Kingdom: A View from Hazor. In *Forces of Transformation: The End of the Bronze Age in the Mediterranean*, ed. C. Bachhuber and R. G. Roberts, 100–107. Oxford: Oxbow Books.
Zuckerman, S. 2010. "The City, Its Gods Will Return There . . .": Toward an Alternative Interpretation of Hazor's Acropolis in the Late Bronze Age. *Journal of Near Eastern Studies* 69/2: 163–78.
Zwickel, W. 2012. The Change from Egyptian to Philistine Hegemony in South-Western Palestine during the Time of Ramesses III or IV. In *The Ancient Near East in the 12th–10th Centuries BCE: Culture and History. Proceedings of the International Conference Held at the University of Haifa, 2–5 May, 2010*, ed. G. Galil, A. Gilboa, A. M. Maeir, and D. Kahn, 595–601. AOAT 392. Munster: Ugarit-Verlag.

歷史・世界史

古地中海文明陷落的關鍵：

公元前 1177 年

1177 B.C. : the year civilization collapsed

作　　者一艾瑞克・克萊恩（Eric H. Cline）
譯　　者一蔡心語
特約審校者一韓翔中
發 行 人一王春申
總 編 輯一李進文
責 任 編 輯一鄭 莛
封 面 設 計一謝捲子
內 頁 排 版一黃馨儀
地 圖 繪 製一鄭 瑋

業 務 組 長一陳召祐
行 銷 組 長一張傑凱
出 版 發 行一臺灣商務印書館股份有限公司
23141 新北市新店區民權路 108-3 號 5 樓（同門市地址）
電話◎(02) 8667-3712　傳真◎(02) 8667-3709
讀者服務專線◎0800056196
郵撥◎0000165-1
E-mail◎ecptw@cptw.com.tw
網路書店網址◎www.cptw.com.tw
Facebook◎facebook.com.tw/ecptw

局版北市業字第 993 號
初　　版：2019年 10 月
印 刷 廠：沈氏藝術印刷股份有限公司
定　　價：新台幣 480 元
法律顧問：何一芃律師事務所

台灣商務官網　　臉書專頁

古地中海文明陷落的關鍵：公元前1177年 /
艾瑞克・克萊恩(Eric H. Cline)著；蔡心語
譯. -- 初版. -- 新北市：臺灣商務, 2019.10
400面；14.8x21. --
譯自 :1177 B.C. : the year civilization collapsed
ISBN 978-957-05-3230-2(平裝)

1.歷史 2.文明史 3.地中海

726.01 108013407